Karriere und Karriereknick. Der Arktisforscher Karl Gripp (1891-1985) zwischen Weimar, Weltkrieg und Wiederaufbau

Kieler Werkstücke

Reihe A:
Beiträge zur schleswig-holsteinischen
und skandinavischen Geschichte

Herausgegeben von Oliver Auge
Begründet von Erich Hoffmann

Band 56

Knut-Hinrik Kollex

Karriere und Karriereknick. Der Arktisforscher Karl Gripp (1891-1985) zwischen Weimar, Weltkrieg und Wiederaufbau

Bibliografische Information der Deutschen Nationalbibliothek
Die Deutsche Nationalbibliothek verzeichnet diese Publikation in der
Deutschen Nationalbibliografie; detaillierte bibliografische Daten sind im
Internet über http://dnb.d-nb.de abrufbar.

Umschlagabbildung:
Siegel der Christian-Albrechts-Universität zu Kiel.

Die Universität trägt ihren Namen nach ihrem Gründer, dem Herzog
Christian Albrecht von Schleswig-Holstein-Gottorf, der sie im
Jahre 1665 – nur siebzehn Jahre nach dem Ende des Dreißigjährigen
Krieges – für sein Herzogtum ins Leben rief. An diese Zeit erinnert
auch ihr Siegel: Es zeigt eine Frauengestalt mit einem Palmzweig
und einem Füllhorn voller Ähren in den Händen, die den Frieden
versinnbildlicht. Das Siegel trägt die Unterschrift: Pax optima rerum
(Frieden ist das höchste Gut).

Abdruck mit freundlicher Genehmigung
der Christian-Albrechts-Universität zu Kiel.

ISBN 978-3-631-82664-5 (Print)
E-ISBN 978-3-631-82665-2 (E-PDF)
E-ISBN 978-3-631-82666-9 (EPUB)
E-ISBN 978-3-631-82667-6 (MOBI)
DOI 10.3726/b17153

© Peter Lang GmbH
Internationaler Verlag der Wissenschaften
Berlin 2021
Alle Rechte vorbehalten.

Peter Lang – Berlin · Bern · Bruxelles · New York ·
Oxford · Warszawa · Wien

Das Werk einschließlich aller seiner Teile ist urheberrechtlich
geschützt. Jede Verwertung außerhalb der engen Grenzen des
Urheberrechtsgesetzes ist ohne Zustimmung des Verlages
unzulässig und strafbar. Das gilt insbesondere für
Vervielfältigungen, Übersetzungen, Mikroverfilmungen und die
Einspeicherung und Verarbeitung in elektronischen Systemen.

Diese Publikation wurde begutachtet.

www.peterlang.com

Vorwort

Die vorliegende Studie basiert auf meiner Qualifikationsschrift zur Erlangung des Master of Arts am Historischen Seminar der Christian-Albrechts-Universität zu Kiel, die ich für diese Publikation noch inhaltlich überarbeiten, vor allem aber im Umfang deutlich ergänzen konnte. Aus diesem Grunde möchte ich an erster Stelle meinen damaligen Gutachtern von der Abteilung für Regionalgeschichte mit Schwerpunkt Schleswig-Holstein, Prof. Dr. Oliver Auge und Dr. Martin Göllnitz für ihre Betreuung, ihre Anmerkungen und Anregung danken, nicht zuletzt auch für die nachdrückliche Ermutigung, die Geschichte Dr. Karl Gripps einer interessierten Öffentlichkeit zugänglich zu machen. Es ist eine Geschichte, die einige Überraschungen bereithält.

So stand am Anfang eine enttäuschte Erwartung, als sich die erhofften Abenteuer eines Kieler Forschers im ewigen Eis zunächst als nüchterne Wissenschaftstagebücher zu entpuppen schienen. Erst im Zusammenhang mit einem umfangreichen Bestand an Archivquellen sollte sich doch noch das überaus spannende Bild eines Ausnahmewissenschaftlers zeichnen, dessen Wirken in einigen wichtigen Facetten im Folgenden wiedergegeben ist.

Für die Möglichkeit der Einsichtnahme und die freundlich gewährte Unterstützung möchte ich den beteiligten Archiven ganz herzlich danken. Dazu zählt an erster Stelle das Archiv für Geographie am Leibniz Institut für Länderkunde in Leipzig, welches mir nicht nur die Einsichtnahme in die Gripp`schen Tagebücher ermöglichte, sondern mir obendrein besonders hilfreich bei der Auswahl einiger Abbildungen aus dessen reichhaltigem Fotoschatz war. Sodann danke ich dem Landesarchiv Schleswig-Holstein in Schleswig und dem Staatsarchiv Hamburg, die mich viele Tage und Wochen für meine Recherchen zu beherbergen hatten und wo man mir stets mit Rat und Tat zur Seite stand. Wichtige Hinweise fand ich zudem im Bundesarchiv Berlin sowie im Geheimen Staatsarchiv Preußischer Kulturbesitz ebendort. Ich danke auch ihnen ganz herzlich für den gewährten Zugang zu ihren Beständen. An dieser Stelle sei ein besonderer Dank an Prof. Dr. Eckart Dege vom Geographischen Institut der Christian-Albrechts-Universität zu Kiel sowie dem Archiv der Deutschen Forschungsgemeinschaft für ihre Hinweise zur Überlieferungsgeschichte bzw. dem Verbleib zentraler Quellendokumente ausgesprochen.

Die Realisierung dieser Publikation ermöglichte mir die Gesellschaft für Schleswig-Holsteinische Geschichte durch die Auszeichnung meiner Studie mit dem Nachwuchspreis für das Jahr 2017. Mein besonderer Dank gilt daher neben der Gesellschaft und Ihren Mitgliedern dem damaligen Vorsitzenden, Jörg-Dietrich Kamischke.

Ohne die vielen kleinen und größeren Hilfestellungen, Ratschläge und aufmunternden Worte hätte ich diese Arbeit allerdings kaum vollenden können. Meine Dankbarkeit gilt Karen Bruhn, Lisa Kragh, Dr. Katja Hillebrand, Dr. Swantje Piotrowski und natürlich meinen Eltern für die fruchtbare Begleitung meiner wissenschaftlichen Arbeit in Vergangenheit und Zukunft.

Zu guter Letzt danke ich Helmut Kollex für die geduldige Unterstützung bei der Entzifferung so manch schwieriger Handschriftenpassage, die immer hilfreichen Diskussionen und das ungebrochene Interesse an meiner Arbeit. Ihm widme ich dieses Buch.

Kiel, im Dezember 2019
Knut-Hinrik Kollex

Inhaltsverzeichnis

1. Einleitung 9
   1.1. Hinführung 9
   1.2. Fragestellung und Erkenntnisinteresse 13
   1.3. Methodisches Vorgehen 17
   1.4. Quellen und Literatur 22

2. Vom Werden des Wissenschaftlers – Karl Gripps frühe
   Karriere 31

3. Vom Reisen des Wissenschaftlers – Karl Gripp als
   Arktisforscher 39
   3.1. Die Expedition nach Spitzbergen im Jahr 1925 39
      3.1.1. Spitzbergen im Kontext – Ein Zankapfel in der Arktis 41
      3.1.2. Zielsetzung, Finanzierung und Vorbereitung 42
      3.1.3. Reiseverlauf 45
      3.1.4. Ergebnisse und Veröffentlichungen 51
   3.2. Die Expedition nach Spitzbergen von 1927 53
      3.2.1. Zielsetzung, Vorbereitung und Finanzierung 53
      3.2.2. Reiseverlauf 56
      3.2.3. Ergebnisse und Veröffentlichungen 63
   3.3. Die Expedition nach Grönland von 1930 65
      3.3.1. Reiseverlauf 67
      3.3.2. Ergebnisse und Veröffentlichungen 82
   3.4. Karl Gripp als Arktisforscher – ein Zwischenfazit 83

4. Vom Hochschullehrer – Karl Gripp an den Universitäten
   Hamburg und Kiel 85
   4.1. Der Karriereknick – die Entlassung in Hamburg 85
      4.1.1. Der verhängnisvolle Streit mit Siegfried Passarge ... 87
      4.1.2. Das vorläufige Karriereende – Karl Gripp, ein Opfer
             nationalsozialistischer Wissenschaftspolitik? 99

4.2. Der Zweck und die Mittel – Karl Gripp, Gauleiter Hinrich Lohse und die Berufung nach Kiel 112

4.3. Von Weiterbeschäftigung und Wiedereröffnung – Karl Gripp, die Briten und das Ordinariat 139

5. Von einer außergewöhnlichen Karriere – Zusammenfassung und Fazit 147

6. Abkürzungen 157

7. Quellen- und Literaturverzeichnis 159

8. Abbildungsverzeichnis 177

1. Einleitung

1.1. Hinführung

„Zu streben, zu suchen, zu finden und nicht zu weichen" lautet die Inschrift eines einsamen Holzkreuzes am Hut Point der antarktischen Ross-Insel.[1] Gewidmet ist es dem britischen Polarforscher Robert Falcon Scott und seinen vier Begleitern, die für den Versuch der Ersterreichung des Südpols im März 1912 mit dem Leben bezahlten.[2] Doch welchen Nutzen brachte dieses Hauptziel ihrer in jeder Hinsicht kostspieligen Expedition, abgesehen von einer durch den ausufernden Nationalismus jener Zeit übersteigerten Überhöhung ihres Opfers durch die Nachwelt?[3] Obschon eine Antwort darauf nicht leicht zu finden sein dürfte, hat die grundsätzliche Frage nach dem allgemeinen Nutzen von Forschung und Wissenschaft eine fortdauernde Relevanz. Längst hat sie in die Entscheidungskategorien der meisten öffentlichen und privaten Forschungsfinanciers zur Vergabe von Sach- und Geldmitteln in unterschiedlicher Form Eingang gefunden.[4]

---

1 Im Original „To strive, to seek, to find, and not to yield", es handelt sich um die letzte Zeile des Gedichts „Ulysses" des britischen Dichters Alfred Lord Tennyson (1809–1892).
2 Zu Scotts Terra-Nova-Expedition (1910–1912/13) zum Südpol siehe JOSTMANN, Christian: Das Eis und der Tod. Scott, Amundsen und das Drama am Südpol, 2. Aufl., München 2012; SCOTT, Robert Falcon: The journals of Captain R. F. Scott (Scott's last expedition. In two volumes, arranged by Leonard HUXLEY, 1), London 1913.
3 So beispielsweise die von viel Pathos getragene Darstellung der Terra-Nova-Expedition von Martin Lindsay: „For Scott and his comrade have left us no earthly treasure. The value of their exploit is altogether independent of tangible gains whether material or intellectual. Its true significance is moral and spiritual – a proof that in an age of depressing materialism men can still be found to face hardship and even death in pursuit of an idea, and that their unconquerable wills can carry them through, loyal to the last to the charge they have undertaken. That is what Scott means to us." LINDSAY, Martin: The Epic of Captain Scott, New York 1934, S. 171f.
4 Verwiesen sei beispielsweise auf die aktuellen Entscheidungskriterien der Deutschen Forschungsgemeinschaft (DFG), die den „erwarteten Erkenntnisgewinn" und die „wissenschaftliche Bedeutung" als wesentliche Merkmale zur Förderung von Forschungsvorhaben abstellt. Vgl. „Hinweise für die schriftliche Begutachtung", abrufbar unter http://www.dfg.de/formulare/10_20/10_20_de.pdf (zuletzt abgerufen am 20.02.2018); der Frage nach dem Nutzen von Wissenschaft etwa widmet sich anhand verschiedener Fallbeispiele der Band PIEPER, Christine (Hrsg.): Vom Nutzen der Wissenschaft. Beiträge zu einer prekären Beziehung (Wissenschaft,

Schon deshalb müssen und mussten sich Forscherinnen und Forscher auch selbst mit dieser Problematik auseinandersetzen – wenn auch nicht allein, um besagte Geldgeber von der Finanzierung ihrer Vorhaben zu überzeugen. Ein wichtiger Erfolgsfaktor ist hierfür stets die Wahl eines Forschungsprojekts geblieben, das die größtmögliche Aufmerksamkeit (nicht nur) der Fachwelt verspricht, um im starken Konkurrenzgefüge mit anderen Wissenschaftlern einen entscheidenden Vorteil für den Sprung auf die ultimative Karrierestation zu erhalten: auf eine Position, die eine unabhängige Forschungstätigkeit mit einer komfortablen finanziellen Absicherung verbindet, wie beispielsweise durch den Ruf auf einen der raren Hochschullehrstühle.[5]

Für die Nützlichkeitsabwägungen kommen dabei nicht nur ökonomische Aspekte in Betracht, schließlich ließen viele Forschungsreisen – wie die aufwändige „Eroberung" der Pole – nur bedingt einen ökonomischen Gegenwert erhoffen. Dementsprechend versteht etwa Sylvia Paletschek Wissenschaft als einen Prozess, in dem neben intellektuellen Aspekten auch psychologische und soziologische Komponenten zum Tragen kommen, wobei sie das interdependente Verhältnis zwischen wissenschaftlichem, politischem und gesellschaftlichem Kontext hervorhebt.[6] Verschiedentlich konnte bereits nachgewiesen werden, dass Wissenschaftler mit einer interessierten Öffentlichkeit in eine Austauschbeziehung traten, in der einerseits ein öffentliches Bildungs- und Unterhaltungsbedürfnis, andererseits das Legitimations- und

---

Politik und Gesellschaft, 6), Stuttgart 2010. Zur Frage der Popularisierung von Wissenschaft siehe einführend SCHIRRMACHER, Arne: Communicating Science. National Approaches in Twentieth-Century Europe, in: Science in Context 26 (2013), 3, S. 393–404.

5 Auch bei Scott erwies sich die Frage der finanziellen Absicherung als Kernproblem des Forschers, wie sein Abschiedsbrief und die darin enthaltene Hoffnung, dass „unser großes und reiches Vaterland darauf achten [möge], dass die auf uns Angewiesenen in ausreichendem Maß versorgt sind", eindrücklich belegt. Siehe hierzu: SCOTT, Journals, S. 607. Zur finanziellen Absicherung wissenschaftlichen Personals an deutschen Hochschulen und dem daraus resultierenden Generationenproblem siehe exemplarisch GRÜTTNER, Michael: Machtergreifung als Generationskonflikt. Die Krise der Hochschulen und der Aufstieg des Nationalsozialismus, in: Wissenschaften und Wissenschaftspolitik. Bestandsaufnahmen zu Formationen, Brüchen und Kontinuitäten im Deutschland des 20. Jahrhunderts, hrsg. von Rüdiger vom BRUCH und Brigitte KADERAS, Stuttgart 2002, S. 339–353.

6 PALETSCHEK, Sylvia: Stand und Perspektiven der neueren Universitätsgeschichte, in: Zeitschrift für Geschichte der Wissenschaften, Technik und Medizin 19 (2011), 2, S. 169–189, hier S. 171; vgl. auch SCHWARZ, Angela: Der Schlüssel zur modernen Welt. Wissenschaftspopularisierung in Großbritannien und Deutschland im Übergang zur Moderne (ca. 1870–1914) (Vierteljahrsschrift für Sozial- und Wirtschaftsgeschichte Beihefte, 153), Stuttgart 1999, S. 31.

Anerkennungsbedürfnis der Forscher befriedigt, bisweilen auch finanzielle Unterstützungen generiert werden konnte.[7]
Der Fall Scott und dessen Wettlauf mit dem Norweger Amundsen zum Pol zeigen, dass beispielsweise das nationale Prestige ein weiteres gewichtiges Argument für die Finanzierung eines solches Wagnisses sein konnte. Für Wissenschaftlerinnen und Wissenschaftler ist also stets eine Vielzahl an Aspekten zu berücksichtigen gewesen, um die Attraktivität ihrer Forschungsthemen für potentielle Geldgeber zu bewerten und sie gegebenenfalls anzupassen. Neben eine allgemeine ökonomische oder politische Nützlichkeitsabwägung tritt dann in aller Regel auch die persönliche Karrierestrategie des Wissenschaftlers selbst.

Wie aber bestimmen Forscherinnen und Forscher die (potentielle) Nützlichkeit ihrer Erkenntnisse? Im Gegensatz zu Robert F. Scott sah sich der deutsche Geologe Karl Gripp einer ganz anderen Ausgangslage gegenüber, als er Mitte der 1920er Jahre seine erste Arktisexpedition plante. Im von den Folgen des Ersten Weltkriegs geplagten Deutschen Reich mussten etwaige nationalistisch aufgeladene Arktisabenteuer mittlerweile hinter viel drängenderen Interessen zurückstehen.[8]

Statt nach nationalem Heroismus strebte Gripp eine ganz andere Form der Anerkennung an, für ihn war klar: „ein Wissenschaftler kann und wird nur nach seinen gedruckten Leistungen gewertet werden."[9] Darunter verstand er nicht nur die Summe seiner Veröffentlichungen, sondern auch die Rezeption

---

7   NIKOLOW, Sybilla/SCHIRRMACHER, Arne (Hrsg.): Das Verhältnis von Wissenschaft und Öffentlichkeit als Beziehungsgeschichte. Historiographische und systematische Perspektiven, in: Wissenschaft und Öffentlichkeit als Ressourcen füreinander. Studien zur Wissenschaftsgeschichte im 20. Jahrhundert, hrsg. von DENS., Frankfurt am Main u.a. 2007, S. 11–36, hier S. 26f.; ASH, Mitchell G.: Wissenschaft(en) und Öffentlichkeit(en) als Ressourcen füreinander. Weiterführende Bemerkungen zur Beziehungsgeschichte, in: Wissenschaft und Öffentlichkeit als Ressourcen füreinander,. Studien zur Wissenschaftsgeschichte im 20. Jahrhundert, hrsg. von Sybilla NIKOLOW und Arne SCHIRRMACHER, Frankfurt a.M. u.a. 2007, S. 349–365, hier S. 351f.
8   Zur frühen Phase der Weimarer Republik vgl. KOLB, Eberhard/SCHUMANN, Dirk: Die Weimarer Republik (Oldenbourg Grundriss der Geschichte, 16), 8. Aufl., München 2013, S. 37–94; zu den deutschen Arktis-Interessen der Zeit vor dem Ersten Weltkrieg vgl. exemplarisch PRZIGODA, Stefan: Bergbau auf der Bäreninsel? Deutsche Rohstoffinteressen und die Erkundung Svalbards (1871–1914), in: Von A(ltenburg) bis Z(eppelin). Deutsche Forschung auf Spitzbergen bis 1914. 100 Jahre Expedition des Herzogs Ernst II. von Sachsen-Altenburg (Schriftenreihe Institut für Geodäsie, Universität der Bundeswehr München, 88), hrsg. von Cornelia LÜDECKE und Kurt BRUNNER, Neubiberg 2012, S. 77–91.
9   LASH, Abt. 301, Nr. 7113, Schreiben Gripp an Lorenzen vom 31.07.1937.

und Anerkennung seiner Arbeit durch die Fachwelt.[10] Nach dieser Maßgabe muss Karl Gripp als ein überaus erfolgreicher Forscher gelten. Als er 1985 im hohen Alter von 94 Jahren starb, hatte er eine beeindruckende Zahl von Publikationen vorzuweisen und arbeitete bis zuletzt an weiteren wissenschaftlichen Studien.[11] Dabei lag ein langes Leben der geologischen Forschung hinter ihm, die in vielen Aspekten ihrer Zeit voraus war. So schrieb etwa sein niederländischer Fachkollege Jaap van der Meer im Jahr 2004, es habe ihn „wie ein Schock" getroffen, dass die von ihm „verschlungenen" geologischen Studien Karl Gripps aus den 1980ern auf denselben Autoren zurückgingen, der schon in den 1920ern (60 Jahre zuvor) wichtige und bis heute relevante geologische Veröffentlichungen gemacht hatte.[12] Ihm folgend, müsste man Karl Gripp also als einen überaus bedeutenden Wissenschaftler sehen.

Außerhalb der Geologie hat er hingegen kaum Bekanntheit erlangen können. Das mag auch daran liegen, dass die Geologie als Fach bislang in der historischen Forschung unterrepräsentiert ist und sich eine eigene „history in science" der Geologie selbst kaum finden lässt. Lediglich ein Feld lässt sich hiervon ausnehmen: Die oft von Geologen betriebene Forschung in Arktis und Antarktis hat in der Wissenschafts- und Populärliteratur einen weit bedeutenderen Stellenwert erringen können.[13] Insofern ist es wiederum überraschend, dass der von seinen Fachkollegen so positiv rezensierte Karl Gripp in der

---

10 Eine Liste mit wissenschaftlichen Veröffentlichungen Gripps liefern KÖSTER, Rolf/ PRANGE, Werner: Professor Dr. Karl Gripp, in: Meyniana 37 (1985), S. 1–6, hier S. 4–6 und SEIBOLD, Eugen: Karl Gripp zur Vollendung des 70. Lebensjahres, in: Meyniana 11 (1961), S. 90f; siehe auch KÖSTER Rolf/PRANGE, Werner: Karl Gripp. 21. April 1891–26. Februar 1985, in: Christiana Albertina, 20 N.F. (1985), S. 375; PRANGE, Werner: Professor Gripp zum 90. Geburtstag, in: Die Heimat 88 (1981),4/5, S. 109–112.
11 Vgl. KÖSTER/PRANGE, Karl Gripp, S. 1.
12 VAN DER MEER, Jaap J. M.: Spitsbergen Push Moraines (Developements in Quarternary Science, 4), London u.a. 2004, S. 99.
13 Stellvertretend für die Fülle an Literatur zur Arktis- und Antarktisforschung siehe BOYD, Louise Arner: Zu den Fjorden Ostgrönlands. Mit einem geschichtlichen Überblick zur Erforschung der Fjordregion von John K. Wright. Aus dem Englischen übersetzt von Niels-Arne Münch, herausgegeben und eingeleitet von Cornelia LÜDECKE, Wiesbaden 2016; COOKMAN, Scott: Ice blink. The tragic fate of Sir John Franklin's lost polar expedition, New York u.a. 2000; DRYGALSKI, Erich von: Verborgene Eiswelten. Erich von Drygalskis Bericht über seine Grönlandexpeditionen 1891, 1892–1893, herausgegeben von Cornelia LÜDECKE, München 2015; FLEMING, Fergus: Barrow's Boys. Eine unglaubliche Geschichte von wahrem Heldenmut und bravourösem Scheitern. Aus dem Englischen von Henning Ahrens, Hamburg 2010; M'CLINTOCK, Francis Leopold: Die Reise der „Fox" im arktischen Eismeer. Juni 1857–September 1859. Ein Bericht von der Expedition zur Aufklärung des Schicksals von Sir John Franklin und seiner Gefährten, Übertragen, bearbeitet und herausgegeben von Stefan Christoph SAAR und Eckhard

Öffentlichkeit keinen nachhaltigen Bekanntheitsgrad erlang hat, obwohl er zwischen 1925 und 1930 insgesamt drei Expeditionen nach Spitzbergen sowie nach Grönland unternahm. Dennoch krönte seine wissenschaftliche Karriere ab 1945 ein Ordinariat für Geologie und Paläontologie an der Christian-Albrechts-Universität zu Kiel.

Da seine Forschungsreisen zeitlich zu Beginn seiner wissenschaftlichen Karriere stattfanden, liegt die Vermutung nahe, dass sie zumindest für Gripps akademische Laufbahn nützlich, vielleicht sogar entscheidend waren.

1.2. Fragestellung und Erkenntnisinteresse

Die Frage, ob Expeditions- und Forschungsreisen ganz allgemein als Karrieresprungbrett gelten dürfen, ist bisher noch kaum erforscht worden.[14] Als Betrachtungsobjekt drängt sich die Wissenschaftlerbiographie Karl Gripps, der sowohl in Hamburg als auch an der Kieler Universität lehrte und forschte, geradezu auf, erstreckte sie sich doch über insgesamt vier politische Systeme (fünf, zählt man die alliierte Besatzungszeit nach 1945 mit). Bezieht man diesen historischen Kontext mit ein, lässt sich untersuchen, wie sich die Brüche in Politik und Wissenschaft, aber auch die persönlichen Brüche in der Laufbahn Gripps als Hochschullehrer und Forscher auswirkten.

Dabei stellt sich die Frage, ob sich Gripps Reisen in Beziehung zu dessen akademischer Laufbahn setzen lassen, welchen Nutzen sie also für seinen Karriereverlauf hatten und welche Impulse sie ihm für seine Karrierestrategien lieferten. Einerseits sind also Erkenntnisse über den spezifischen Nutzen arktischer Forschungen für einen Wissenschaftler zu erwarten, andererseits lässt sich aber auch eine Aussage über die Bedeutung und Bedeutungsentwicklung deutscher Arktisforschung besonders nach dem Zusammenbruch deutscher Expansionsbestrebungen am Ende des Ersten Weltkrieges treffen. Aus dem Karriereweg Karl Gripps soll also der Stellenwert seiner Arktisforschungen sowohl für den Forscher selbst, als auch für die deutsche Hochschul- und Wissenschaftspolitik in der unter diesem Gesichtspunkt kaum erforschten Zeit zwischen Weimarer Republik und Nachkriegszeit herausdestilliert und

---

BERKENBUSCH, Wiesbaden 2010; SCHILLINGS, Pascal: Der letzte weiße Flecken. Europäische Antarktisreisen um 1900, Göttingen 2016.

14 Diesen Ansatz verfolgt auch GÖLLNITZ, Martin: Expeditions- und Forschungsreisen als Karrieresprungbrett? Norddeutsche Wissenschaftler als Teilnehmer der Galathea-, Challenger- und Plankton-Expedition, in: Zeitschrift der Gesellschaft für Schleswig-Holsteinische Geschichte 141 (2016), S. 235–265; vgl. auch AUGE, Oliver/GÖLLNITZ, Martin: Kieler Professoren als Erforscher der Welt und als Forscher in der Welt: Ein Einblick in die Expeditionsgeschichte der Christian-Albrechts-Universität, in: Christian-Albrechts-Universität zu Kiel. 350 Jahre Wirken in Stadt, Land und Welt, hrsg. von Oliver AUGE, Kiel 2015, S. 949–972, hier S. 950.

so Rückschlüsse auf ihre Bedeutung für wissenschaftliche Karrierechancen gezogen werden.

Das beginnt mit der Frage, wie Gripp seine Reisen organisieren und vor allem finanzieren konnte. Denn nicht selten hatten Geldgeber für derartige Reisen ganz eigene Ziele vor Augen, die meist nicht mit den wissenschaftlichen übereinstimmten.[15] Standen die Arktisreisen Gripps in der Tradition der imperialen deutschen Forschung vor 1914 oder entwickelte sich in der Weimarer Republik eine ganz eigene spezifische Interessenlage, die sich in Gripps Ambitionen widerspiegelte? Die Frage nach dem Einfluss von Politik auf den Forschungsprozess bezieht sich dabei nicht allein auf die Expeditionsreise selbst, sondern insbesondere auf die Phase der Auswertung und der Ergebnispublikation. Denn das arktische Forschungsprojekt war längst nicht mit der Rückkehr in die Heimat abgeschlossen, sondern markierte nur den Beginn eines langen Erkenntnisprozesses, wie sich auch an der schon genannten Publikation Gripps in weit späteren Jahren zeigt.

Die angesprochene Frage der Forschungsfinanzierung nimmt für die Analyse einer mutmaßlichen Karrierestrategie eine Schlüsselrolle ein. Nicht nur für die konkrete Reise, sondern auch für die Phase der Auswertung und Aufbereitung seiner Expeditionsergebnisse brauchte der Forscher eine finanziell abgesicherte Stellung. Das war nicht immer einfach, denn die Zahl der Ordinarien an den deutschen Hochschulen blieb eng begrenzt und nahm im Verhältnis zu den immer stärker vertretenen Privatdozenten relativ sogar ab.[16] Es stellt sich hier also erneut die von Mitchell G. Ash aufgeworfene Frage, welche Ressourcen- bzw. „Ermöglichungsverhältnisse"[17] Wissenschaftlerinnen und Wissenschaftler einzugehen bereit waren. Gerade diese Verhältnisse zwischen verschiedenen Akteuren beschreiben die Verzahnung von Wissenschaft und Politik unter dem Aspekt der Gewährung wechselseitiger Vorteile, wie etwa

---

15 Ebd.
16 Vgl. GRÜTTNER, Michael: Nationalsozialistische Wissenschaftler. Ein Kollektivporträt, in: Gebrochene Wissenschaftskulturen. Universitäten und Politik im 20. Jahrhundert, hrsg. von DEMS. u.a., Göttingen 2010, S. 149–165, hier S. 154.
17 Hierzu und zum Folgenden siehe grundlegend ASH, Mitchell G.: Wissenschaft und Politik als Ressourcen für einander, in: Wissenschaften und Wissenschaftspolitik. Bestandsaufnahmen zu Formationen, Brüchen und Kontinuitäten im Deutschland des 20. Jahrhunderts, hrsg. von Rüdiger vom BRUCH und Brigitte KADERAS, Stuttgart 2002, S. 32–51; SZÖLLÖSI-JANZE, Margit: Politisierung der Wissenschaften – Verwissenschaftlichung von Politik. Wissenschaftliche Politikberatung zwischen Kaiserreich und Nationalsozialismus, in: Experten und Politik. Wissenschaftliche Politikberatung in geschichtlicher Perspektive, hrsg. von Stefan FISCH und Wilfried RUDLOFF, Berlin 2004, S. 79–100; HACHTMANN, Rüdiger: Wissenschaftsgeschichte in der ersten Hälfte des 20. Jahrhunderts, in: Archiv für Sozialgeschichte 48 (2008), S. 539–606.

Forschungsfinanzierung und Institutsausstattung auf der einen und Prestige und ideologische Rechtfertigung auf der anderen Seite. Das führt im konkreten Fall einerseits zu der Überlegung, welche Ressourcen Gripp für seine Reisen generieren konnte und was er dafür als Gegenleistung erbringen konnte und musste. Dies ist vor allem deshalb interessant, weil die Zeit der Weimarer Republik, insbesondere deren Spätphase, in die Gripps Reisen fallen, als eine Zeit mit außerordentlich schwieriger Finanzlage, auch in Fragen der Wissenschaftsfinanzierung gilt.[18] Daneben darf allerdings auch der Übergang von Weimarer Republik zu NS-Staat nicht aus dem Fokus geraten. Gerade hier lässt sich erwarten, dass Forscherinnen und Forschern spezifische politisch-ideologische Vorgaben gemacht wurden, die manche dazu bewegte, sich in den Dienst des NS-Regimes zu stellen oder die eigene Karriere – zumindest in Deutschland – aufzugeben.[19] Viele Forschende stellten sich ganz bewusst in den Dienst des Nationalsozialismus, teils aus politischer Überzeugung, teils auch um eigene Forschungsvorhaben zu sichern oder neue zu begründen.[20]

---

18 Vgl. dazu WAGNER, Patrick: Forschungsförderung auf der Basis eines nationalistischen Konsenses. Die Deutsche Forschungsgemeinschaft am Ende der Weimarer Republik und im Nationalsozialismus, in: Gebrochene Wissenschaftskulturen. Universität und Politik im 20. Jahrhundert, hrsg. von Michael GRÜTTNER, Göttingen 2010, S. 183–192.
19 Ob dieses beispielsweise für die Universität Kiel von ERDMANN, Karl Dietrich: Wissenschaft im Dritten Reich. Vortrag anlässlich der 300-Jahrfeier der Christian-Albrechts-Universität zu Kiel am 3. Juni 1965 (Veröffentlichungen der Schleswig-Holsteinischen Universitätsgesellschaft zu Kiel, N.F., 45), Kiel 1967 oder SALEWSKI, Michael: Die Gleichschaltung der Christian-Albrechts-Universität im April 1933. Öffentlicher Vortrag im Auditorium maximum der Universität Kiel am 26. April 1983 anläßlich des 50. Jahrestages der „Machtergreifung" und ihrer Folgen, Kiel 1983 aufgestellte Postulat zutreffend ist, wird in jüngster Zeit zunehmend angezweifelt, vgl. GÖLLNITZ, Karrieresprungbrett.
20 Vgl. exemplarisch REITZENSTEIN, Julien: Himmlers Forscher, Wehrwissenschaft und Medizinverbrechen im „Ahnenerbe" der SS, Paderborn 2014; GRÜTTNER, Nationalsozialistische Wissenschaftler; KAASCH, Joachim/KAASCH, Michael: Hallesche Naturwissenschaftler (Emil Abderhalden und Johannes Weigelt) in der Zeit des Nationalsozialismus. Eine Fallstudie mit Jenaer Beziehungen, in: „Kämpferische Wissenschaft". Studien zur Universität Jena im Nationalsozialismus, hrsg. von Uwe HOSSFELD u.a., Köln u.a. 2003, S. 1027–1064; HEIM, Susanne: „Die reine Luft der wissenschaftlichen Forschung". Zum Selbstverständnis der Wissenschaftler der Kaiser-Wilhelm-Gesellschaft, Berlin 2002; für die Universität Hamburg siehe VOGEL, Barbara: Anpassung und Widerstand. Das Verhältnis Hamburger Hochschullehrer zum Staat 1919 bis 1945, in: Hochschulalltag im „Dritten Reich". Die Hamburger Universität 1933–1945. Teil I: Einleitung. Allgemeine Aspekte, hrsg. von Eckert KRAUSE, Ludwig HUBER und Holger FISCHER (Hamburger Beiträge zur Wissenschaftsgeschichte, 3), Hamburg 1991, S. 3–84; für Kiel etwa GÖLLNITZ, Martin: Karrieren zwischen Diktatur und Demokratie.

Ash betont, dass der Zugang zu Ressourcen durchaus im gegenseitigen Austausch und mithilfe unterschiedlicher Netzwerke funktionierte.[21] Dabei wurde Wissenschaft einerseits als Ressource für Politik gebraucht, gleichzeitig konnten Wissenschaftler aber auch die Politik als Förderer ihrer eigenen wissenschaftlichen Vorhaben gewinnen.[22] Wie änderten sich diese Verhältnisse und Interessenlagen während der Zeit des Nationalsozialismus? Wie änderte sich die Bewertung von Gripps Arktisforschung?

Für den Fall Karl Gripps ist bedeutend, dass dieser im Jahr 1934 in Hamburg aufgrund des Gesetzes zur Wiederherstellung des Berufsbeamtentums entlassen, 1940 jedoch in Kiel außerordentlicher Professor wurde. Für diesen Wechsel könnten bessere Forschungsbedingungen ausschlaggebend gewesen sein, denn mit dem „Deutschen Archiv für Polarforschung" befand sich in Kiel bis 1958 ein Vorläufer des heutigen Alfred-Wegener-Instituts in Bremerhaven.[23] Das für den Fall Gripp relevante Kolonialinstitut Hamburg hatte hingegen mit dem Ende des Kaiserreichs und seiner Kolonien ein großes Maß an wissenschaftlichen und damit ein ebenso hohes an beruflichen Perspektiven eingebüßt.[24] Im Hinblick auf seine Entlassung ist zu untersuchen, ob Gripp möglicherweise als regimefeindlicher Dissident an der Kieler Universität Aufnahme gefunden hat. Zwar galt die Hamburger Universität (in der NS-Zeit „Hansische Universität") als nationalsozialistische Musteruniversität, doch aus dem bisherigen Forschungsstand zur Kieler Universität lässt sich eigentlich gerade nicht schließen, dass Kiel in den 1930er Jahren ein Hort des Liberalismus und Antifaschismus war.[25] Aus dem Wechsel einer Person

---

Die Berufungspolitik in der Kieler Theologischen Fakultät 1936 bis 1946 (Kieler Werkstücke. Reihe A, 39), Frankfurt a.M. 2014.
21 ASH, Wissenschaft und Politik; vgl. auch SZÖLLÖSI-JANZE, Margit: Der Wissenschaftler als Experte. Kooperationsverhältnisse von Staat, Militär, Wirtschaft und Wissenschaft 1914–1933, in: Geschichte der Kaiser-Wilhelm-Gesellschaft im Nationalsozialismus. Bestandsaufnahme und Perspektiven der Forschung, Bd. 1, hrsg. von Doris KAUFMANN, Göttingen 2000, S. 47–64. und DIES., Politisierung.
22 ASH, Wissenschaft und Politik, S. 33.
23 Hierzu TIEDEMANN, Karl-Heinz: 55 Jahre Deutsches Archiv für Polarforschung, 50 Jahre Zeitschrift Polarforschung, in: Polarforschung 51 (1981), 2, S. 251–253.
24 Zum Hamburger Kolonialinstitut siehe RUPPENTHAL, Jens: Das Hamburgische Kolonialinstitut und die Kolonialwissenschaften, in: Kein Platz an der Sonne. Erinnerungsorte der deutschen Kolonialgeschichte, hrsg. von Jürgen ZIMMERER, Frankfurt a.M. u.a. 2013, S. 257–269.
25 Dazu UHLIG, Ralph: Vertriebene Wissenschaftler der Christian-Albrechts-Universität zu Kiel (CAU) nach 1933. Zur Geschichte der CAU im Nationalsozialismus. Eine Dokumentation, Frankfurt a.M. 1991 und CORNELISSEN, Christoph: Zur Wiedereröffnung der Christian-Albrechts-Universität 1945, in: Wissenschaft im Aufbruch. Beiträge zur Wiederbegründung der Kieler Universität nach 1945 (Mitteilungen der Gesellschaft für Kieler Stadtgeschichte, 88), hrsg. von DEMS., Essen

an eine andere Universität sowie dem Vergleich der jeweiligen Hochschulen lassen sich weitere wertvolle Hinweise ableiten. Dabei drängen sich gerade auch im Hinblick auf die Geschichte der Universitäten Hamburg und Kiel weitere Fragen auf. So wurde etwa festgestellt, dass in der ersten Hälfte des 20. Jahrhunderts die Kieler Universität meist den Höhepunkt und Abschluss einer wissenschaftlichen Karriere darstellte. Forschungsreisen hatten viele Angehörige des Kieler Lehrkörpers lediglich vor ihrer Zeit an der Christiana Albertina[26] unternommen.[27] Es lassen sich aus Gripps Einzelfall heraus also auch einige Erkenntnisse zur jeweiligen Universitätsgeschichte gewinnen, wobei insbesondere die Kieler Geologie und ihre Rolle bei der Erforschung der Arktis ein weitgehendes Forschungsdesiderat darstellt.[28]

1.3. Methodisches Vorgehen

Für die Analyse der Gripp'schen Karrierestrategie greift die Studie auf Methoden der Biographik zurück, wobei es hierbei gilt, einige Fallstricke zu vermeiden. Wiederholt wurde bemängelt, dass es dieser Methode an einer geschlossenen theoretischen Grundlage fehle.[29] Was sich für die herkömmliche Auseinandersetzung mit Expeditionsreisenden als problematisch erwies, galt lange ebenso für die Biographik: Sie fokussierte sich auf die Darstellung klassischer Heldengeschichten von Staatsmännern, Kriegsheroen oder populären Wissenschaftlern und war so mehr Würdigung als Reflexion. Besonders ausgeprägt wurde diese Form der Beschäftigung mit dem Lebenswerk einzelner Individuen in der Zeit nach dem Zweiten Weltkrieg zelebriert, die

---

2014, S. 12–31, hier S. 17; den Begriff der Musteruniversität beleuchtet kritisch GÖLLNITZ, Martin: Das ‚Kieler Gelehrtenverzeichnis' in der Praxis. Karrieren von Hochschullehrern im Dritten Reich zwischen Parteizugehörigkeit und Wissenschaft, in: Jahrbuch für Universitätsgeschichte 16 (2013), S. 291–312 und DERS., Karrieresprungbrett.

26 So die latinisierte und bis heute alternativ gebräuchliche Bezeichnung für die Christian-Albrechts-Universität zu Kiel; zur Herkunft siehe PIOTROWSKI, Swantje: Sozialgeschichte der Kieler Professorenschaft 1665–1815. Gelehrtenbiographien im Spannungsfeld zwischen wissenschaftlicher Qualifikation und sozialen Verflechtungen (Kieler Schriften zur Regionalgeschichte, 2), Kiel und Hamburg 2018, S. 77.

27 AUGE/GÖLLNITZ, Christian-Albrechts-Universität, S. 954.

28 Ebd., S. 953.

29 PETERSEN, Hans-Christian: „Ostforscher"-Biographien. Ein Workshop der Abteilung für Osteuropäische Geschichte der Universität Kiel und der Deutschen Forschungsgemeinschaft in Malente, 13.-15. Juli 2001, in: ZfG 49 (2001), S. 827–830, hier S. 829; KLEIN, Christian: Biographik als kulturelle Universalie, in: Handbuch Biographie. Methoden, Traditionen, Theorien, hrsg. von DEMS., Stuttgart 2009, S. XII-XIII, hier S. XIII.

einem „erneuerten Historismus"[30] entsprechen sollte und einem „Genie- und Individualitätsideal" verpflichtet war.[31] Damit war die Nähe der Biographie zur Gattung der Festschrift oder des Nachrufs deutlich ausgeprägter als die zur analytischen Studie, und sie verzeichnete folgerichtig – vor allem ab den 1980er Jahren – einen spürbaren Bedeutungsverlust.[32]

Ihre Wiedergeburt verdankte die Biographie nicht zuletzt dem Aufschwung der Wissenschafts- und Historiographiegeschichte.[33] Zwischenzeitlich war geradezu von einem „Boom"[34] der Biographik oder gar von einem „biographical turn"[35] die Rede. Insbesondere sozialgeschichtliche Studien haben nach dem Aufkommen der Mikro- und Alltagsgeschichte die verborgenen Potentiale der Biographik für sich entdeckt. So wurde verstärkt versucht, über die Untersuchung von Einzelpersonen bisher weitgehend unbeachtete Gesellschaftsgruppen zu erschließen, vor allem, um Zugänge zum Leben einfacher Menschen zu finden und die „Geschichte von unten" zu erforschen.[36]

---

30 HÄHNER, Olaf: Historische Biographik. Die Entwicklung einer geschichtswissenschaftlichen Darstellungsform von der Antike bis ins 20. Jahrhundert (Europäische Hochschulschriften, 3), Frankfurt a.M. 1999, S. 4.
31 MISH, Carsten: Otto Scheel (1876–1954). Eine biographische Studie zu Lutherforschung, Landeshistoriographie und deutsch-dänischen Beziehungen (Arbeiten zur kirchlichen Zeitgeschichte, 61), Göttingen u.a. 2015, S. 13; vgl. KLEIN, Christian: Biographik zwischen Theorie und Praxis. Versuch einer Bestandsaufnahme, in: Grundlagen der Biographik. Theorie und Praxis des biographischen Schreibens, hrsg. von DEMS., Stuttgart u.a. 2002, S. 1–22, hier S. 9–11; RAUH-KÜHNE, Cornelia: Das Individuum und seine Geschichte. Konjunkturen der Biographik, in: Neueste Zeit, hrsg. von Andreas WIRSCHING, München 2006, S. 215–232, hier S. 218f. Besonders während des Lamprecht'schen Methodenstreits und in der Zwischenkriegszeit war an der traditionellen Biographik bereits starke Kritik geübt worden, siehe HÄHNER, Biographik, S. 187–198.
32 Vgl. MISH, Otto Scheel, S. 14; KAISER, Tobias: Karl Griewank (1900–1953). Ein deutscher Historiker im „Zeitalter der Extreme", Stuttgart 2007, S. 12.
33 Vgl. BÖDECKER, Hans-Erich: Biographie. Annäherung an den gegenwärtigen Forschungs- und Diskussionsstand, in: Biographie schreiben (Göttinger Gespräche zur Geschichtswissenschaft, 18), hrsg. von DEMS. Göttingen 2003, S. 16; LÄSSIG, Simone: Die historische Biographie auf neuen Wegen? In: Geschichte in Wissenschaft und Unterricht 60 (2009), 10, S. 540–553, hier S. 542; SZÖLLÖSI-JANZE, Margit: Lebens-Geschichte – Wissenschafts-Geschichte. Vom Nutzen der Biographie für Geschichtswissenschaft und Wissenschaftsgeschichte, in: Berichte zur Wissenschaftsgeschichte 23 (2000), 1, S. 17–35, hier S. 20–22 und S. 29–32.
34 PYTA, Wolfram: Geschichtswissenschaft, in: Handbuch Biographie. Methoden, Traditionen, Theorien, hrsg. von Christian KLEIN, Stuttgart 2009, S. 331–338, hier S. 331.
35 LÄSSIG, Biographie, S. 147.
36 EHALT, Hubert Christian: Geschichte von unten. Fragestellungen, Methoden und Projekte einer Geschichte des Alltags (Kulturstudien, 1), Wien u.a. 1984, S. 11; MISH, Otto Scheel, S. 15.

Gerade in jüngerer Zeit haben neue Studien gezeigt, welchen Erkenntnisgewinn biographische Methoden auch im Bereich der Wissenschaftsgeschichte haben können.[37] Mit dem Wegfall der Beschränkung auf die großen Namen wurde so der Weg freigemacht für die Beschäftigung mit Wissenschaftlern, die innerhalb der akademischen Fachöffentlichkeit große Bedeutung haben, außerhalb von ihr aber wenig bekannt geworden sind – wie der hier untersuchte Geologe Karl Gripp.[38]

Auch wenn sich die allgemeine Methodik der Biographie also bislang nicht durch eine ausgeprägte Kontrastschärfe auszeichnen konnte, hat sich in der Fachdiskussion mittlerweile ein Kern von Voraussetzungen und Grundannahmen für Biographien herausgebildet, für den ein disziplinübergreifender Geltungsanspruch postuliert werden kann.[39] In Anlehnung an die Sozialgeschichte nutzt die moderne Biographik ihre Protagonisten nicht nur als Forschungsobjekt, sondern gleichsam als „analytische Sonde" zur Erfassung überindividueller Prozesse.[40] Damit richtet sich der Fokus auch auf die Untersuchung über die eigentliche Zielperson hinausführender Fragestellungen, denn ohnehin herrscht mittlerweile weitgehende Einigkeit darüber, dass von ihr grundsätzlich kein abschließendes personales Gesamtbild geliefert werden kann, weshalb in zunehmendem Maße biographische Arbeiten als „biographische Studien" firmieren oder den erweiterten Blickwinkel zumindest im Titel deutlich herausstellen.[41] Das Ziel muss vielmehr darin liegen, ein Forscherleben wie das Karl Gripps in einem breiten Kontext jenseits der traditionell in den Fokus gerückten schulbildenden Größen näher zu betrachten. Der biographische Zugang wird hier dementsprechend als Arbeitsmittel verstanden, um auch jenseits des Persönlichen übergeordneten Fragen aus dem Bereich der Wissenschafts-, Expeditions- und allgemeinen Geschichte nachzugehen. Parallel zur biographischen Erschließung ist die Ausarbeitung folglich darauf

---

37 Vgl. beispielsweise Kragh, Lisa: Kieler Meeresforschung im Kaiserreich. Die Planktonexpedition von 1889 zwischen Wissenschaft, Wirtschaft, Politik und Öffentlichkeit (Kieler Werkstücke. Reihe A, 48), Frankfurt a.M. 2017, S. 21f.
38 Vgl. allgemein Gestrich, Andreas: Sozialhistorische Biographieforschung, in: Biographie, sozialgeschichtlich. 7 Beiträge (Kleine Vandenhoeck-Reihe, 1538), hrsg. von dems., Göttingen 1988, S. 5–28; Schweiger, Hannes: Biographiewürdigkeit, in: Handbuch Biographie. Methoden, Traditionen, Theorien, hrsg. von Christian Klein, Stuttgart 2009, S. 32–36, hier S. 34f.
39 Fetz, Bernhard: Die vielen Leben der Biographie. Interdisziplinäre Aspekte einer Theorie der Biographie, in: Die Biographie. Zur Grundlegung ihrer Theorie, hrsg. von dems., Berlin 2009, S. 3–68, hier S. 8; Mish, Otto Scheel, S. 13.
40 Vgl. Mish, Otto Scheel, S. 16.; Runge, Anita: Wissenschaftliche Biographik, in: Handbuch Biographie. Methoden, Traditionen, Theorien, hrsg. von Christian Klein, Stuttgart 2009, S. 113–121, hier S. 115; Rauh-Kühne, Individuum, S. 215f.
41 Vgl. Mish, Otto Scheel, S. 17.

ausgerichtet, die sich aus der Fragestellung ergebenden spezifischen „Felder entlang einer Lebenslinie zu erhellen."[42] Um eine breite Kontextualisierung zu ermöglichen, finden sich in der geschichtswissenschaftlichen Biographie mittlerweile methodische Modelle, die das Lebens eines Menschen nicht mehr losgelöst von seinen oft wenig bis gar nicht beeinflussbaren lebensgeschichtlichen Rahmenbedingungen betrachten.[43] Schließlich ist heute weitgehend anerkannt, dass etwa die Entfaltungs- und Entscheidungsmöglichkeiten eines Menschen bereits durch dessen Sozialisation im Kindesalter mitbestimmt werden, zu denen dann später politische, wirtschaftliche und soziale Einflüsse hinzutreten.[44]

Angesichts der dürftigen Forschungslage gibt es ohnehin keine Alternative zu einer einzelbiographischen Studie, um sich mit der deutschen Arktisforschung während der Weimarer Republik auseinanderzusetzen. Schließlich stehen kaum Vergleichsmöglichkeiten zu anderen Arktisexpeditionen und ihren zugehörigen Forscherkarrieren zur Verfügung. Lediglich die letzte Arktisexpedition Alfred Wegeners 1930/31 nach Grönland hat größere geschichtswissenschaftliche Aufmerksamkeit erfahren, wobei dessen Karriere auch mit seinem Tod auf dieser Reise ihr Ende fand.[45] Diese Studie versteht sich in diesem Hinblick also als Grundlage für weitere Untersuchungen, die die aufgezeigten Erkenntnisse für andere Fälle bestätigen, falsifizieren oder ergänzen können. Andererseits kann hier der Versuchung, eine reine Nachzeichnung der Gripp'schen Forschungsreisen abzuliefern oder im Wege des Vergleichs eine „Erfolgsstory älteren Typs"[46] zu schreiben und sie gegen eine andere (wie etwa die des zeitgleich agierenden Arktisforschers Wegener) aufzurechnen, nicht

---

42 KAISER, Karl Griewank; vgl. MISH, Otto Scheel, S. 18.
43 Ebd., S. 16; vgl. PYTA, Geschichtswissenschaft, S. 333; WINKELBAUER, Thomas: Plutarch, Sueton und die Folgen. Konturen und Konjunkturen der historischen Biographie, in: Vom Lebenslauf zur Biographie. Geschichte, Quellen und Probleme der historischen Biographik und Autobiographik; Referate der Tagung „Vom Lebenslauf zur Biographie" am 26. Oktober 1997 in Horn (Schriftenreihe des Waldviertler Heimatbundes, 40), hrsg. von DEMS., Horn 2000, S. 9–46, hier S. 42.
44 SCHNEEWIND, Klaus: Sozialisation in der Familie, in: Handbuch Sozialisationsforschung, hrsg. von Klaus HURRELMANN, Matthias GRUNDMANN und Sabine WALPER, 7. Aufl., Weinheim 2008, S. 256–273, hier v.a. S. 256–260; HURRELMANN, Klaus: Einführung in die Sozialisationstheorie, 8. Aufl., Weinheim u.a. 2002, S. 127–186.
45 Zuletzt FIRCKS, Christoph v.: Gnadenlose Arktis. Alfred Wegener und die Erforschung Grönlands, Schwerin 2012.
46 SZÖLLÖSI-JANZE, Politisierung, S. 18; SCHEUER, Helmut: Biographie. Überlegungen zu einer Gattungsbescheibung, in: Vom Anderen und vom Selbst. Beiträge zu Fragen der Biographie und Autobiographie, hrsg. von Reinhold GRIMM und Jost HERMAND, Königstein/Ts. 1982, S. 9–29; AUGE/GÖLLNITZ, Christian-Albrechts-Universität, S. 950.

nachgegeben werden. Zudem ist auch keine umfassende Wiedergabe seines Lebens geplant, schließlich würde sich unweigerlich die Frage der Relevanz stellen. Die Lösung ist daher in einer engen, längsschnitthaften Untersuchung seiner akademischen Laufbahn zu sehen.

Im Fokus liegen daher einerseits die drei Reisen Gripps in die Arktis sowie sein Wirken an verschiedenen Forschungseinrichtungen in Hamburg und Schleswig-Holstein. Im Rahmen dieser Zweiteilung der Studie werden insbesondere Bezüge seiner Forschungsreisen zu seiner Universitätskarriere mitsamt ihren Brüchen, insbesondere jene der mittleren und späten 1930er Jahre, untersucht. Die Schilderung seines Lebensweges vor und nach dieser Zeit rahmt diese Aspekte ein, denn ein Blick auf den wissenschaftlichen Werdegang Karl Gripps bis zur Mitte der 1920er Jahre ermöglicht seine Einordnung als Wissenschaftler in das akademische Umfeld seiner Zeit und beantwortet die Frage, wie sich Gripp in seinen frühen Jahren als Geologe entwickelte. Der nächste Schritt ist die Auseinandersetzung mit Gripps Expeditionen, ohne dabei allerdings eine umfassende Detailwiedergabe seiner Reisen, geschweige denn eine Edition seiner Reiseaufzeichnungen liefern zu wollen. Auch eine Auseinandersetzung mit seiner inhaltlichen Forschung, d.h. den fachlich-geologischen Aufzeichnungen, die einen großen Teil der hinterlassenen Schriftquellen ausmachen, kann schon aufgrund der historischen Zielrichtung dieser Arbeit nicht erfolgen. Sie ist auch gar nicht nötig, denn gerade diese Aspekte sind von Gripp in zahlreichen Publikationen dargestellt und von der geologischen Fachwelt bereits diskutiert worden. Vielmehr geht es darum, die Motivation Gripps und die Frage der Organisation und Durchführung seiner Reisen herauszustellen, also die Frage zu behandeln, wie Gripp in der neuen Anlaufphase deutscher Wissenschaft in den 1920er Jahren derartige Unternehmungen auf die Beine stellen konnte. Dazu gehört auch die Untersuchung des Netzwerks seiner Unterstützer und Financiers.

Der zweite Schritt ist die Analyse seiner akademischen Laufbahn. Hier ist besonders seine Entlassung 1934 in Hamburg als Wendepunkt interessant. Um die Frage zu klären, welche Bedeutung seine Forschungen hatten und welche Rolle sie für seine Laufbahn spielten, wird Gripps Karriereweg dort möglichst detailliert behandelt. Der Fokus liegt dabei auf der Verknüpfung von Arktisforschung und Karriere, d.h. die Herstellung von Bezügen zwischen diesen Aspekten, um den spezifischen Wert seiner Expeditionserfahrungen in seiner Laufbahn zu ermitteln. Dabei wird zwischen den Ereignissen seiner Entlassung in Hamburg und der (Neu-) Berufung in Kiel differenziert. Wusste man an der Kieler Universität, wohin er 1940 wechselte, seine Expertise besser zu schätzen oder spielten andere Gründe für seine Berufung eine Rolle? Die interessante Frage ist vor allem, wie und warum es ihm gelang, trotz seiner Entlassung an einer benachbarten Hochschule wieder Fuß zu fassen.

Da weitere Arktis-Expeditionen Gripps nach Kriegsende 1945 nicht belegt sind, wird die Betrachtung mit seiner Ernennung zum Ordinarius im selben Jahr im Wesentlichen enden, lediglich in Form eines Ausblicks soll noch kurz auf die Zeit bis zu einer Emeritierung eingegangen werden. Zeitlich liegt der Untersuchungsschwerpunkt also in der Phase der Weimarer Republik sowie des NS-Staates, die eingerahmt wird von der Zeit des Kaiserreichs einerseits und der Nachkriegszeit mitsamt der Phase der alliierten Besatzung bzw. der Gründung der Bundesrepublik Deutschland andererseits.

1.4. Quellen und Literatur

Im Hinblick auf die Zweiteilung der Studie muss die hierfür relevante Quellengrundlage als ambivalent bezeichnet werden. Für den Expeditionsteil stehen die Forschungstagebücher von Karl Gripp zur Verfügung. Sie befinden sich im Archiv für Geographie am Leibniz-Institut für Länderkunde in Leipzig, seit sie im Jahr 2006 vom Kieler Geographie-Professor Eckart Dege dorthin abgegeben wurden.[47] Auf knapp 700 Seiten bieten die Tagebücher umfangreiche Notizen und Skizzen zu Gripps geologischen Untersuchungen, Ergebnissen oder Reiseerlebnissen und sind bislang noch nicht als Edition publiziert.[48] Es handelt sich um insgesamt neun Hefte in einem karierten Format von jeweils ca. 15 x 21 cm, wobei auf jede der Expeditionen jeweils drei von ihnen entfallen. Der Großteil der Passagen besteht aus mit Bleistift geschriebener Kurrentschrift, hin und wieder finden sich mit Tinte nachgeschriebene Abschnitte. Insgesamt ist der Text schlecht zu lesen, auch weil Karl Gripp unsystematisch Elemente lateinischer Schreibschrift verwendete.[49] Häufig ist die Rechtschreibung fehlerbehaftet, selten verwendete Gripp Punkte oder Kommata.[50]

Als Selbstzeugnisse waren die neun Hefte nur für Gripps persönlichen Gebrauch und nicht zur Verwendung durch Dritte bestimmt. Das lässt aufgrund eines fehlenden Manipulationsaspektes einerseits ihren Inhalt im

---

47 Diese Information verdanke ich dem freundlichen Hinweis von Prof. Dr. Eckart Dege vom Geographischen Institut der Christian-Albrechts-Universität zu Kiel.
48 Eine kurze Wiedergabe der Grönlandreise von 1930 wird von Clemens Pasda unter ur- und frühgeschichtlicher Fragestellung behandelt: PASDA, Clemens: Karibujäger in Grönland. Die Ergebnisse der archäologischen Untersuchungen von 2005–2009 im hinteren Nuuk-Fjord, Rahden/Westf. 2011, S. 28–33.
49 Die hier aus den Tagebüchern wörtlich zitierten Passagen sind unbearbeitet übernommen worden.
50 Als besondere Herausforderung erwiesen sich die drei Hefte zu Gripps Reise nach Grönland im Jahr 1930. Ortsnamen und einheimische Begriffe schrieb er offenbar ohne Kenntnis der korrekten Schreibweise nur nach Gehör, was eine Überprüfung seiner Reiserouten bisweilen schwierig macht. Aus Gründen der Übersichtlichkeit werden jenseits wörtlicher Zitate derzeit gebräuchliche geographische Angaben verwendet.

Hinblick auf eine Verfälschung authentischer erscheinen, andererseits sind die Eintragungen recht selektiv und beinhalten nur Aspekte, die Gripp subjektiv interessant erschienen. So ergeben sich im Vergleich zu den wenigen später gedruckten Reisebeschreibungen einige Diskrepanzen. Teilweise werden Aspekte, die in Gripps Tagebuch nur einen geringen Umfang einnahmen, wie etwa die dramatisch geschilderte Anlandung auf Spitzbergen im Jahr 1927, in seinen gedruckten Beiträgen in einem erheblich größeren Zusammenhang dargestellt. Auch werden später Reiseereignisse geschildert, die sich nicht in seinem Tagebuch finden lassen und die sich wohl allein aus Gripps Erinnerung speisten (wie etwa die Schilderung eines Besuchs in Uppsala 1925).[51]

Inhaltlich überwiegt bei allen drei Reisen die Darstellung der geologischen Untersuchungen. Auf sie soll hier allerdings nicht näher eingegangen werden, es sei auf Gripps umfangreiche Veröffentlichungen verwiesen.[52] Den deutlich kleineren Teil machen Gripps Reisebeschreibung, Notizen über Ereignisse, vor allem über die Wetterlage aus. Insgesamt findet sich ausnahmslos zu jedem Tag der jeweiligen Reise ein Eintrag. Neben den geologischen Auffälligkeiten und Ereignissen, die ihn bewegten, formulierte er allerdings auch einige Bonmots, die er offenkundig bereits für spätere Vorträge oder Veröffentlichungen vorgesehen hatte.[53] Während die Eintragungen der Reise von 1925 zumeist ein recht ungeordnetes Sammelsurium von Einträgen darstellen, begann Gripp auf seiner zweiten Spitzbergen-Reise 1927 seine Eintragungen zu systematisieren, beispielsweise durch seine umfangreichen Fotoverzeichnisse. Er begann, geologische Ergebnisse und Reisebeschreibung stärker zu trennen. Auch eine Grundstruktur seiner Tagebücher lässt sich herauslesen. Das erste Heft verzeichnete zumeist einen Teil der mitgeführten Ausrüstung, samt einer Kostenaufstellung, die allerdings nur bruchstückhaft erfolgte und daher keine Rückschlüsse auf die tatsächlichen Kosten der Unternehmung zulässt. Es folgen jeweils mit Datum versehene Eintragungen der Anreise mit

---

51 So beispielsweise in GRIPP, Karl: Beiträge zur Geologie von Spitzbergen, von Dr. Karl Gripp, Hamburg. Mit 7 Tafeln und 13 Figuren im Text, Hamburg 1927, S. 4, während sich in seinem Tagebuch (AGL, Kasten 831, Spitzbergen I, Tagebuch Gripp 1925, Eintrag vom 08.07.1925) nur eine kurze Notiz in Bezug auf den Bahnhof von Uppsala findet.
52 Dazu KÖSTER/PRANGE, Karl Gripp, S. 4–6. Erwähnenswert in diesem Zusammenhang sind allerdings die zahlreichen kleineren Skizzen am Ende der jeweiligen Untersuchungsabschnitte seiner Aufzeichnungen, die er später wiederum zu größeren zusammenfasste und die sich teilweise auch in seinen späteren Publikationen wiederfinden, sodass seine Arbeitsweise gut nachvollziehbar ist.
53 Z.B. AGL, Kasten 831, Spitzbergen I, Tagebuch Gripp 1925, Eintrag vom 06.08.1925: „Spitzbergenleben: Mittagessen nachts zw. 10 u 3h. Aufstehen zw. 9 u 12. Beginn der geol. Arbeit zw. 12 u ½ 4."; dies stellt eine Anspielung auf die Besonderheit des arktischen Sommers dar.

den ersten Tagen vor Ort. Das zweite Heft befasste sich mit dem weiteren Verlauf und das dritte und jeweils letzte Heft beinhaltete zumeist die Abreise, zurückgenommene Ausrüstung und gesammelte Proben, Abrechnungen (die allerdings ebenso wenig greifbare Erkenntnisse bieten) und stellenweise auch erste Gliederungsvorschläge für spätere Veröffentlichungen. Dabei sind die Ereignisse in allen Heften nur bis etwa zur Hälfte verzeichnet, es folgen in der zweiten Hälfte allerlei kurze Notizen, deren Zusammenhang häufig nicht mehr ersichtlich ist. Insgesamt weisen Gripps Tagebücher einen erheblichen Umfang auf. Die Reise von 1925 umfasst ca. 150 Seiten mit Einträgen, Notizen und Skizzen, die Reise von 1927 ca. 235 Seiten und die Reise von 1930 ca. 300. Gerade auch im Vergleich zu den Tagebüchern anderer Arktisreisender stellt dies einen besonders umfangreichen Fundus an Informationen dar, der zu großen Teilen allerdings nur geologische Fragen behandelt.[54] Ergänzt werden diese Tagebücher durch weitere Veröffentlichungen Karl Gripps, die teilweise auch (zumindest für die beiden Reisen nach Spitzbergen) kurze Expeditionsberichte beinhalten. Diese geben jedoch den Verlauf nur in Ausschnitten wieder und sind zudem recht selektiv verfasst, so dass sich aus ihnen kein vollständiger Eindruck von Gripps Wirken ergibt.

Außer seinen Studien finden sich keine weiteren relevanten Quellenbelege für die Expeditionen. Keiner seiner Reisegefährten hat Arbeiten veröffentlicht, die den Verlauf der Reisen behandeln. Zwar gibt es Hinweise auf eigene Tagebücher anderer Teilnehmer, doch sind sie bislang verschollen geblieben. Auch Akten, die die Expedition betreffen, sind weitestgehend im Verlauf des Zweiten Weltkriegs verloren gegangen. Das gilt zum einen für diejenigen des Geologischen Staatsinstituts in Hamburg, unter dessen Ägide Gripp seine Reisen unternahm. Das Gebäude des Instituts am damaligen Lübeckerthorplatz wurde Ende Juli 1943 während der „Operation Gomorrha" völlig zerstört, wie auch das Ausweichquartier in den Kellern der Staatstechnischen Lehranstalten, wohin man Teile der Sammlungen, Akten und der Bibliothek verbracht hatte.[55] So sind heute nur sehr wenige unmittelbare Relikte, vor allem Zeitungsausschnitte, erhalten geblieben. Nur einige Gerichtsakten, die sich aus einem späteren Streitfall zwischen Gripp und dem Hamburger

---

54 Siehe vergleichend etwa die Aufzeichnungen Hans Frebolds, auszugsweise veröffentlicht von THIEDIG, Friedhelm: Das Tagebuch des deutschen Polarforschers Hans Frebold (1899–1983) auf der „Godthaab" während der Dänischen Ostgrönland-Expedition 1931, in: Polarforschung 73 (2003), 1, S. 15–27.

55 EHLERS, Jürgen: Das Geologische Institut der Hamburger Universität in den dreißiger Jahren, in: Hochschulalltag im „Dritten Reich". Die Hamburger Universität 1933–1945. Teil III: Mathematisch-Naturwissenschaftliche Fakultät, Medizinische Fakultät, Ausblick, Anhang, hrsg. von Eckert KRAUSE, Ludwig HUBER und Holger FISCHER: Hamburg 1991, S. 1223–1244, hier S. 1237. Auch von den weiteren Financiers haben sich keine relevanten Aufzeichnungen mehr finden lassen.

Geographen Siegfried Passarge erhalten haben, beinhalten Abschriften der Förderungsanträge Gripps an die Notgemeinschaft der Deutschen Wissenschaft. Obwohl sich daraus, wie auch aus Gripps späteren Danksagungen ergibt, dass die Förderinstitution zwei der drei Reisen Gripps finanziell unterstützt hatte, existieren dort heute keinerlei Akten mehr über Gripp. Generell weist das Archiv der Deutschen Forschungsgemeinschaft (DFG) für die Zeit vor 1930 einen lückenhaften Bestand auf.[56] So bleibt das Problem, dass das zur Verfügung stehende Quellenmaterial über Gripps Reisen heute fast ausschließlich von ihm selbst stammt, was eine kritische Auseinandersetzung mit seinen Tagebüchern nur umso notwendiger macht. Ergänzend können zumindest noch seine zahlreichen Veröffentlichungen herangezogen werden.

Anders als beim Quellenmaterial zu seinen Reisen findet sich für Gripps akademische Laufbahn ein geradezu überreicher Fundus an Informationen.[57] Zwar sind auch hier die verschiedenen Akten zu Gripp nicht vollständig, da seine Entlassung jedoch in Hamburg Anlass zu einigen Rechtsstreitigkeiten boten und zudem mehrere Jahre die Staats- und Provinzialverwaltungen Hamburgs und Schleswig-Holsteins, ihrer jeweiligen Universitäten und zeitweise auch das Reichsministerium für Wissenschaft, Erziehung und Volksbildung (REM) in Atem hielten, haben sich hier geradezu Aktenberge aufgetürmt, sodass zumindest inhaltlich die Lücken fehlender Originale größtenteils geschlossen werden können. So stehen u.a. mehrere Personalakten Gripps sowie Gerichts- und Untersuchungsakten der Hamburger Universität zu Verfügung, zudem eine Reihe von Gutachten zur Bewertung der wissenschaftlichen Leistungen Gripps.[58] Die Fülle des vorhandenen Materials macht es allerdings auch nötig, sich auf eine Auswahl relevanter Aktenstücke zu beschränken, sodass die hier zitierten Aktenstücke nur einen Teil des gesamten Aktenbestandes über Gripp ausmachen, der sich im Wesentlichen um den Zeitraum zwischen 1930 und 1945 ballt.

Was für die Quellen gilt, betrifft in ähnlicher Weise auch die Literatur. Über Karl Gripp selbst finden sich bisher nur Laudatio-Artikel und Nachrufe bzw. darauf bezogene Lexikon-Einträge.[59] Der allgemeine Forschungsstand

---

56 Diese Auskunft verdanke ich dem Archiv der DFG; die entsprechenden Berichte (5–7 sowie 9 und 10) der damaligen Notgemeinschaft der Deutschen Wissenschaft bieten für die Jahre 1925–1930 keine Auskünfte über die Reisen Karl Gripps oder eine Förderung.
57 Die jeweiligen Akten finden sich im Landesarchiv Schleswig-Holstein, dem Staatsarchiv Hamburg, dem Bundesarchiv Berlin-Lichterfelde sowie dem Geheimen Staatsarchiv Preußischer Kulturbesitz Berlin. Es handelt sich vor allem um Personalangelegenheiten, Gerichtsakten und Schriftwechsel unterschiedlicher Behörden, aber auch Protokolle, Denkschriften und dergleichen.
58 So etwa ein Gutachten Friedrich Solgers: GStA PK, VI. HA, Nl Solger, F., Nr. 9.
59 KÖSTER/PRANGE, Karl Gripp; SEIBOLD, Karl Gripp; PRANGE, Professor Gripp; DERS., Gripp.

zur deutschen Universitäts- und Wissenschaftsgeschichte ist hingegen bereits recht umfangreich, gerade auch für die Zeit ab 1933.[60] Für die Geschichte der Universität Hamburg ist vor allem das mehrbändige Werk „Hochschulalltag im Dritten Reich", herausgegeben von Eckart Krause, zu nennen, worin sich insbesondere Jürgen Ehlers mit der Geschichte des Geologischen Staatsinstituts in der Zeit des Nationalsozialismus beschäftigt hat.[61] Für die Kieler Universität[62] lassen sich die Arbeiten von Hans-Werner Prahl und Christoph Cornelißen, insbesondere aber die in jüngerer Zeit erschienenen Studien von Martin Göllnitz und Karen Bruhn anführen.[63] Sie bilden einen deutlichen

---

60 Exemplarisch herausgegriffen seien NIKOLOW/SCHIRRMACHER, Verhältnis; Grüttner, Nationalsozialistische Wissenschaftler; HACHTMANN, Wissenschaftsgeschichte; DERS.: Die Wissenschaftslandschaft zwischen 1930 und 1949. Profilbildung und Ressourcenverschiebung, in: Gebrochene Wissenschaftskulturen. Universität und Politik im 20. Jahrhundert, hrsg. von Michael GRÜTTNER, Göttingen 2010, S. 193–205; mittlerweile wurde an zahlreichen deutschen Hochschulen deren Geschichte während der NS-Zeit aufgearbeitet, beispielsweise WIESING, Urban (Hrsg.): Die Universität Tübingen im Nationalsozialismus (Contubernium, 73), Stuttgart 2010.
61 KRAUSE, Eckart (Hrsg.): Hochschulalltag im „Dritten Reich". Die Hamburger Universität 1933–1945 (Hamburger Beiträge zur Wissenschaftsgeschichte, 3), 3 Bde., Berlin und Hamburg 1991; siehe auch NICOLAYSEN, Rainer: „Frei soll die Lehre sein und frei das Lernen". Zur Geschichte der Universität Hamburg, Hamburg 2008.
62 Ein unverzichtbares Werkzeug für die Erforschung der Geschichte der Christian-Albrechts-Universität ist das 2015 ins Netz gestellte „Kieler Gelehrtenverzeichnis", das es ermöglicht, die Lebens- und Karrierestation Kieler Forscherinnen und Forscher nachzuvollziehen und zu interpretieren, http://www.gelehrtenverzeichnis.de (zuletzt abgerufen am 30.03.2019); für die Universität Hamburg siehe https://www.hpk.uni-hamburg.de/ (zuletzt abgerufen am 28.08.2019).
63 PRAHL, Hans-Werner (Hrsg.): Uni-Formierung des Geistes. Universität Kiel im Nationalsozialismus, 2 Bde., Kiel 1995; CORNELISSEN, Christoph (Hrsg.): Wissenschaft im Aufbruch. Beiträge zur Wiederbegründung der Kieler Universität nach 1945 (Mitteilungen der Gesellschaft für Kieler Stadtgeschichte, 88), Essen 2014; BRUHN, Karen: Das Kieler Kunsthistorische Institut im Nationalsozialismus. Lehre und Forschung im Kontext der „deutschen Kunst" (Kieler Werkstücke. Reihe A, 47), Frankfurt a.M. 2017; GÖLLNITZ, Martin: Der Student als Führer? Handlungsmöglichkeiten eines jungakademischen Funktionärskorps am Beispiel der Universität Kiel (1927–1945) (Kieler Historische Studien, 44), Ostfildern 2018; DERS.: Forscher, Hochschullehrer, Wissenschaftsorganisatoren. Kieler Professoren zwischen Kaiserreich und Nachkriegszeit, in: Christian-Albrechts-Universität zu Kiel. 350 Jahre Wirken in Stadt, Land und Welt, hrsg. von Oliver AUGE, Kiel 2015, S. 498–527; DERS., Karrieren; aber auch LOHFF, Brigitte: Die Medizinische Fakultät der CAU im Nationalsozialismus, in: Wissenschaft an der Grenze. Die Universität Kiel im Nationalsozialismus (Mitteilungen der Gesellschaft für Kieler Stadtgeschichte, 86), hrsg. von Christoph CORNELISSEN und Carsten MISH, Essen 2009, S. 119–135; BUSS, Hansjörg: Die Kieler Theologische Fakultät im NS-Staat, in: Wissenschaft an der Grenze. Die Universität Kiel im Nationalsozialismus (Mitteilungen der Gesellschaft für Kieler Stadtgeschichte,

Gegenpol zur Selbstdarstellung der Hochschule im Nationalsozialismus, die sich als „Grenzlanduniversität" in ein problematisches Verhältnis aus Abgrenzung und Einbindung zu den nordischen Nachbarn zu setzen versuchte.[64] Das Feld der Arktisforschung während der Weimarer Republik wurde demgegenüber sowohl in universitäts- als auch in wissenschaftsgeschichtlichen Zusammenhängen bislang nur wenig behandelt.[65] Lediglich Cornelia Lüdecke hat sich in größerem Umfang mit diesem Thema auseinandergesetzt, wobei allerdings auch bei ihr das Hauptaugenmerk auf der Zeit vor 1914 liegt.[66] Als regelmäßiges Publikationsorgan befasst sich daneben die Zeitschrift „Polarforschung" des Alfred-Wegener-Instituts in einigen, meist sehr knapp gehaltenen Beiträgen mit der Geschichte der Arktisforschung[67], allerdings häufig

---

86), hrsg. von Christoph CORNELISSEN und Carsten MISH, Essen 2009, S. 99–119; MEYER-PRITZL, Rudolf: Die Kieler Rechts- und Staatswissenschaften. Eine „Stoßtruppfakultät", in: Wissenschaft an der Grenze. Die Universität Kiel im Nationalsozialismus (Mitteilungen der Gesellschaft für Kieler Stadtgeschichte, 86), hrsg. von Christoph CORNELISSEN und Carsten MISH: Essen 2009, S. 151–175; RATSCHKO, Karl-Werner: Kieler Hochschulmediziner in der Zeit des Nationalsozialismus. Die Medizinische Fakultät der CAU im „Dritten Reich", Essen 2014.

64 Vgl. RITTERBUSCH, Paul: Die Entwicklung der Universität Kiel seit 1933, in: Festschrift zum 275jährigen Bestehen der Christian-Albrechts-Universität Kiel, hrsg. von der WISSENSCHAFTLICHEN AKADEMIE DES NSD-DOZENTENBUNDES DER CHRISTIAN-ALBRECHTS-UNIVERSITÄT KIEL, Leipzig 1940, S. 447–466.

65 Von den älteren Darstellungen exemplarisch herausgegriffen seien etwa HASSERT, Kurt: Die Polarforschung. Geschichte der Entdeckungsreisen zum Nord- und Südpol, München 1956 oder KOSACK, Hans-Peter: Die Polarforschung. Ein Datenbuch über die Natur-, Kultur-, Wirtschaftsverhältnisse und die Erforschungsgeschichte der Polarregionen (Die Wissenschaft. Sammlung naturwissenschaftlicher und mathematischer Monographien, 128), Braunschweig 1967; STÄBLEIN, Gerhard: Historische Aspekte der deutschen geowissenschaftlichen Polarforschung, in: Polarforschung 51 (1981), S. 219–225.

66 LÜDECKE, Cornelia: Die deutsche Polarforschung seit der Jahrhundertwende und der Einfluss Erich von Drygalskis (Berichte zur Polarforschung, 158), Bremerhaven 1995; DIES.: Zum 100. Geburtstag von Max Grotewahl (1894–1958), Gründer des Archivs für Polarforschung, in: Polarforschung 65 (1997), S. 93–105; DIES./BRUNNER, Kurt (Hrsg.): Von A(ltenburg) bis Z(eppelin). Deutsche Forschung auf Spitzbergen bis 1914. 100 Jahre Expedition des Herzogs Ernst II. von Sachsen-Altenburg (Schriftenreihe Institut für Geodäsie, Universität der Bundeswehr München, 88), Neubiberg 2012 und DIES.: Deutsche in der Antarktis. Expeditionen und Forschungen vom Kaiserreich bis heute, Berlin 2015, wo sich auf S. 102 ein kurzer aktualisierter Exkurs über die Rolle Max Grotewahls bei der Fortsetzung deutscher Forschungsbemühungen in der Arktis nach dem Ersten Weltkrieg findet.

67 So beispielsweise über den wenig bekannten Aspekt der Kieler Arktisforschung: BÖLTER, Manfred/HEMPEL, Gotthilf/PIEPENBURG, Dieter: Das Institut für Polarökologie der Christian-Albrechts-Universität und die Polarforschung in Kiel, in: Polarforschung 83 (2013), 1, S. 1–15.

genug nicht unter dem Einfluss einer einheitlichen historischen Fragestellung. Hier bietet sich also durchaus noch Raum für weitere Untersuchungen. Denn mit seiner ersten Reise nach Spitzbergen im Jahr 1925 gehörte Gripp zu den ersten deutschen Wissenschaftlern überhaupt, die sich nach dem verlorenen Ersten Weltkrieg daran machten, an die unterbrochene „Weltgeltung" deutscher Wissenschaft anzuknüpfen.[68] Gerade dieser Neubeginn ist bislang allerdings kaum untersucht worden. Während die Wissenschaftspolitik der NS-Zeit schon weitreichend erforscht ist und sich auch in den letzten Jahren zahlreiche Veröffentlichungen mit dem Thema der Wissenschaft im deutschen Kaiserreich – gerade auch für die Zeit des Ersten Weltkriegs – befasst haben, blieb die Wissenschaftsgeschichte der Weimarer Republik gewissermaßen das „Stiefkind wissenschafts- und universitätsgeschichtlicher Forschung."[69] Zwar wurden Einzelaspekte wie die Geschichte der deutschen Forschungsförderung, speziell die der Notgemeinschaft der deutschen Wissenschaft, später Deutsche Forschungsgemeinschaft, bereits ausführlich beleuchtet, doch gerade die deutsche Arktisforschung dieser Zeit stellt jenseits einiger weniger herausragender Akteure wie Alfred Wegener bislang noch ein Desiderat dar.[70] Die bislang schwache Forschungsbasis zur deutschen Arktisforschung nach dem Ersten Weltkrieg bietet also ausreichend Grund, sich mit diesem Thema auseinander zu setzen. Für die Tätigkeiten Kieler Professoren als „Forscher in der Welt" wurde bereits eine stärkere thematische Auseinandersetzung angemahnt.[71] Obendrein fehlt für das Fach der Geologie die

---

68 PALETSCHEK, Sylvia: Was heißt „Weltgeltung deutscher Wissenschaft?" Modernisierungsleistungen und -defizite der Universitäten im Kaiserreich, in: Gebrochene Wissenschaftskulturen. Universitäten und Politik im 20. Jahrhundert, hrsg. von Michael GRÜTTNER u.a., Göttingen 2010, S. 29–54, hier S. 39 zu der Frage, ob „Weltgeltung" deutscher Wissenschaft überhaupt gegeben war; vgl. auch JOHN, Jürgen: Universitäten und Wissenschaftskulturen von der Jahrhundertwende 1900 bis zum Ende der Weimarer Republik 1930/33, in: Gebrochene Wissenschaftskulturen. Universitäten und Politik im 20. Jahrhundert, hrsg. von Michael GRÜTTNER u.a., Göttingen 2010, S. 23–28, hier S. 26.
69 Ebd., S. 25.
70 Vgl. FLACHOWSKY, Sören: Von der Notgemeinschaft zum Reichsforschungsrat. Wissenschaftspolitik im Kontext von Autarkie, Aufrüstung und Krieg (Studien zur Geschichte der Deutschen Forschungsgemeinschaft, 3), Stuttgart 2008; HAMMERSTEIN, Notker: Die Deutsche Forschungsgemeinschaft in der Weimarer Republik und im Dritten Reich. Wissenschaftspolitik in Republik und Diktatur 1920–1945, München 1999; MARSCH, Ulrich: Notgemeinschaft der Deutschen Wissenschaft. Gründung und frühe Geschichte 1920–1925 (Münchner Studien zur neueren und neuesten Geschichte, 10), Frankfurt a.M. u.a. 1994.
71 AUGE, Oliver/GÖLLNITZ, Martin: Die Christian-Albrechts-Universität und ihre Geschichtsschreibung, in: Christiana Albertina 78 (2014), S. 38–58, hier S. 51f.

breite geschichtswissenschaftliche Auseinandersetzung, wie sie etwa für die Geisteswissenschaften[72] zu finden ist. Für beides kann eine einzelbiographische Studie, wie die hier nachvollzogene Karriere eines Geologen und Arktisforschers ein wichtiger Baustein sein.

---

72 Zum Stichwort „Kriegseinsatz der Geisteswissenschaften" siehe etwa HAUSMANN, Frank-Rutger: „Deutsche Geisteswissenschaft" im Zweiten Weltkrieg. Die „Aktion Ritterbusch" (1940–1945), Dresden 1998.

2. Vom Werden des Wissenschaftlers – Karl Gripps frühe Karriere

Abb. 1. Karl Christian Johannes Gripp, 21. April 1891 – 26. Februar 1985.

Karl Christian Johannes Gripp wurde am 21. April 1891 als Sohn des Lehrers Christian Gripp und dessen Frau Ida in Hamburg geboren.[73] Dort wurde er 1897 in die Volksschule Hammerbrook eingeschult, wechselte dann nach Eilbek und besuchte ab dem Herbst 1900 schließlich die Gelehrtenschule des Hamburger Johanneums, wo er 1910 das Abitur ablegte. In dieser Zeit entdeckte er seine Leidenschaft für naturwissenschaftliche Studien, worin ihn sein Vater offenbar ausdrücklich bestärkte. So arbeitete der junge Karl schon als Gymnasiast bei Professor Carl Christian Gottsche (1855–1909) aus Hamburg über Fossilien des Tertiärs, nachdem er ab 1906/07 begonnen

---

73 Christian Gripp aus Kronsmoor/Schleswig-Holstein (1860–1947), Ida Gripp, geb. Struve aus Kellinghusen (1861–1948). Zu den biographischen Daten Karl Gripps siehe StA HH, 361-6, Nr. IV 0323, Biographischer Bogen; LASH, Abt. 47, Nr. 6596, Personalfragebogen; PRANGE, Werner: Gripp, Karl Christian Johannes, in: Biographisches Lexikon für Schleswig-Holstein und Lübeck, hrsg. im Auftrag der Gesellschaft für Schleswig-Holsteinische Geschichte und des Vereins für Lübeckische Geschichte und Altertumskunde, Bd. 9, Neumünster 1991, S. 134–137, hier S. 134; https://cau.gelehrtenverzeichnis.de/person/e6555434-c0e5-eb75-7c41-4d4c60bb9885 (abgerufen am 30.03.2019)

hatte, dessen Vorlesungen zu besuchen.[74] Gottsche war Direktor des erst 1907 gegründeten und seit 1909 am damaligen Lübecker Thor residierenden Mineralogisch-Geologischen Staatsinstituts in Hamburg.[75] Er war auf den Schüler aufmerksam geworden, als dieser ihm ein selbst entdecktes Fossilvorkommen im Hamburger Umland gezeigt hatte.[76] Fortan unternahm Gripp für das zum Institut gehörende Museum „Sammelreisen" und stellte seinem Förderer auch sonst an Fossilien und weiteren geologischen Entdeckungen zur Verfügung, „was Gottsche wertvoll genug erschien." Als Gegenleistung erhielt er „die Erlaubnis", sich bei dem Geologie-Professor Auskunft über seine Funde holen zu können. Nachdem Gottsche 1909 gestorben war, folgte 1910 Georg Gürich (1859–1938) als Direktor des Mineralogisch-Geologischen Staatsinstituts, der zudem Professor am Hamburger Kolonialinstitut war.[77] Unter seiner Leitung verlagerte sich wenig überraschend der Schwerpunkt des Instituts in den Bereich der Kolonialgeologie.[78] Er behielt den jungen „Mulus"[79] in den Diensten des Instituts, und so arbeitete Gripp auch nach seinem Abitur an der Bestimmung von Fossilien für die Institutssammlung. Im Sommersemester des selben Jahres begann Gripp ein Studium der Naturwissenschaften mit einem geologischen Schwerpunkt an der Universität Göttingen, wobei ihm bereits hier eine Promotionsarbeit über Juraformationen angeboten wurde, die er jedoch ablehnte, weil er lieber „tertiär machen wollte".[80] Stattdessen ging er 1911/12 für zwei Semester nach Grenoble in Frankreich, um dort bei Professor Kilian (1862–1925) die alpine Geologie kennenzulernen. Ab dem Wintersemester 1912/13 setzte Karl Gripp sein Studium dann in Kiel fort. Weitere prägende Lehrer dieser Zeit waren Josef Felix Pompeckj (1867–1930) in Göttingen sowie Arrien Johnsen (1877–1934) und Ewald Wüst (1874–1934) in Kiel.[81] Bei letzterem wurde Gripp 1914 mit einer Arbeit über das Miozän Nordwest-Deutschlands promoviert.[82]

---

74 StA HH, 361-6, Nr. IV 0323, Biographischer Bogen; PRANGE, Gripp, S. 130.
75 EHLERS, Geologisches Institut, S. 1224.
76 Hierzu und zum Folgenden siehe StA HH, 361-6, Nr. IV 0323 Biographischer Bogen.
77 DEHM, Richard: „Gürich, Georg Julius Ernst" in: Neue Deutsche Biographie 7 (1966), S. 281–282.
78 EHLERS, Geologisches Institut, S. 1224.
79 So die Eigenbezeichnung Gripps in StA HH, 361-6, Nr. IV 0323, Biographischer Bogen; zum Begriff „Mulus" vgl. KLUGE, Friedrich: Deutsche Studentensprache, Straßburg 1895, S. 50: „burschikose Bezeichnung für einen Jüngling, der das Gymnasium und die Reifeprüfung hinter sich hat, aber noch nicht Student ist."
80 StA HH, 361-6, Nr. IV 0323, Biographischer Bogen.
81 Vgl. PRANGE, Gripp, S. 169.
82 StA HH, 361-6, Nr. IV 0323, Biographischer Bogen; PRANGE, Gripp, S. 134 spricht von „Stratigraphie des Jung-Tertiärs in Nordwestdeutschland".

Die Verbindung mit Gürich und dem Mineralogisch-Geologischen Staatsinstitut hielt er während der gesamten Zeit aufrecht und arbeitete in „allen akademischen Ferien" weiterhin für die geologische Sammlung.[83] Auch seiner norddeutschen Heimat blieb er wissenschaftlich verbunden. Bei seiner bedeutendsten Entdeckung dieser Zeit half einmal mehr der Zufall. Bei einer Sprengung am als Steinbruch genutzten Segeberger Kalkberg hatte sich ein Hohlraum geöffnet, in den Mitte März 1913 drei junge Schüler, darunter Gripps Bruder Ernst, kletterten.[84] Umgehend berichtete dieser seinem Bruder Karl von dem Fund, der wenige Tage später mit der Erforschung und Vermessung der Höhle begann, wobei dessen Überlegungen zu ihrer Entstehung ihn zu seiner späteren Dissertationsschrift inspirierten.[85] Die Kalkberghöhle gilt heute als Deutschlands nördlichste Gipskarsthöhle.[86] Auch Jahre später beschäftigte Gripp sich immer wieder mit ihr.[87] Zu seinen Ehren trägt das als Karl-Gripp-Labyrinth bezeichnete Gängesystem der Segeberger Höhle heute diesen Namen.[88]

Das zur Erlangung des Doktorgrades erforderliche Examen Rigorosum, die mündliche Prüfung, fand ausgerechnet am 1. August 1914 statt, zur selben Zeit, als auch in Kiel der Ausbruch des Krieges und die Mobilmachung bekannt gegeben wurde.[89] Umgehend meldete sich Gripp als Kriegsfreiwilliger zum Seebataillon, wurde aber als körperlich untauglich zurückgewiesen. So begann er Anfang Oktober eine zunächst befristete wissenschaftliche Tätigkeit am Mineralogisch-Geologischen Staatsinstitut zu Hamburg, dem er ab Januar 1915 dann als ständiger „wissenschaftlicher Hilfsarbeiter" angehörte.[90] Ende Mai des selben Jahres wurde Gripp letztlich doch noch zum Landsturm eingezogen. Mit einem Etappen-Bataillon schickte man ihn im

---

83 StA HH, 361-6, Nr. IV 0323, Biographischer Bogen.
84 MUCKE, Dieter/BALDAUF, Sebastian/KNOLLE, Friedhart: Die Entstehung der Kalkberghöhle, in: Die Segeberger Höhle – eine Welt im Verborgenen. Entstehung, Tierwelt, Schutz, hrsg. von Anne IPSEN und Dieter MUCKE, Bad Segeberg 2011, S. 38.
85 Ebd., S. 39.
86 Ebd., S. 56.
87 GRIPP, Karl: Über den Gipsberg in Segeberg und die in ihm vorhandene Höhle, in: Jahrbuch der Hamburgischen Wissenschaftlichen Anstalten Beiheft 6 (1913), S. 35–51; DERS.: Neues über die Entstehung der Höhle im Gipsberg zu Segeberg, in: Die Heimat 41 (1931), 9/10, S. 234–237; DERS.: Neues über den Gipsberg, in: Heimatkundliches Jahrbuch 9 (1963), S. 97–103.
88 MUCKE/BALDAUF/KNOLLE, Kalkberghöhle, S. 64.
89 StA HH, 361-6, Nr. IV 0323, Biographischer Bogen.
90 Ebd., als „wissenschaftliche Hilfsarbeiter" wurden vor Gründung der Universität an den wissenschaftlichen Staatsinstituten Hamburgs alle promovierten, ganztägig beschäftigten Nachwuchskräfte bezeichnet; vgl. auch LASH, Abt. 47, Nr. 6596, Schreiben Gripp an Universitätskurator Kiel vom 19.10.1974.

September 1915 nach Biala-Podlaska bei Brest-Litowsk. Hier hatte Gripp aber offenbar genug Gelegenheit, weiter seinen wissenschaftlichen Interessen nachzugehen, denn er „lernte das Land bis in die Gegend des oberen Prypjat kennen und hatte Gelegenheit zoologisch u. frühhistorisch tätig zu sein."[91] Im August 1916 ließ sich Gripp auf eigenen Wunsch als Wehrgeologe zum Stab der 19. Infanterie-Division an die Verdun-Front versetzen. Ihr Befehlshaber, Generalleutnant v. Bertrab (1857–1940), war zuvor Chef der Preußischen Landesaufnahme und war zudem selbst an Polarreisen beteiligt gewesen.[92] Mit dessen Division besuchte er auf dem westlichen Kriegsschauplatz verschiedene Stationen, bis er der geologischen Abteilung einer Vermessungseinheit zugeteilt wurde.[93] Hier war er im Auftrag des General-Kommandos als Wehrgeologe für einen Abschnitt zwischen Argonnen und Champagne zuständig, bis man ihn Anfang April 1918 im Rahmen eines Kontingentaustausches von der 3. zur 5. Armee im östlichen Bereich der Verdun-Front versetzte.[94] Die Wehrgeologie war im deutschen Heer eine vergleichsweise neue Einrichtung. Zu ihrem Aufgabenspektrum gehörten die Wasserversorgung, Entwässerung, Rohstoffversorgung, Minierarbeiten, der Stellungs- und Straßenbau.[95] Weil man bei Ausbruch des Ersten Weltkriegs von einem raschen Sieg ausging, waren in den ersten Kriegsmonaten neben Hauptmann Walter Kranz nur der Hamburger Geograph und studierte Geologe Professor Siegfried Passarge an der Westfront im Einsatz.[96] Erst jetzt begann man junge Geologen wie Gripp heranzuziehen.[97] Ab 1916 wurde die Kriegsgeologie an das Vermessungswesen des Heeres angegliedert, was einen flexiblen, truppengattungsübergreifenden Einsatz der Geologen ermöglichte.[98] Dies war auch notwendig, denn insgesamt blieb die Zahl der Fachgeologen im Kriegseinsatz

---

91 StA HH, 361-6, Nr. IV 0323, Biographischer Bogen.
92 LÜDECKE, Polarforschung, S. 158f; zu Hermann v. Bertrab und der Preußischen Landesaufnahme siehe TORGE, Wolfgang: Geschichte der Geodäsie in Deutschland, 2. Aufl., Berlin 2009, S. 290 und ALBRECHT, Oskar: Beiträge zum militärischen Vermessungs- und Kartenwesen und zur Militärgeographie in Preußen (1803–1921) (Schriftenreihe Geoinformationsdienst der Bundeswehr, 1), Euskirchen 2004.
93 LASH, Abt. 47, Nr. 6596, Soldbuch Karl Gripp; LASH, Abt. 47 Nr. 6596, Landsturm-Militär-Paß Gripp; StA HH, 361-6 Nr. IV 0323, Biographischer Bogen, das Datum ist ungenau, Gripp gibt fälschlich „Ende April 1921" an.
94 LASH, Abt. 47, Nr. 6596, Landsturm-Militär-Paß Gripp; StA HH, 361-6, Nr. IV 0323, Biographischer Bogen.
95 WILLIG, Dirk: Entwicklung der Wehrgeologie. Aufgabenspektrum und Beispiele I, von den Anfängen bis 1918 (Amt für Wehrgeophysik Fachliche Mitteilungen, 225), Traben-Trarbach 1999, S. 20f.
96 Ebd., S. 13.
97 Ebd., S. 14.
98 Ebd., S. 15.

(ca. 126 bei Kriegsende) recht gering.⁹⁹ Das dürfte jedoch andersherum dazu geführt haben, dass sich die beteiligten Geologen gut miteinander vernetzen konnten. Zudem war die praktische Tätigkeit im eigenen Fach für Gripp hilfreich, wurde doch durch den Krieg ansonsten eine ganze Generation junger Akademiker in wissenschaftlicher Hinsicht zu einer verlorenen.¹⁰⁰ Karl Gripp blieb allerdings nicht lange an der Front, denn auf Betreiben Professor Gürichs wurde er am 12. Mai 1918 aus dem Heeresdienst entlassen, um als Mitglied der „Mazedonischen Landeskundlichen Kommission" an der geologischen Erforschung eines Gebietes um Üsküb (heute Skopje) teilzunehmen.¹⁰¹ Dies war nicht ungewöhnlich, denn auch bei der Preußischen Landesaufnahme war ab August 1917 eine größere Abteilung entstanden, die für die kriegsgeologische Aufnahme, vor allem von Informationen über die immer knapper werdenden Rohstoffe und Bodenschätze verantwortlich war.¹⁰² Hier verbrachte Gripp die letzten Monate bis zum militärischen Zusammenbruch der Balkanfront Ende September 1918. Offiziell war er für die Kommission aber noch bis 31. Oktober tätig.¹⁰³ Da er aufgrund seiner zeitweiligen Entlassung aus dem Heeresdienst seine Stellung als Kriegsgeologe verloren hatte¹⁰⁴, wurde er zum 5. November 1918 nochmals, diesmal als Unteroffizier, zum Infanterie-Regiment 31 in Altona einberufen. Als einen Tag später dessen Kaserne „widerstandslos 3 revolutionären Matrosen übergeben ward", ging Gripp umgehend nach Hause und nahm seine Tätigkeit als „wissenschaftlicher Hilfsarbeiter" am Mineralogisch-Geologischen Staatsinstitut in Hamburg wieder auf.¹⁰⁵

Die Niederlage im Weltkrieg hatte für Deutschland weitreichende Folgen. Das Geologisch-Mineralogische Staatsinstitut in Hamburg blieb hiervon allerdings weitgehend verschont. Auch der Verlust der Kolonien, der dem seit Gürich vorherrschenden Schwerpunkt auf die Kolonialgeologie ein Ende

---

99 Ebd., S. 18.
100 ALTGELD, Wolfgang: Resignation und Radikalität. Die verlorene Generation des Großen Krieges, in: Internationale Beziehungen im 19. und 20. Jahrhundert. Festschrift für Winfried Baumgart zum 65. Geburtstag, hrsg. von Wolfgang ELZ, Paderborn u.a. 2003, S. 229–250; BECKER, Sabina: „Schiffbrüchige Männer" – verlorene Generation? Zum Verhältnis von Krieg und Geschlecht in der Weimarer Republik, in: Jahrbuch zur Kultur u. Literatur der Weimarer Republik, 16 (2014), S. 33–68.
101 StA HH, 361-6, Nr. IV 0323 Biographischer Bogen; LASH, Abt. 47, Nr. 6596, Bescheinigung Prof. Gürich vom 28.10.1926; hierzu GRIPP, Karl: Die Gebirge um Uesküb, in: Zeitschrift der Gesellschaft für Erdkunde zu Berlin 8 (1921), 10, S. 266–270 und DERS.: Beiträge zur Geologie von Mazedonien, Hamburg 1922.
102 WILLIG, Wehrgeologie, S. 16.
103 LASH, Abt. 47, Nr. 6596, Bescheinigung Prof. Gürich vom 28.10.1926.
104 LASH, Abt. 47, Nr. 6596, Abschrift Verfügung Gen.Lt. v. Bertrab vom 16.05.1918.
105 StA HH, 361-6, Nr. IV 0323, Biographischer Bogen.

bereitete, bedeutete keine existenzielle Krise für das Institut. Man verlagerte den Forschungsschwerpunkt einfach zurück nach Norddeutschland. Dies war ein Glücksfall für Gripp, der neben Emil Koch (seit 1911 am Staatsinstitut) als ausgewiesener Spezialist für das norddeutsche Quartär galt. Da zudem die meisten deutschen Geologen auf die Gebirgsgeologie ausgerichtet waren, war für Gripp der Konkurrenzdruck erheblich geringer als anderswo. Außerdem wurde das Institut nun erheblich erweitert, es kamen weitere Geologen wie Rudolf Heinz, Heinrich Müller und Emmy Mercedes Todtmann hinzu.[106] Mit der Gründung der Hamburgischen Universität im Jahre 1919 wurde das Geologisch-Mineralogische Staatsinstitut an diese angegliedert. Gleichzeitig wurde es mit der Errichtung eines eigenständigen mineralogisch-petrographischen Instituts aufgespalten und firmierte nun als Geologisches Staatsinstitut.[107]

Dennoch gehörte es nicht zu den ersten Adressen der deutschen Geologie. Denn das Norddeutsche Tiefland war für Festgesteins-Geologen wenig attraktiv, und das Geologische Staatsinstitut hatte an personeller und materieller Ausstattung wenig zu bieten, was diesen Nachteil hätte wett machen können. Namhafte Vertreter der Geologie wie Soergel oder Weigelt lehnten etwa einen Ruf nach Hamburg ab.[108] Selbst Gripp bemängelte später, dass junge Studierende den Flachlands-Universitäten fast völlig fernblieben.[109] Für ihn selbst galt dies jedoch nicht, sein Interesse war gerade die Erforschung der Geologie des norddeutschen Raumes. Bereits am 3. Dezember 1919 beantragte Gripp erstmals die Erteilung einer Lehrbefugnis, der Venia Legendi bei der Hamburger Universität.[110] Seine Habilitationsschrift[111] legte er am 4. Juni 1920 vor, über die nach einiger Anpassung Gürich als Dekan auf der Fakultätssitzung vom 9. Juni 1920 beraten ließ.[112] Zum Prüfungsausschuss gehörten neben diesem noch die Professoren Lohmann, Passarge und Schorr. In Gürichs Gutachten heißt es: „Die Bestimmtheit seiner Schlussfolgerungen ist etwas zu kategorisch zum Ausdruck gelangt, aber immerhin wird man ihnen einen hohen Grad von Wahrscheinlichkeit zugestehen müssen. Ich halte diese Arbeit für eine wissenschaftliche Leistung voll anregender Gedanken, die erkennen lässt, dass der Verfasser auch derartigen, mehr theoretischen

---

106 EHLERS, Geologisches Institut, S. 1224.
107 Ebd.; SAALFELD, Horst: Mineralogie und Petrographie, in: Universität Hamburg 1919–1969, hrsg. von der UNIVERSITÄT HAMBURG, Hamburg 1969, S. 279–280.
108 EHLERS, Geologisches Institut, S. 1224.
109 StA HH, 361-5 II, Nr. P f 3, Gutachten Gripp.
110 StA HH, 361-6, Nr. IV 2197, Antrag Gripp vom 03.12.1919.
111 GRIPP, Karl: Steigt das Salz zu Lüneburg, Langenfelde und Segeberg episodisch oder kontinuierlich? Hamburg 1920.
112 StA HH, 361-6, Nr. IV 2197, Protokoll vom 09.06.1920.

Aufgaben gewachsen ist."[113] Obwohl er empfahl, Gripp als Privatdozent zuzulassen, war dies keine uneingeschränkte Anerkennung von Gripps wissenschaftlichem Potential. Die geäußerte Kritik, Gripp stelle seine Ergebnisse auf eine zu geringe empirische Basis und verlasse sich zu sehr auf seine eigene Erfahrung, wurde später, auch in Bezug auf die Ergebnisse seiner Expeditionen, immer wieder geäußert. Gut genug für die Habilitation war seine Arbeit jedoch offenbar. Die übrigen Prüfer, darunter auch Passarge, schlossen sich in knappen Worten Gürichs Urteil an[114] und so wurde auf der Sitzung der Fakultät vom 30. Juni 1920 entschieden, Dr. Karl Gripp „zum Vortrag mit anschliessendem Kolloquium zuzulassen".[115] Am 22. Juli 1920 wurde Gripp die ersehnte Venia Legendi durch die Mathematisch-Naturwissenschaftliche Fakultät verliehen. Die öffentliche Antrittsvorlesung über „Die geologische Geschichte des Fennoskandischen Schildes" fand am 28. Juli statt.[116] Damit konnte der nun habilitierte (wenn auch noch nicht mit Professoren-Titel versehene) Gripp als Privatdozent an der Hamburger Universität lehren.

Auch privat schwamm Gripp weiter auf der Erfolgswelle. Während des gemeinsamen Geologie-Studiums 1911/12 in Grenoble hatte er die Französin Madelaine Morand, Tochter des Notars Bernard Morand und von dessen Frau Alix, kennen gelernt und war seit 1913 mit ihr verlobt.[117] Nach Erlangung einer akademischen Licence ès Sciences war sie als erste weibliche Geologin in den französischen Staatsdienst übernommen worden, wo sie als Preparateur Scientifique am Museum d'Histoire Naturelle-Paléontologie zu Paris arbeitete. Das Verlöbnis mit Karl Gripp hatte den Weltkrieg überdauert und so heirateten beide am 26 Oktober 1920 in Hamburg.[118]

Karl Gripps Erfolgskurs hielt auch die kommenden Jahre an. So bat Gürich Mitte Mai 1922 Professor Lohmann (1863–1934), der zwischenzeitlich das Dekanat der Mathematisch-Naturwissenschaftlichen Fakultät übernommen hatte, Gripp einen Lehrauftrag über „Geologie und Paläontologie der Tertiärformation" zu erteilen, da diese Formation in Hamburg „wegen ihrer

---

113 StA HH, 361-6, Nr. IV 2197, Gutachten Gürichs vom 16.06.1920.
114 Ebd.
115 StA HH, 361-6, Nr. IV 2197, Protokoll vom 30.06.20 und Erklärung der Fakultät vom 01.07.1920.
116 StA HH, 361-6, Nr. IV 2197, Bekanntgabe der Vorlesung am 28.7.20; Kopie in LASH, Abt. 47, Nr. 6596.
117 Marie Jeanne Elise Madelaine Morand aus Gignac im Departement Lot/Frankreich (1886–1968); Bernard Morand (1845–1921) und Alix Morand, geb. Nouailhac (1853–1926); PRANGE, Gripp, S. 134; StA HH, 361-6, Nr. IV 0323, Biographischer Bogen; LASH, Abt. 47, Nr. 6596, Personalfragebogen. Gripp gibt dort ein von Prange, Gripp abweichendes Geburtsdatum seiner Frau an (07.11.1886).
118 LASH, Abt. 47, Nr. 6596, Heiratsurkunde vom 02.11.1920.

horizontalen und vertikalen Verbreitung besonders wichtig" sei. Daneben bedürfe auch eine „reiche Fülle von Fossilien dringend fachkundiger Bearbeitung". Gripp habe sich mittlerweile „auf diesem Gebiete mit bestem Erfolge betätigt und verspricht sogar darin eine Autorität zu werden."[119]

Diese frühe Phase von Gripps wissenschaftlicher Karriere zeichnet sich ganz deutlich durch Gripps Zielstrebigkeit aus. Ob die wichtigen Begegnungen, etwa mit Professor Carl Gottsche oder dem Chef der Preußischen Landesaufnahme, Hermann v. Bertrab, die Gripp deutlich voranbrachten, dem Zufall geschuldet waren oder Gripp ganz gezielt ihre Nähe gesucht hatte, lässt sich nicht mehr mit Sicherheit feststellen. Deutlich wird allerdings, dass Gripps spätere Förderer von dem jungen Geologen sehr angetan gewesen sein müssen und dieser umgekehrt die sich ihm bietenden Gelegenheiten in keinem Fall ungenutzt verstreichen ließ, wenn dem nicht – wie im Fall des Promotionsangebots aus Göttingen – ein anderes, weiter gestecktes Ziel entgegenstand. Sein früher wissenschaftlicher Werdegang lässt sich demgemäß als Bilderbuchkarriere verstehen. Auch der Erste Weltkrieg, der sonst viele junge und angehende Akademiker zu einer „verlorenen Generation" werden ließ, führte nicht zu einem Bruch in Gripps Biographie. Im Gegenteil, Gripp konnte seine Tätigkeit als Kriegsgeologe nutzen, um wichtige praktische Erfahrungen zu sammeln und gleichzeitig sogar an einer ersten Expedition teilnehmen, wenn auch noch auf dem nicht allzu fernen Balkan. Die Tatsache, dass man hierfür ausgerechnet im letzten Kriegsjahr den jungen Gripp von der Front abzog, spricht nicht weniger für Gripps wissenschaftliche Kompetenz.

---

119 StA HH, 361-6, Nr. IV 2197, Schreiben Gürich an Dekan Lohmann vom 13.05.1922.

3. Vom Reisen des Wissenschaftlers – Karl Gripp als Arktisforscher

3.1. Die Expedition nach Spitzbergen im Jahr 1925

Das deutsche Interesse an der Erforschung arktischer Räume hielt sich lange Zeit in Grenzen. Vor allem der Geograph August Petermann (1822–1878) bemühte sich, dieses Interesse zu wecken.[120] Dennoch konnten nur wenige Förderer gefunden werden, da auch die Rohstoffausbeute von der deutschen Wirtschaft als wenig interessant angesehen wurde. Immerhin konnte Karl Koldewey (1837–1908) in den Jahren 1868 und 1869/70 erste Arktisfahrten unternehmen.[121] Erst zur Jahrhundertwende nahm die deutsche Arktisforschung Fahrt auf. Der Fokus lag vor allem auf der Erschließung neuer Fischereigründe und den Kohlevorkommen, vor allem auf der Bäreninsel bzw. Spitzbergen.[122] Besonders aufmerksam verfolgte man nun im Auswärtigen Amt die Bestrebungen Norwegens ab 1907, eine völkerrechtliche Regelung über Spitzbergen zu seinen Gunsten herbeizuführen. Immer wieder wurde ein grundsätzliches, wenn auch unbestimmtes deutsches Interesse an Spitzbergen formuliert, es gab allerdings keinerlei konkrete Planungen.[123] Dennoch fanden nun zahlreiche größere und kleinere deutsche Expeditionen statt. Zu nennen sind insbesondere 1910 die Studienfahrt Graf Ferdinands v. Zeppelin (1838–1917) gemeinsam mit Erich Drygalski (1865–1949), die Grönlanddurchquerung Alfred Wegeners (1880–1930) 1911/12 mit dem Dänen Johan Peter Koch (1870–1928) oder die Reise Wilhelm Filchners (1877–1957) auf der „Deutschland" ins östliche Weddellmeer 1912/13.[124] Der Erste Weltkrieg stellte dann jedoch eine einschneidende Zäsur für die deutsche Arktisforschung dar. Während die Arktisforschung anderer Nationen, vor allem Norwegens weiterlief, wurden erst im Jahr 1925 wieder deutsche wissenschaftliche Unternehmungen im Nordpolargebiet und der

---

120 PRZIGODA, Bäreninsel, S. 79.
121 Ebd., S. 80.
122 Ebd., S. 84, mittlerweile waren bereits mehrere etwa von der Reederei Stinnes finanzierte Unternehmungen angelaufen; zu nennen ist auch die private Expedition Theodor Lerners (1866–1931) zur Annexion von Teilen der Bäreninsel, dazu BARTHELMESS, Klaus: Bäreninsel 1898 und 1899. Wie Theodor Lerner eine Geheimmission des Deutschen Seefischerei-Vereins zur Schaffung einer deutschen Arktis-Kolonie unwissentlich durchkreuzte, in: Polarforschung 78 (2009), S. 67–71.
123 PRZIGODA, Bäreninsel, S. 86.
124 LÜDECKE, Polarforschung, S. 13.

Arktis aufgenommen. Neben den Arbeiten von Hans Krueger (1886–1930) und Fritz Klute (1885–1952) in Westgrönland[125] und der hier vorgestellten Reise von Karl Gripp, Emmy Todtmann und Adolf Meyer nach Spitzbergen, unternahm Max Grotewahl (1894–1958) aus Kiel mit drei Mitarbeitern eine zweimonatige Expedition ebenfalls nach Spitzbergen für geophysikalische und photogrammetrische Aufnahmen an der Magdalenenbucht.[126] Bereits 1923 hatte es eine Flugzeug-Expedition der Firma Junkers nach Spitzbergen gegeben, bei der es allerdings weniger um wissenschaftliche, als mehr um technische Fragen zur Luftbildfotografie ging.[127] Hierzu wurden teilweise spezielle Vereinigungen zur Verfolgung eines konkreten Ziels gegründet, etwa 1924 die Internationale Studiengesellschaft zur Erforschung der Arktis mit dem Luftschiff, auch als Aeroarctic bezeichnet, oder das Archiv für Polarforschung, in dem Material für die Vorbereitung von Expeditionen gesammelt wurde. Zu den größeren Unternehmungen zählte auch die nach „altem Stil"[128] durchgeführte Unternehmung Alfred Wegeners 1929 (Vorexpedition) und 1930/31 (Hauptexpedition) mit Fritz Loewe (1895–1974) und Ernst Sorge (1899–1964) nach Grönland, auf der Wegener im Inlandeis verstarb.[129] Die Rolle, die die deutsche Arktisforschung spielen wollte, musste allerdings nun neu definiert werden, waren doch territoriale deutsche Interessen nach dem verlorenen Krieg mittlerweile ausgeschlossen. Das „heroische Zeitalter" der Arktisforschung war zumindest bis Anfang der 1930er Jahre vorbei.[130] Es begann die Phase der rein wissenschaftlich orientierten Unternehmungen, als deren Vorboten auch die Expeditionen Gripps zu sehen sind.

Wie schon an seinem bisherigen Lebenslauf zu sehen war, bot der Zufall Karl Gripp häufig die entscheidenden Gelegenheiten. Gripp war ein Mann, der es verstand, diese Gelegenheiten wahrzunehmen. So war es auch im Fall seiner ersten Expedition. Aus den Akten eines späteren Prozesses Gripps gegen einen Hamburger Professorenkollegen ergibt sich, dass ihn Anfang 1925 der

---

125 Vgl. KLUTE, Fritz/KRUEGER, Hans: Die Hessische Grönlandexpedition 1925, in: Petermanns Mitteilungen 72 (1926), S. 105–111.
126 TIEDEMANN, Archiv für Polarforschung, S. 251; zu Max Grotewahl vgl. LÜDECKE, Grotewahl.
127 Hierzu FORSTER, Ralf: Junkers auf Spitzbergen. Ziel-Verschiebungen von Expeditionsreisen der Zwanziger Jahre, in: Von A(ltenburg) bis Z(eppelin). Deutsche Forschung auf Spitzbergen bis 1914. 100 Jahre Expedition des Herzogs Ernst II. von Sachsen-Altenburg (Schriftenreihe Institut für Geodäsie, Universität der Bundeswehr München, 88), hrsg. von Cornelia LÜDECKE und Kurt BRUNNER, Neubuíberg 2012, S. 109–116.
128 LÜDECKE, Polarforschung, S. 15.
129 Hierzu FIRCKS, Arktis.
130 MURPHY, David T.: German Exploration of the Polar World. A History, 1870–1940, Lincoln/Nebraska 2002, S. 154.

Biologe Dr. Adolf Meyer, Bibliothekar für Naturwissenschaften an der Universitäts-Bibliothek Hamburg, aufsuchte, um sich für sein eigenes Reisevorhaben nach Spitzbergen geologischen Rat einzuholen. Im Laufe des Gesprächs schlug Meyer vor, Gripp solle sich ihm mit einem eigenen Forschungsprogramm anschließen.[131] Zunächst lehnte Gripp ab, weil ihm Spitzbergen lediglich für Gebirgs- und nicht für Flachlandsgeologen interessant erschien, viel eher hatte er sich eine Expedition nach Grönland vorgestellt.[132] Zudem betrachtete er Meyers geplante Aufenthaltsdauer von nur acht Tagen vor Ort als zu kurz. Da er davon ausging, dass „Mittel dafür sehr schwer zu erhalten waren", räumte er der Angelegenheit zunächst nur wenig Aussicht auf Erfolg ein.[133] Wenig später jedoch änderte er seine Meinung, nachdem er mit Meyer übereingekommen war, die geplante Reise auf fünf Wochen auszudehnen.

3.1.1. Spitzbergen im Kontext – Ein Zankapfel in der Arktis

Spitzbergen gehörte zu den letzten Zankäpfeln kolonialer Großmächte, denn zu Beginn des 20. Jahrhunderts war die Frage der politischen Zugehörigkeit des Archipels weitgehend offen.

Seit der Entdeckung im Jahr 1596 durch Willem Barents war es von zahlreichen Walfängern, Robbenjägern und Bergwerksgesellschaften unterschiedlicher Nationalität wirtschaftlich genutzt worden. Besonders Norwegen, das in der Arktis seine einzige Expansionsmöglichkeit sah, sondierte ab 1871 (damals noch in Personalunion mit Schweden) die Möglichkeit einer Inbesitznahme, wobei man sich auch auf den Kieler Frieden von 1814 berief, in dem Spitzbergen allerdings nicht explizit genannt wurde. Vor allem Russland, das dort einige Jagdstationen und Bergbausiedlungen betrieb, lehnte eine Änderung des bisherigen Status einer Terra Nullius strikt ab.[134] Ab 1907 bemühte sich das zwei Jahre zuvor unabhängig gewordene Königreich Norwegen erneut um einen Spitzbergenvertrag. Die treibende Kraft war der norwegische Geologe und Arktisforscher Adolf Hoel (1879–1964), der eine Reihe geologischer Expeditionen startete (insbesondere zwischen 1910 und 1920), die stets ein besonderes Augenmerk auf die kommerzielle Kohleförderung

---

131 Adolf Meyer (1893–1971), später Meyer-Abich, wurde 1930 Professor in Hamburg; siehe StA HH, 361-6, Nr. IV 2235, Personalakte Meyer; BRAHM, Felix: „Meyer-Abich, Adolf", in: Hamburgische Biografie. Personenlexikon, Bd. 3, hrsg. von Franklin KOPITZSCH und Dirk BRIETZKE, Göttingen 2006, S. 254.
132 StA HH, 221-10, Nr. 146 Bd. 2, Erklärung Adolf Meyer vom 25.04.1933.
133 StA HH, 221-10, Nr. 146 Bd. 2, Schreiben Gripp an Eichholz vom 04.05.1932.
134 ARLOV, Thor Björn: A short history of Svalbard (Norsk Polarinstitutt, Polarhåndbok Nr. 4), Oslo 1989, S. 60.

legten.¹³⁵ Auch der norwegische Staat begann, norwegische Firmen bei der Inbesitznahme von Gebieten zur Kohleförderung zu unterstützen.¹³⁶

Besonders das Deutsche Reich machte neben Norwegen und Russland ein Interesse an der Inselgruppe geltend, in drei Konferenzen in Oslo (1910, 1912 und 1914) konnten sich aber letztlich nur Norwegen, Schweden und Russland darauf einigen, die Kontrolle über Spitzbergen zu teilen.¹³⁷ Auch Deutschland verlangte einen Anteil, den es sich im Frühjahr 1918 im Frieden von Brest-Litwosk von der jungen Sowjetunion sicherte. Mit der Niederlage im Westen war diese Vereinbarung jedoch schnell Makulatur. Da jetzt die beiden größten Konkurrenten ausgeschieden waren und Großbritannien eine skandinavische Lösung für Spitzbergen favorisierte, sah Norwegen die Pariser Friedenskonferenz als Chance zur endgültigen Klärung der Frage. Am 9. Februar 1920 wurde schließlich ein Vertrag ratifiziert, der Norwegen die Souveränität über den Spitzbergen-Archipel zusprach, wobei es allerdings allen Vertragspartien das gleiche Recht zur Ausbeutung der natürlichen Rohstoffe einräumen musste (Deutschland wurde erst am 7. September 1925 Teil des Vertrages).¹³⁸ Wegen dieser Souveränitätsbeschränkung dauerte es fast fünf Jahre, bis der Status Spitzbergens innerhalb Norwegens rechtlich geklärt war. Erst am 14. August 1925, also exakt zu der Zeit, zu der sich Gripp auf Spitzbergen aufhielt, verlas Justizminister Paal Berg im künftigen Hauptort Longyearbyen die königliche Resolution zur Inbesitznahme, die norwegische Flagge wurde gehisst und Spitzbergen wurde formell Teil des norwegischen Königreichs.¹³⁹

3.1.2. Zielsetzung, Finanzierung und Vorbereitung

Bereits Anfang Mai 1925 hatten Meyer und Gripp einen Antrag an die Notgemeinschaft der Deutschen Wissenschaft formuliert, um die benötigten finanziellen Mittel zu erhalten.¹⁴⁰ Da die Originalunterlagen der Notgemeinschaft verloren gegangen sind, fügt es sich günstig, dass sich der Antrag in Abschrift als Anlage in einem Gutachten befindet, das einige Jahre später

---

135 DRIVENES, Einar-Arne: The Conquerors, in: Into the Ice. The history of Norway and the Polar Regions, hrsg. von DEMS. und Harald Dag JØLLE, Oslo 2006, S. 281–315, hier S. 282; Zu Adolf Hoel siehe auch DRIVENES, Einar-Arne: Adolf Hoel. Polar ideologue and imperialist of the Polar Sea, in: Acta Borealia 11/12 (1994/95), S. 63–72.
136 Ebd., S. 283.
137 ARLOV, Svalbard, S. 64.
138 Ebd., S. 65.
139 Ebd., S. 68.
140 StA HH, 221-10, Nr. 145 Bd. 1, Schreiben Gripp und Meyer an die Notgemeinschaft vom 05.05.1925.

zum vorläufigen Ende von Gripps Karriere beitragen sollte. Beide hatten geplant, noch im Sommer für vier bis sechs Wochen an die Adventbay auf Spitzbergen zu reisen. Meyer wollte vor allem Fusiden (Meeresschnecken) untersuchen, von denen er annahm, dass sie Nachkommen miozäner Fossilien Mitteleuropas seien. Gripp gab als Forschungsziele „glazialmorphologische Untersuchungen" an, deren Vorarbeiten[141] die Notgemeinschaft bereits 1923 gefördert hatte. Durch das Studium „des recenten Erdfließens auf Spitzbergen" erwartete Gripp die „Klärung der für Norddeutschland so wichtigen [...] Erscheinung".[142] Es ging dabei um die Frage, ob bestimmte gerundete Oberflächenformen im norddeutschen Flachland auf das Phänomen des „Erdfließens" zurückzuführen seien, die man seit 1914 auch auf Spitzbergen nachweisen könne. Dabei handelt es sich um ein Phänomen der sog. Kryoturbation: Der Auftauboden an der Oberfläche führt zum Zerfließen der oberen Erdschichten. Daneben wollte Gripp Tertiärfossilien und andere Ablagerungen sammeln, von denen er sich u.a. weiteren Aufschluss über Alfred Wegeners Theorie der Kontinentalverschiebung erhoffte.

Die Finanzierung durch die Notgemeinschaft war dabei jedoch alles andere als sicher. Noch im Januar 1925 hatte der Präsident der Notgemeinschaft, Friedrich Schmidt-Ott (1860–1956), erläutert, dass „in der Frage der Reisestipendien [...] eine Beschränkung notwendig" sei. Das gelte vor allem „für kleinere Forschungsunternehmungen". Die Notgemeinschaft solle sich hauptsächlich auf größere Forschungen konzentrieren.[143] Da Gripp deshalb Zweifel an der Finanzierung durch die Notgemeinschaft hegte, bemühte er sich, die Finanzierung der Reise auf möglichst breite Beine zu stellen. Von besonderer Bedeutung war dabei Emmy Mercedes Todtmann[144], ebenfalls Geologin und Kollegin Gripps im Staatsinstitut, die sich im Verlauf der Planung den beiden Herren anschloss.[145] Sie entstammte einer angesehenen Hamburger Kaufmannsfamilie und stellte vermutlich die nötigen Kontakte her. Dazu gehörte zum einen ein Kapitän Lenz aus Altona, der zwei Jahre auf Spitzbergen gelebt und seinerseits Verbindungen zur damals holländischen Kohlemine in Barentsburg auf Spitzbergen hatte. Wahrscheinlich hatte sie auch persönliche Beziehungen zu den Reedereien Viktor Schuppe und Hugo Stinnes-Linien,

---

141 Der Titel lautete „Fossiles Erdfließen im Gebiete der älteren Vereisung Norddeutschlands".
142 Hierzu und zum Folgenden StA HH, 221-10, Nr. 145 Bd. 1, Schreiben Gripp und Meyer an die Notgemeinschaft vom 05.05.1925.
143 StA HH, 361-5 II W h 28/2 Bd. 1, Protokoll der Sitzung am 09.01.1925
144 SCHOPKA-BRASCH, Lilja: Emmy Mercedes Todtmann und ihre Forschungsreisen nach Island, in: Island. Zeitschrift der Deutsch-Isländischen Gesellschaft e.V. Köln und der Gesellschaft der Freunde Islands e.V. Hamburg, 21 (2015), S. 24–35.
145 Hierzu und zum Folgenden GRIPP, Beiträge, S. 3.

die sich bereit erklärten, den kostenlosen Transport der Forscher und ihrer Ausrüstung zu besorgen. Zuletzt trug auch die Hamburger Hochschulbehörde unter ihrem Präses, Senator Paul de Chapeaurouge (1876–1952), einen nicht unerheblichen Teil der Kosten. Da Emmy Todtmann in anderem Zusammenhang einige Jahre später vorgeworfen wurde, sie verdanke ihre Tätigkeit nur der Protektion durch de Chapeaurouge, mit dem sie sich duze, kann man vermuten, dass sie zuletzt auch hier die wesentlichen Weichen stellte.[146]

Nachdem so mehr als die Hälfte der veranschlagten Kosten von 4.000 RM „für Verpflegung, Ausrüstung und Bootemietung" aufgebracht war, baten Gripp und Meyer die Notgemeinschaft um die Übernahme der restlichen 2.000 RM.[147] Zwar fehlen entsprechende Akten aus denen ersichtlich wird, in welcher Höhe die Notgemeinschaft letztlich die Kosten trug, aus der späteren Danksagung Gripps[148] wie auch aus dem Rechenschaftsbericht der Notgemeinschaft für 1925 geht jedoch hervor, dass sie offenbar einen nicht unwesentlichen Teil übernahm. Emmy Todtmann musste ihren Anteil hingegen aus eigenen Mitteln bestreiten, für sie wurden keine Kosten übernommen. Ob dies von Anfang an geplant war oder ihr ein Zuschuss verweigert wurde, lässt sich heute nicht mehr klären.[149] Mit der Bewilligung der Gelder konnten die Vorbereitungen beginnen. Sämtliche Ausrüstung und der Proviant wurden von Hamburg aus mitgeführt. Kapitän Lenz hatte ihnen die Verwendung einer kleinen Segeljolle empfohlen, um auch unwegsame Stellen am Isfjord, dem geplanten Ziel ihrer Reise, erreichen zu können.[150] Hierzu hatten sie die „Hamburg", eine 5 m lange geklinkerte Elbjolle erworben, die ihnen genug Platz zum Schlafen unter einer Persenning und das Mitführen von Proviant für acht Tage bieten sollte. Für den Aufenthalt an Land hatten sie ein kleines Pyramidenzelt von lediglich vier Quadratmetern vorgesehen, in dem alle drei gemeinsam schlafen sollten.[151] Gripps Tagebuch bietet zudem eine ausführliche Liste der mitgeführten Ausrüstung, hierzu gehörten neben Gewehren auch einige wenige, aus dem Geologischen Staatsinstitut ausgeliehene Messinstrumente.[152]

---

146 Zum Hamburger DDP-Politiker und Hochschulsenator Paul de Chapeaurouge siehe STUBBE DA LUZ, Helmut: Chapeaurouge, Paul de, in: Hamburgische Biografie. Personenlexikon, Band 5, hrsg. von Franklin KOPITZSCH und Dirk BRIETZKE, Göttingen 2010, S. 80–82; zur Bekanntschaft von Emmy Todtmann mit dem Senator siehe EHLERS, Geologisches Institut, S. 1235.
147 StA HH, 221-10, Nr. 145 Bd. 1, Schreiben Gripp und Meyer an die Notgemeinschaft vom 05.05.1925.
148 GRIPP, Beiträge, S. 3.
149 Ein Großteil der Emmy Todtmann betreffenden Akten ist offenbar im Krieg verloren gegangen.
150 GRIPP, Beiträge, S. 3.
151 Ebd., S. 4.
152 Ebd., S. 6.

3.1.3. Reiseverlauf

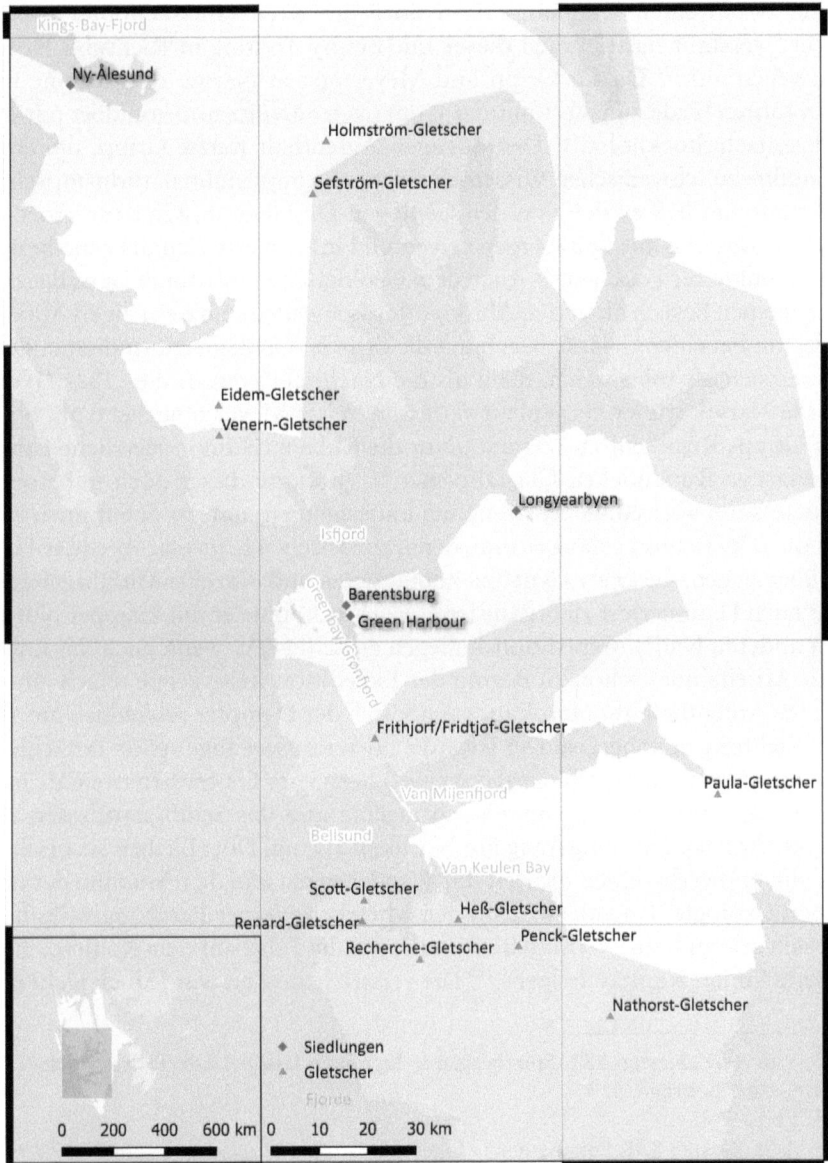

Abb. 2. *Karl Gripps Reise nach Barentsburg am Grønfjord 1925.*

Nachdem man Anfang Juli 1925 die Jolle, die Ausrüstung und den Proviant nebst einer ansehnlichen Ausstattung aus Wein und Spirituosen[153] (Todtmanns Vater besaß einen Weinhandel) an Bord des Kreuzfahrt-Dampfers „Peer Gynt" verstaut hatte, brach dieser mit Emmy Todtmann Richtung Nordnorwegen auf.[154] Da für Gripp und Meyer erst in Narvik eine Kabine frei war, fuhren beide zunächst mit der Bahn nach Sassnitz und von dort mit der Fähre nach Stockholm.[155] Den dortigen Aufenthalt nutzte Gripp, um erste Kontakte zu schwedischen Wissenschaftlern zu knüpfen. Im naturhistorischen Riksmuseum ließ er sich von den Geologen Dr. Hägg und Dozent Troelsen Tertiär-Material aus Spitzbergen zeigen und informierte sich über die besten Fundpunkte für Fossilien.[156] Auch dem Geologischen Institut in Uppsala stattete er einen Besuch ab und in Abisko (Nordschweden) nutzte er einen Aufenthalt, um bei einer Geländebegehung die örtliche Geologie zu studieren. Dies erwies sich als folgenreich, denn als die Nachricht eintraf, die „Peer Gynt" werde Narvik früher als geplant verlassen, reiste Meyer umgehend ab, ohne auf Gripps Rückkehr zu warten. „Nur die Ruhe u. Humor. Herrliche Fahrt. Großartige Rundhöcker, Glazialformen"[157] notierte dieser noch unbesorgt, musste dann aber einige Anstrengung unternehmen, um das Schiff noch einzuholen. In Tromsö gelang es ihm, den französischen Konsular-Agenten Thiis zu überzeugen, die „Peer Gynt" zu kontaktieren und ihm eine Mitfahrgelegenheit nach Hammerfest zu organisieren.[158] Dort konnte er mit knapper Not zu den anderen beiden Expeditionskollegen aufschließen, wenn auch das kollegiale Miteinander schon zu Beginn der Expedition Risse zeigte. Nach einem kurzen Aufenthalt am Nordkap wandte sich der Dampfer schließlich am 13. Juli Richtung Spitzbergen. Der Isfjord[159], den sie zwei Tage später erreichten, machte seinem Namen hingegen wenig Ehre. Statt Eis erwartete sie dichter Nebel, der eine Landung unmöglich machte und das Schiff stattdessen zur Rückkehr nach Honningsvaag am Nordkap zwang. Dort blieben sie bis zum 22. Juli und verbrachten die Zeit mit Wanderungen und dem Studium der örtlichen Geologie. Nachdem Gripp den Mitarbeiter einer Bergbaugesellschaft kennen gelernt hatte, vermittelte dieser ihnen die Fahrt auf dem Kohlefrachter „Skald" unter Kapitän Irrigens.[160] Die verstrichene Zeit war jedoch nicht nur

---

153 Vgl. AGL, Kasten 831, Spitzbergen I, Tagebuch Gripp 1925, Proviantliste.
154 GRIPP, Beiträge, S. 3.
155 Ebd., S. 4.
156 AGL, Kasten 831, Spitzbergen I, Tagebuch Gripp 1925, Eintrag vom 07.07.1925; GRIPP, Beiträge, S. 4.
157 AGL, Kasten 831, Spitzbergen I, Tagebuch Gripp 1925, Eintrag vom 09.07.1927.
158 Ebd., Einträge vom 11.07. und 12.07.1925; vgl. GRIPP, Beiträge, S. 4.
159 Zu den hier und im Folgenden genannten Ortsangaben vgl. NORSK POLARINSTITUTT (Hrsg.): The Place Names of Svalbard, Tromsø 2003.
160 AGL, Kasten 831, Spitzbergen I, Tagebuch Gripp 1925, Eintrag vom 22.07.1925.

ärgerlich, sie kostete auch Geld, welches die drei Forscher nicht besaßen. So wandte sich Gripp telegrafisch an den Anatomen Professor Heinrich Poll (1877–1939) aus Hamburg und bat ihn, bei der Hochschulbehörde weitere 2.000 RM zu erwirken, was Gripp, nach seiner späteren Danksagung zu urteilen, auch tatsächlich – trotz der Höhe und der kurzen Zeitspanne von nicht einmal einer Woche – gewährt wurde.[161] Nachdem Gripp die zweite Überfahrt zumeist seekrank in seiner Kabine verbracht hatte, erreichten sie am 25. Juli die Bergbausiedlung Barentsburg am Green Harbour Fjord. Die örtliche Kohlemine wurde von einem niederländischen Konsortium betrieben, deren Grubenleiter van Nes sie empfing. Da im Sommer der Abbau ruhte, war die Mine nur von wenigen Arbeitern besetzt. Van Nes lud sie sogleich zu einer Grubenfahrt ein, was sich für die Geologen als besonders interessant erwies, da man im Jahr zuvor die Schwelle zum Dauerfrostboden durchbrochen hatte und nun der Übergang gut zu studieren war.

Abb. 3. Emmy Todtmann im Zelt am Lagerplatz bei der Kohlemine Barentsburg.

---

161 Ebd., undatierter Entwurf eines Telegramms an Prof. Poll, Hamburg, das um den 17 Juli verschickt worden sein muss: „Nebel verhinderte Landung Spitzbergen. Müssen zurück Nordnorwegen in 10 Tagen wieder Spitzbergen. Bitten Mark 2000 erwirken." Daneben findet sich als Vermerk: „Beeinflusse Chapeaurouge. Fürsprecher Emmy"; vgl. GRIPP, Beiträge, S. 6.

Gripp, Meyer – von Gripp fortan nur noch spöttisch als „Mumke" bezeichnet – und Todtmann machten sich umgehend daran, ihr Quartier zu beziehen. Van Nes stellte ihnen die Hütte Minerva etwas außerhalb von Barentsburg, gegenüber einer Funkstation zur Verfügung.[162] Während Meyer mit der Ausrüstung die Hütte bezog, belegten Gripp und Todtmann gemeinsam das Zelt. Die ersten Tage verbrachten sie mit dem Aufbau ihrer Geräte und einer Begehung der näheren Umgebung.[163] Das Hinterland des Fjordes, Congressdal und Linnéetal, bot ihnen bereits verschiedenste Gesteinsformationen (Quartär, Jura, Trias, Perm, Karbon) sowie die erhofften Erscheinungen des Bodenfrostes, wie Gärlehm, Steinringe, Streif- und die für Gripp so wichtigen Brodelböden. Schon am 29. Juli kehrte Gripp jedoch nach Barentsburg zurück, um dort „erforderliche Besuche"[164] bei van Nes und vor allem den Ärzten Dr. Abs und Dr. Brand zu machen. Diese Bezeichnung wurde schnell zum Synonym für ein Ritual, das auch auf allen weiteren Reisen zu einem wichtigen Mittel der Grippschen Ressourcenallokation werden sollte. Dabei gelang es dem offenbar überaus charmanten Gripp meist schnell, örtliche Entscheidungsträger und andere nützliche Personen davon zu überzeugen, ihn bei seinem Vorhaben zu unterstützen und ihm wichtige – und meist kostenlose – Hilfestellung zu geben. So wurde er bei Dr. Abs und dessen Frau schon bald ein häufiger und offenbar gern gesehener Gast. Wie auch Brand und van Nes stellte ihm dieser häufiger sein Motorboot, in dem häufig unzugänglichen Areal das einzige Verkehrsmittel, zur Verfügung. Abs war darüber hinaus selbst wissenschaftlich tätig und veröffentlichte z.B. eine Studie über die Bevölkerung in Barentsburg.[165] Van Nes wiederum interessierte sich als Grubenleiter selbst für die örtliche Geologie und lud Gripp beispielsweise zu einer Exkursion ans Kap Heer ein, um ihm die dortigen Kohleflöze zu zeigen. Viel mehr interessierte sich dieser jedoch für die örtlichen Gletscher, den Aldegonde sowie den Green Harbour Gletscher am anderen Ende des Fjordes bzw. deren Moränen, die in den folgenden Wochen die wichtigsten Forschungsziele für Gripp und Todtmann darstellten. Während beide dort Fossilien und Gesteinsproben sammelten, die Moränen vermaßen oder den gefrorenen Boden aufhackten, um die Zusammensetzung der „Brodeleien" zu untersuchen, legte Meyer in der Zwischenzeit seine Netze aus, um Schnecken zu fangen.

Das Verhältnis zwischen „Mumke" und Gripp war jedoch auch nach der Ankunft auf Spitzbergen kühl geblieben. Nach einer Weile verschwand Meyer

---

162 AGL, Kasten 831, Spitzbergen I, Tagebuch Gripp 1925, Eintrag vom 26.07.1925; vgl. GRIPP, Beiträge, S. 5.
163 AGL, Kasten 831, Spitzbergen I, Tagebuch Gripp 1925, Einträge vom 27.-29.07.1925.
164 GRIPP, Beiträge, S. 5.
165 ABS, Otto: Untersuchungen über die Ernährung der Bewohner von Barentsburg, Svalbard, Oslo 1929.

aus dem gemeinsamen Quartier an der Minerva-Hütte nach Barentsburg. Als er am 2. August zurückkehrte, kam es zum Zerwürfnis. Vom Motorboot Dr. Brands aus teilte er Gripp mit, er werde die gemeinsame Arbeit beenden und fortan nur noch in Barentsburg seinen Studien nachgehen, lud seine Ausrüstung in das Motorboot (zu Gripps besonderem Ärger hatte er Brand die „Hamburg" für dessen Rückfahrt am Abend überlassen ohne seine Kollegen zu fragen) und fuhr am nächsten Tag davon. Das gemeinsame Forschungsvorhaben war damit gescheitert. Gripp notierte wütend: „Krach! Kontrakt! Müssen wir denn im Zorn auseinandergehen?"[166] Um nicht im Nachhinein für das etwaige Scheitern der gesamten Unternehmung verantwortlich gemacht zu werden, ließ sich Gripp von Meyer eine Erklärung unterzeichnen, in der dieser bestätigte, für die Trennung von seinen Kollegen, die ihn „bisher in jeder Weise bestens unterstützt haben", seien lediglich die „ungleich günstigeren Arbeitsbedingungen in Barentsburg entscheidend" gewesen, denn Abs und Brand hätten ihm zwischenzeitlich ihr „Laboratorium" zur Verfügung gestellt. Da der Erklärung drei unterschiedliche, z.T. von Gripp deutlich kritischer formulierte Entwürfe vorausgingen, lässt sich davon ausgehen, dass auch persönliche Gründe eine Rolle spielten. Zudem hatte Meyer das Lager geradezu fluchtartig verlassen und große Teile seiner Forschungs-Ausrüstung, teils neuwertig, einfach zurückgelassen. Tatsächlich werden neben der ungewohnten Erfahrung in der Wildnis Spitzbergens, der Enge des Wohnraums und familiären Problemen[167] auch die persönlichen Differenzen mit Gripp eine Rolle gespielt haben, der sich seit der Ankunft häufig abfällig über Meyer äußerte, wenig Verständnis für dessen Situation aufbrachte und wohl auch dessen wissenschaftliche Fähigkeiten nicht ernst nahm.

Von diesem Rückschlag ließen Todtmann und Gripp sich jedoch nicht lange beirren. Schon am 4. August setzten sie ihren kurz zuvor gefassten Plan in die Tat um, zum Green Bay Gletscher zu segeln. Es war gewissermaßen die Bewährungsprobe für ihre Segeljolle, wobei Todtmann erneut ihren Wert für die Expedition unter Beweis stellen konnte, denn im Gegensatz zum nautisch völlig unerfahrenen Gripp war sie eine geübte Seglerin.[168] Wegen der Entfernung und des ungünstigen Windes dauerte die Überfahrt jedoch über 12 Stunden auf dem kalten Fjord, bis sie einen geeigneten Landeplatz gefunden hatten. Trotz großer Erschöpfung verbrachten beide die nächsten drei Tage mit

---

166 AGL, Kasten 831, Spitzbergen II, Tagebuch Gripp 1925, Eintrag vom 02.08.1925.
167 Ebd. vermerkte Gripp über Meyer: „Beim Tee Kochen schon mit weinenden Augen, er könne diese Natur nicht ertragen, er mache das Theater nicht mit. Tränen." Daneben findet sich in den Entwürfen allerdings auch ein Verweis auf Meyers kranke Kinder, derentwegen er in der Nähe der Funkstation bleiben müsse.
168 GRIPP, Beiträge, S. 3.

der Untersuchung der „schönen Endmoräne" des Gletschers, die sie zuvor nur aus der Ferne betrachten konnten und die Gripp nun ausgiebig untersuchte, vermaß, skizzierte und fotografierte.[169] Dann kehrten sie auf ihrer Jolle wieder nach Barentsburg zurück, wo Gripp den Vertreter der Minengesellschaft Dresselhuys davon überzeugen konnte, ihm für die nächste größere Wegstrecke zum Kap Laila ein Motorboot zur Verfügung zu stellen.[170] Nachdem sie auch dort einige Tage mit dem Aufgraben von Bodenschichten und dem Sammeln von Proben verbracht hatten, wurden sie von dem versprochenen Motorboot „Heemskerke" nach Barentsburg zurückgebracht. Dort erfuhren sie, dass Meyer ohne Verabschiedung nach Deutschland abgereist war.[171]

Die letzten verbliebenen Tage verbrachten sie mit Untersuchungen in der Nähe des Minerva-Lagers. Wie schon zuvor blieben sie stets in Küstennähe, im Flachland und an den Randgebieten der Gletscher und verirrten sich nicht ins Inselinnere. Im Gegensatz zu Meyer stimmte die Atmosphäre zwischen Gripp und Todtmann, nicht nur weil er mit ihr „famos klöhnen / beraten"[172] konnte, sondern insbesondere weil er sie fachlich als Geologin respektierte, wie seine anerkennenden Kommentare über ihre Arbeit und ihren Arbeitseifer zeigen.[173] Dennoch blieb Gripp für umfangreiche Untersuchung nur wenig Zeit, denn bereits am 22. August mussten sie den Dampfer „General San Martin" unter Kapitän Dau für die Rückfahrt nach Narvik besteigen. Gripp und Todtmann hatten nur ein örtlich eng umgrenztes Areal untersuchen können, für vergleichende Analysen an anderer Stelle fehlte ihnen nun die Zeit. Da half es nur wenig, dass Dau noch kurze Zwischenstops in einigen weiteren Fjorden einlegte, so dass sie für wenige Stunden noch einige weitere Gletscher aus der Nähe betrachten konnten. Neben der Adventbay, die sie ursprünglich – zumindest nach ihrem Förderantrag – hatten besuchen wollen, steuerte Dau die Coles Bay und die Sassen Bay, Cap Born und den von-Post-Gletscher an. Auch in die Magdalenenbay konnte er nur einen kurzen Blick werfen, wo gerade der Fischereikreuzer „Ziethen" lag, der die Expedition Max Grotewahls abholen sollte und im Notfall auch für Gripps Rückreise vorgesehen war.[174] Dies zeigt, dass die Grippsche Expedition keineswegs isoliert stattfand, sondern im Vorfeld zumindest organisatorische Verknüpfungen zu anderen deutschen Forschungsexpeditionen bestanden.

---

169 AGL, Kasten 831, Spitzbergen II, Tagebuch Gripp 1925, Einträge vom 04.-08.08.1925.
170 Ebd., Eintrag vom 10.08.1925.
171 Ebd., Eintrag vom 13.08.1925.
172 Ebd., Eintrag vom 14.08.1925.
173 Ebd., Eintrag vom 17.08.1925: „Nachts um ½ 1h bekam Todt Gelüste das kleine Längstal wieder zu sehen. Hingerudert".
174 AGL, Kasten 831, Spitzbergen III, Tagebuch Gripp 1925, Eintrag vom 23.08.1925; vgl. auch LÜDECKE, Grotewahl.

Für das unbefriedigende Ende der Reise wurde Gripp immerhin dadurch entschädigt, dass er den mitreisenden norwegischen Arktisforscher Adolf Hoel kennen lernte, den zu dieser Zeit wohl wichtigsten Spitzbergenforscher, der für Gripp auf der folgenden Expedition zwei Jahre später noch eine entscheidende Rolle spielen sollte. Er erreichte, dass Gripp zumindest noch für einige der besonders spektakulären geologischen Phänomene an Land gesetzt wurde, auch wenn Kapitän Dau „sehr energisch" weiteren Ausflügen eine Absage erteilte.[175]

Das Wetter während der Reise war im Vergleich zu den Vorjahren ungewöhnlich mild geblieben, erst auf der Rückfahrt zum norwegischen Festland sah Gripp erstmals Packeis. Zu Abenteuern im „ewigen Eis" hatte die Reise daher keinen Anlass geboten, was Gripp, der wusste wie publikumswirksam die Heldengeschichten in Not geratener Expeditionen waren, ein wenig enttäuschte. Am 28. August erreichten Gripp und Todtmann Narvik, von wo aus Gripp wieder den Zug bestieg und über Stockholm nach Hamburg zurückkehrte.

3.1.4. Ergebnisse und Veröffentlichungen

Wie auch immer man die Ergebnisse dieser ersten Arktisexpedition Gripps bewerten mag, für Gripps Karriere war sie kein Stolperstein. Im Gegenteil: Mit Wirkung zum 30. September 1926 ernannte Senator de Chapeaurouge Karl Gripp zum Kustos am Mineralogisch-Geologischen Staatsinstitut und zum Beamten des Hamburgischen Staates.[176] Damit waren Gripp und seine Familie von der Unsicherheit des bisherigen Angestelltenverhältnisses und den mageren Einkünften durch die Kolleggelder als Privatdozent unabhängiger. Um seine Altersbezüge noch etwas anzuheben, wurde die Verbeamtung durch Senatsbeschlusses wenig später noch um ein knappes halbes Jahr vorverlegt.[177] Ein Bezug zu Gripps Arktis-Reise, etwa als Belohnung, lässt sich nur an dem zeitlichen Zusammenhang und an der Person Paul de Chapeaurouges festmachen, der gleichermaßen an der Förderung der Expedition, wie auch an der Ernennung Gripps zum Beamten beteiligt war.

Die für Karl Gripp nicht minder bedeutsame akademische Anerkennung ließ ebenfalls nicht allzu lange auf sich warten: Im November 1926 nutzte Gripps langjähriger Förderer Professor Gürich die Gelegenheit, neben dem Antrag auf Verlängerung der Venia Legendi für Gripp bei dem Dekan der Mathematisch-Naturwissenschaftlichen Fakultät auch eine Ernennung zum

---

175 AGL, Kasten 831, Spitzbergen III, Tagebuch Gripp 1925, Eintrag vom 22.08.1925, er könne schließlich seinen „Fahrgästen nicht 2 Stunden abknappen".
176 LASH, Abt. 47, Nr. 6596, Anstellungsurkunde vom 24.11.1926.
177 LASH, Abt. 47, Nr. 6596, Mitteilung der Hochschulbehörde an Gripp vom 14.01.1927.

Professor ins Spiel zu bringen.¹⁷⁸ Gürichs Vorschlag stieß offenbar auf Zustimmung, denn bereits am 27. Januar 1927 wurde offiziell bei der Hamburger Hochschulbehörde beantragt, Gripp den Titel Professor zu verleihen.¹⁷⁹ Dabei wurde besonders auf die Bedeutung der Arktis-Expedition hingewiesen und somit ein deutlicher Zusammenhang zwischen Expedition und wissenschaftlicher Karriere hergestellt. So heißt es, Gripps Untersuchungen seien „maßgebend geworden […]. In dem lebhaftesten Bestreben, die Glazialgeologie Norddeutschlands zu erfassen, verfolgte er den Plan, die Vereisung arktischer Gebiete zu untersuchen. So hat er bereits im Sommer 1925 in mehrwöchentlichem Aufenthalt in Spitzbergen wichtige Beobachtungen machen können, die einer weiteren Befruchtung unserer Auffassung der Oberflächenverhältnisse des Flachlandes dienen werden." Auch der in vielen späteren Gutachten und Würdigungen Gripps häufig zu findende Passus, nachdem er hervorragende, ja geradezu mitreißende und begeisternde Vorträge hielte, findet sich hier erstmals belegt.¹⁸⁰ Dies hervorzuheben ist vor allem deshalb wichtig, da Gripps Aufgabenbereich als Kustos der geologischen Sammlung eigentlich nicht originär der eines Hochschullehrers war. Die, wie sich später noch zeigen wird, für Gripp so wichtige Gleichrangigkeit mit anderen Wissenschaftlern lief ohne Titel aber stets Gefahr in Frage gestellt zu werden. Ein weiteres Problem stellte das Alter Gripps dar. Er war, gerade im Vergleich zu anderen Bewerbern, zu jung. Die aus dem Kaiserreich überkommene Vorstellung, nach der das Dienstalter ein nicht unwichtiges Kriterium bei Besetzungen war, galt auch noch in den Zeiten der jungen Weimarer Republik, zumal dann, wenn sich – wie damals und wohl auch heute noch üblich – viele Privatdozenten um die wenigen Stellen drängten. Dieses Problem sah man auch von Seiten der Fakultät: „Berufungen in dem Fache Dr. Gripp's sind allerdings bei der geringen Anzahl der Stellen an sich eine Seltenheit und eine Anzahl älterer bewährter Privatdozenten hat noch keine akademische Stellung gewinnen können. Dagegen stand Gripp bei der Besetzung des Postens am Römer-Museum in Hildesheim zur engeren Wahl, es wurde ihm damals ein älterer, in der Gegend bekannterer Dozent der Technischen Hochschule in Hannover vorgezogen."¹⁸¹ Ganz in diesem Sinne sprach auch die Fakultät abschließend die Überzeugung aus, „daß Dr. Gripp sich weiter in gleicher Richtung mit

---

178 StA HH, 361-6, Nr. IV 2197, Schreiben Gürich an Dekan Blaschke vom 10.11.1926.
179 Hierzu und zum Folgenden: StA HH, 361-6, Nr. IV 2197, Antrag vom 27.01.1927.
180 Ebd. heißt es: „Als Dozent zeichnet er sich durch einen ruhigen klaren und sicheren Vortrag aus; besonders versteht er es auch jüngere Schüler für seinen Gegenstand zu gewinnen und zu wissenschaftlichem Eifer anzufeuern."
181 StA HH, 361-6, Nr. IV 2197, Antrag vom 27.01.1927.

wachsendem Erfolg am Ausbau der mineralogisch-geologischen Wissenschaft betätigen wird und hält es durchaus für berechtigt, daß ihm in Anerkennung seiner Verdienste der Titel ‚Professor' verliehen wird", wobei hier aber lediglich die Titular-Professur gemeint war.

3.2. Die Expedition nach Spitzbergen von 1927
3.2.1. Zielsetzung, Vorbereitung und Finanzierung

In einem Aktenkonvolut, das die Hamburger Staatsanwaltschaft 1933 bei Gripps Anwalt hatte beschlagnahmen lassen, findet sich die Abschrift eines Antrages, den Gripp 1926, kaum ein Jahr nach seiner ersten Spitzbergen-Reise, zur Förderung einer weiteren Expedition nach Spitzbergen an die Notgemeinschaft der Deutschen Wissenschaft geschickt hatte. Diese „glaciologisch-geologische Forschungsfahrt" sollte an die Ergebnisse der ersten Reise anknüpfen, auf der Gripp festgestellt hatte, dass arktische Moränen zwar meist anders zusammengesetzt waren als alpine und Teile der norddeutschen Diluvial-Moränen. Doch auch geologische Ähnlichkeiten wie die zum Gebiet der Lübecker Mulde waren ihm aufgefallen.[182] Gripp wollte daher seine Vermutung, dies lasse sich durch einen Zusammenhang des arktischen Bodenfrostes mit einer Durchspülung von Schmelzwasser erklären, auf einer weiteren Expedition untersuchen. Gerade vergleichende Untersuchungen über die „Beschaffenheit des vom Gletscher überschrittenen Untergrundes" seien „für das Studium des norddeutschen Diluviums von erheblichem Wert".[183] Daneben wollte er auch die „überraschenden Ergebnisse der Untersuchung über die Entstehung von Strukturboden und Solifluktion [...] während der Spitzbergenfahrt 1925" überprüfen. Zuletzt sollten weitere Gesteinsproben und Fossilien für die Sammlung des Geologischen Staatsinstituts gefunden werden. Hatte Gripp 1925 gegenüber seinem Kompagnon Meyer zunächst noch Zweifel geäußert, ob Spitzbergen für seine Forschungen überhaupt interessant wäre, so erklärte er der Notgemeinschaft nun, dass „diese Inselgruppe [...] wie kein anderes Gebiet geeignet" sei für sein Vorhaben. Das läge an den geologischen Eigenheiten Spitzbergens, da hier zahlreiche Gletscher auf flachem Vorland endeten und teils „gewaltige Randmoränen" aus ganz

---

182 Dazu GRIPP, Karl: Diluvialmorphologische Untersuchungen in Südost-Holstein (Vortrag, gehalten am 6. August 1933 auf der Hauptversammlung in Lübeck), in: Zeitschrift der Deutschen Geologischen Gesellschaft 86 (1934), 2, S. 73–82; vgl. auch SEIFERT, Gerhart: Die Entstehung der Landschaftsformen Ostholsteins und der Lübecker Mulde, in: Führer zu vor- und frühgeschichtlichen Denkmälern 10 (1972), S. 8–14.
183 Hierzu und zum Folgenden StA HH, 221-10, Nr. 146 Bd. 2, Gripp an die Notgemeinschaft vom 04.08.1926.

unterschiedlichen Materialien bildeten. Die Untersuchungsgebiete könne man aufgrund der günstigen Lage der Gletscher direkt am Wasser leicht und „ohne mühselige Schlittentouren" erreichen. Zudem sei die Anreise mit Touristendampfer oder Kohlefrachter einfach und zu vergleichsweise geringen Kosten möglich. Geschickt versuchte Gripp auch die nationale Bedeutung seines Vorhabens herauszustellen, indem er darauf hinwies, dass sich die deutsche Forschung hier ein bislang unbehandeltes Forschungsfeld sichern könne. Der skizzierte Fragenkomplex sei nämlich bisher weder „von den Schweden und Norwegern, [...] noch von den Engländern bei ihren jüngsten Spitzbergen-Expeditionen angeschnitten" worden.

Die Fahrt war ursprünglich als viermonatige Reise geplant, mit einem umfangreichen Programm, verteilt auf West-, Nord und Ostküste. Da sich im Verlauf der ersten Reise herausgestellt hatte, dass man allein mit einer Segeljolle zu viel Zeit verbrauchte, wollte man diesmal zusätzlich ein größeres Fahrzeug mit Kajüte chartern. Gripp hatte ursprünglich an ein „seetüchtiges Segelfahrzeug mit Hilfsmotor einschl. Besatzung" gedacht, schließlich charterte er die „Oiland", ein kleines Motorschiff, das zuvor schon von der Oxford Arctic Expedition von 1924 bei der Erforschung des spitzbergischen Nord-Ost-Landes Verwendung gefunden hatte.[184] Der Chartervertrag kam unter Vermittlung des deutschen Konsuls in Tromsö, Henrik Jebens, und des dort ebenfalls ansässigen norwegischen Polarforschers Helmer Hanssen (1870–1956) zustande.[185] Die „Oiland" war ein kleineres für den Einsatz im Eis verstärktes Fahrzeug von 22 m Länge, 48 Bruttotonnen Verdrängung und bot der vierköpfigen Besatzung sowie den vier Forschern eine beengte Schlafmöglichkeit. Für kürzere Exkursionen war aber auch dieses Mal das Mitführen einer kleinen Segeljolle, der „Hamburg II", geplant.[186] Im Angesicht der guten Erfahrungen, die Gripp 1925 gemacht hatte, bat er auch diesmal die Direktion der niederländischen Kohlemine in Barentsburg darum, ihre Anlagen als Depot und Ausgangspunkt nutzen zu dürfen.

Der ursprüngliche Förderungsantrag, den Gripp an die Notgemeinschaft richtete, sollte zunächst die Auslagen dreier Geologen decken. Neben Karl

---

184 GRIPP, Karl: Glaciologische und geologische Ergebnisse der Hamburgischen Spitzbergen-Expedition 1927, von Prof. Dr. Karl Gripp, Hamburg. Mit 31 Tafeln und 39 Figuren im Text. Gedruckt mit Unterstützung der Notgemeinschaft der Deutschen Wissenschaft und der Hochschulbehörde zu Hamburg, in: Abhandlungen aus dem Gebiete der Naturwissenschaften, herausgegeben vom NATURWISSENSCHAFTLICHEN VEREIN IN HAMBURG, XXII. Band, 3.-4. Heft, Hamburg 1929, S. 145–250, hier S. 148; zur Oxford Arctic Expedition siehe BINNEY, George: With Seaplane and sledge in the Arctic. Leader Oxford University Arctic Expedition, London 1925.
185 GRIPP, Hamburgische Spitzbergen-Expedition, S. 148.
186 Ebd., S. 147.

Gripp und Emmy Todtmann war als Dritter ein „junger Geograph einer preussischen Hochschule vorgesehen", der neben der Analyse des Eises und der nichtglazialen Ablagerungen vor allem für die topographische Aufnahme zuständig sein sollte.[187] Es handelte sich dabei um den Geographen Herbert Knothe von der Universität Breslau.[188] Wie die Verbindung Gripp und Knothe zustande kam, lässt sich nicht mehr klären, denkbar ist, dass Georg Gürich, der dieser Hochschule ursprünglich entstammte, beteiligt war. Daneben stellte Gripp als Option noch einen vierten Teilnehmer, einen Zoologen für Meeresbiologische Untersuchungen, zur Disposition. Da auch hier die Akten der Notgemeinschaft verschollen sind, lässt sich nicht sagen, wie die Bewilligung vonstattenging. Bewilligt wurden letztlich aber nur Mittel für zwei Geologen, Gripp und Knothe. Emmy Todtmann kam wie schon 1925 selbst für ihre Kosten auf.[189] Ob sie freiwillig zugunsten Knothes verzichtete, oder ob sie im Verfahren ‚aussortiert' wurde, lässt sich mangels Unterlagen nicht mehr klären. Als vierter im Bunde gesellte sich der junge Geographie-Student und spätere Marburger Ordinarius Carl Schott (1905–1990), wie Knothe ebenfalls aus Breslau, hinzu. Auch er trug seine Kosten selbst. Hatte Gripp noch 1925 beklagt, er habe allerlei unwissenschaftliche Aufgaben selbst erledigen müssen, sah er wohl nun den Studenten Schott für derlei Tätigkeiten vor – dass dieser seine Teilnahme obendrein selber zahlte, erwies sich in dieser Hinsicht für Gripp als doppelt günstig. Im ursprünglichen Förderantrag veranschlagte Gripp Gesamtkosten von ca. 20.000 RM. Das zu charternde Wasserfahrzeug sollte mit 10.000 RM zu Buche schlagen, pro Person sollten je 3.000 RM für Ausrüstung, Verpflegung und Reisekosten Verwendung finden, 1.000 RM waren als Reserve für „Unvorhergesehenes" gedacht.[190] Zum Zeitpunkt des Antrages gab Gripp an, bereits Finanzierungszusagen von der Hamburger Hochschulbehörde (3.000 RM) und der Geographischen Gesellschaft Hamburg (2.000 RM) erhalten zu haben, zudem sollten „von einem Teilnehmer", vermutlich Todtmann, weitere 3.000 RM zugeschossen werden. Insgesamt erbat Gripp von der Notgemeinschaft, die Hälfte der veranschlagten Kosten, d.h. 10.000 RM, zu übernehmen. Unklar bleibt, wie die restlichen 2.000 RM aufgebracht werden sollten. Tatsächlich erhielt Gripp die, wie er selbst sagte, „nicht unerheblichen Mittel" in fast genau der erbetenen Höhe, insgesamt 19.147 RM.[191] Davon wurden 12.521 RM für Charter und Betriebskosten der „Oiland" verwendet. Wie sich letztlich die aufgebrachten Gelder auf die einzelnen Geldgeber (Notgemeinschaft, Hochschulbehörde, Geographische Gesellschaft und Eigenanteil) verteilten, bleibt mangels

---

187 StA HH, 221-10, Nr. 146 Bd. 2, Gripp an die Notgemeinschaft vom 04.08.1926.
188 Akten über Knothe sind bislang nicht überliefert.
189 GRIPP, Hamburgische Spitzbergen-Expedition, S. 147.
190 StA HH, 221-10, Nr. 146 Bd. 2, Gripp an die Notgemeinschaft vom 04.08.26.
191 GRIPP, Hamburgische Spitzbergen-Expedition, S. 148.

Quellen unklar. Geht man davon aus, dass es bei den von Gripp angegebenen Finanzierungszusagen blieb, hätte die Notgemeinschaft der Deutschen Wissenschaft tatsächlich den Löwenanteil getragen.

3.2.2. Reiseverlauf

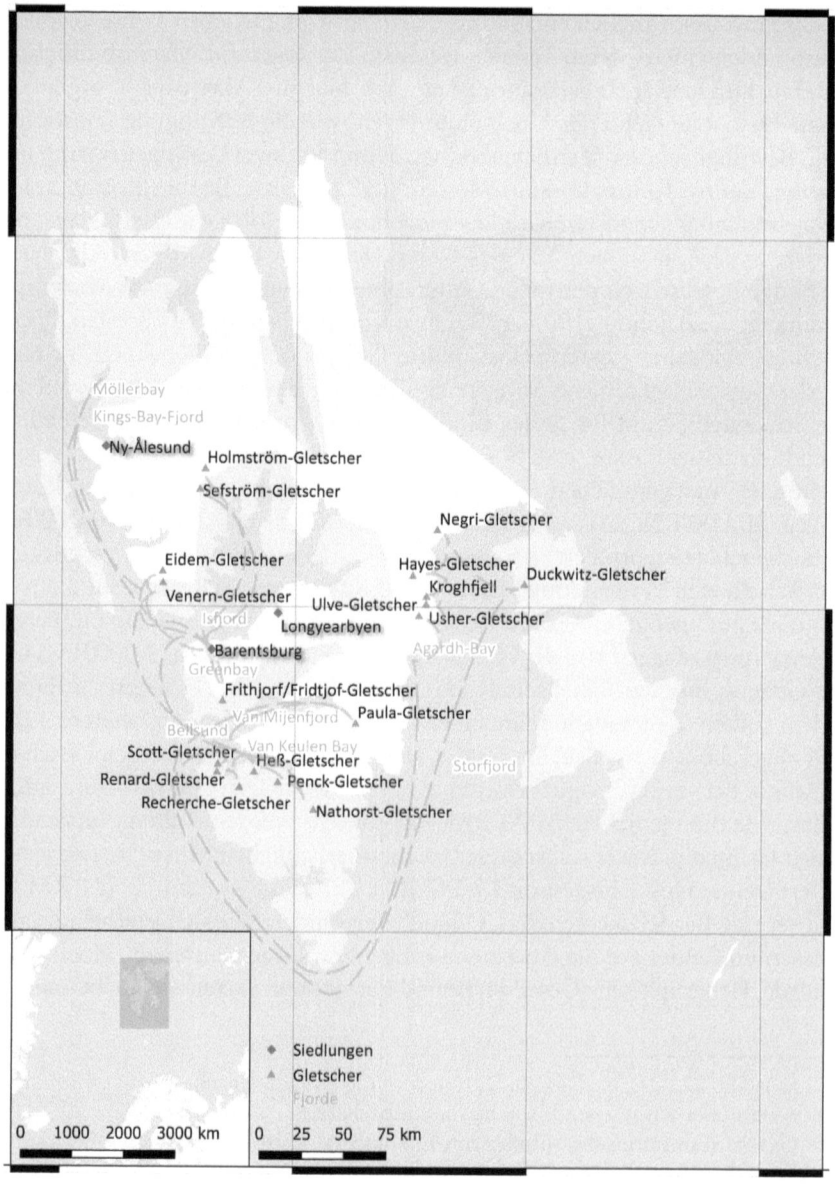

Abb. 4. Karl Gripps Reisen auf der „Oiland" durch die Fjorde Spitzbergens 1927.

Die Expedition nach Spitzbergen von 1927

Am 21. Mai 1927 traten Gripp und Knothe gemeinsam die Fahrt auf dem Schiff von Hamburg aus an, während Todtmann und Schott mit dem Zug durch Schweden nach Nordnorwegen fuhren.[192] Das Ziel war zunächst Tromsø, das sie am 27. Mai über Bergen (23. Mai), Aalesund (24. Mai), Trondheim (25. Mai) und Lødingen erreichten, wo sie auf Todtmann und Schott trafen, die aus Narvik mit der „Polarlys" eingetroffen waren.[193] Am folgenden Tag kümmerte sich Gripp um den Chartervertrag für die „Oiland". Hierbei unterstützte ihn der deutsche Konsul Heinrich Jebens. Den französischen Konsul Thiis, der ihm 1925 geholfen hatte sein Schiff zu erreichen, traf er gleich morgens auf der Straße. Gemeinsam mit den beiden Konsuln und dem norwegischen Polarforscher Helmer Hanssen besprach er abends im Café Dal bei „fürchterlicher Musik" die nötigen Einzelheiten.[194] Sie rieten ihm für den Chartervertrag eigens eine norwegische Aktiengesellschaft zu gründen, was er direkt im Anschluss in die Tat umsetzte[195], um wenig später den Vertrag mit dem Eigentümer der „Oiland", Ottar Johnsen, abzuschließen. Nachdem Gripp eine Anzahlung von 2.250 norwegischen Kronen geleistet hatte, feierte man den Abschluss bei Konsul Jebens in dessen Anwesen in Tromsø.[196]

Da die „Oiland" zu dieser Zeit allerdings noch unterwegs war und den vier deutschen Wissenschaftlern erst auf Spitzbergen zur Verfügung stehen sollte, musste zunächst die Überfahrt dorthin organisiert werden. Dies gestaltete sich – anders als 1925 – überraschend schwierig, die Kohlegesellschaft Kingsbay in Ny Aalesund lehnte Gripps Anfrage, auf einem ihrer Kohlefrachter mitgenommen zu werden, überraschend ab.[197] Erst nachdem Gripp den norwegischen Arktisforscher und Spitzbergenkenner Adolf Hoel, den er 1925 auf der Rückfahrt kennen gelernt hatte, telefonisch kontaktierte, konnte eine Fahrt nach Spitzbergen organisiert werden. Hoel verwies ihn erfolgreich an die Store Norsk Kulkompani[198], die die Wissenschaftler auf ihrem Frachter „Forsete" am 6. Juni von Harstad aus mitnahm.[199] Nachdem Gripp die Überfahrt wegen seiner

---

192 AGL, Kasten 831, Spitzbergen I, Tagebuch Gripp 1927, Eintrag vom 21.05.1927; GRIPP, Hamburgische Spitzbergen-Expedition, S. 148.
193 AGL, Kasten 831, Spitzbergen I, Tagebuch Gripp 1927, Eintrag vom 27.05.1927.
194 Ebd., Eintrag vom 28.05.1927.
195 Ebd., Eintrag vom 29.05.1927.
196 Ebd, Eintrag vom 30.05.1927; Gripp hielt nur Jebens „hübsche majestätische Frau" für erwähnenswert.
197 Ebd., Einträge vom 31.05.1927 und 02.06.1927; am Ende des ersten Tagebuchs findet sich im Notizenteil Entwürfe zu Gripps Telegramm. Gripp gab dort zudem an, seine Forschungsreise erfolge „mit Förderung der norwegischen Regierung". Ob dies auf ein Betreiben Adolf Hoels zurückging, lässt sich allerdings nur vermuten.
198 Ebd., Eintrag vom 02.06.1927; vgl. hierzu auch KVELLO, Viva Mørk: Store Norske Spitsbergen Kulkompani Aktieselskap. Gruveselskapet med rett til å selge øl, vin og brennevin, Longyearbyen 2007.
199 AGL, Kasten 831, Spitzbergen I, Tagebuch Gripp 1927, Eintrag vom 06.06.1927; vgl. auch GRIPP, Hamburgische Spitzbergen-Expedition, S. 148.

Seekrankheit überwiegend in der Kabine verbracht hatte, erreichten sie am 10. Juni Spitzbergen.[200] War der Green Harbour Fjord 1925 noch weitestgehend eisfrei gewesen, blieb er nun zu großen Teilen zugefroren. Die „Forsete" musste etwa 3 km von Barentsburg entfernt an der Eiskante warten, bis das Gepäck auf das „schwankende Eis" verladen war.[201] Aus der Bergbau-Siedlung war der deutschstämmige Minenaufseher Kief, der die für den Sommer stillgelegte Mine gemeinsam mit seiner Familie beaufsichtigte, auf einem Hundeschlitten gekommen, um Gripps Expedition abzuholen. Im Verlauf des Tages gesellte sich noch der Minendirektor Sjef van Dongen (1906–1973) mit zwei Jägern hinzu, um beim dramatischen Abtransport zu helfen, bei dem die Expeditionsteilnehmer stets Gefahr liefen, mitsamt ihrer Ausrüstung im Eis einzubrechen.[202] Die geglückte Bergung wurde anschließend im Haus Kief's gefeiert, das während des gesamten Aufenthalts ein wichtiger Anlaufpunkt für Gripp und seine Mitstreiter wurde.[203] Sie selbst bewohnten wie schon 1925 etwas außerhalb Barentsburgs ihre kleinen, doppelwandigen Zelte[204] sowie zeitweise eine Hjorth-Hus genannte Hütte im Südosten des Green Harbour Fjords.[205] Die ersten Tage nutzte Gripp, um seine „Besuche" bei allen wichtigen Personen zu machen. Hierzu gehörten neben van Dongen auch der Bestyrer Mossige (ein norw. Verwaltungsbeamter), der für die Funkstation und die Post zuständig war, sowie der von Gripp offenbar fälschlich als „Sysselmann" bezeichnete Däne Warming, der ursprünglich aus Sonderburg stammte und der als Bautechniker der Store Norske für ein Gebiet um die Nespico-Mine (Nederlandsche Spitsbergen Compagnie) zuständig war.[206]

Erst am 14. Juni, mehr als drei Wochen nach Fahrtantritt, begann die eigentliche geologische Arbeit. Zunächst suchte Gripp die ihm schon aus dem Jahr 1925 bekannten Stellen am Kongress-See und Linné-Tal auf, an denen sich, wie Gripp feststellte, „nichts geändert" hatte.[207] Sofort machten sie sich wieder

---

200 AGL, Kasten 831, Spitzbergen I, Tagebuch Gripp 1927, Einträge vom 07.06.-10.06.1927.
201 GRIPP, Hamburgische Spitzbergen-Expedition, S. 148.
202 AGL, Kasten 831, Spitzbergen I, Tagebuch Gripp 1927, Eintrag vom 10.06.1927; zur dramatisierten Bergungsaktion vgl. GRIPP, Hamburgische Spitzbergen-Expedition, S. 148 f.; zum niederländischen „Polarhelden" und Minendirektor Sjef van Dongen siehe KLUYVER, Adwin de: Terug uit de Witte Hel. Hoe poolreiziger Sjef van Dongen een nationale held werd, Amsterdam 2015.
203 AGL, Kasten 831, Spitzbergen I, Tagebuch Gripp 1927, Eintrag vom 10.06.1927: „Grammophon. Viel getrunken"; vgl. GRIPP, Hamburgische Spitzbergen-Expedition, S. 149.
204 z.B. AGL, Kasten 831, Spitzbergen II, Tagebuch Gripp 1927, Eintrag vom 29.06.1927: „Kief's Geburtstag".
205 Ebd., Einträge vom 26.- 29.06.1927.
206 AGL, Kasten 831, Spitzbergen I, Tagebuch Gripp 1927, Eintrag vom 13.06.1927.
207 Ebd., Eintrag vom 14.06.1927 und AGL, Kasten 831, Spitzbergen II, Tagebuch Gripp 1927, Eintrag vom 14.06.27.

daran, unterschiedliche Schichten, v.a. „Brodelherde" aufzugraben und Proben zu sammeln.[208] Mit Netzen wurde zudem in über 100m Tiefe nach Mollusken gefischt, offenbar inspiriert durch die Arbeit Adolf Meyers 1925.[209] Dieses Mal wurden zudem umfangreichere Messungen an den Moränen vorgenommen. Hierfür waren die beiden Geographen vorgesehen.[210] Das wichtigste Arbeitsmittel Gripps war, wie schon bei seiner ersten Expedition, sein Fotoapparat. Er entwickelte die Aufnahmen fast täglich und verzeichnete sie, im Gegensatz zu 1925, diesmal jedoch systematisch in seinem Tagebuch, so dass es heute den Schlüssel zur Bestimmung der umfangreichen Fotosammlung im Leipziger Archiv für Länderkunde bietet. Gänzlich ungefährlich war die Arbeit jedoch nicht, besonders da sich auf den Gletschern wegen des Tauwetters häufig Schmelzlöcher auftaten, die die Teilnehmer zudem oftmals zu beschwerlichen Umwegen zwangen.[211] Da Gripp sich für seine zweite Spitzbergen-Reise vergleichende Untersuchungen an weiteren Gletschern vorgenommen hatte, war er besonders froh, als am 7. Juli die „Oiland" Barentsburg erreichte, so dass die Expedition am gleichen Abend zu einer ersten längeren Fahrt zu den Fjorden und Gletschern der Westküste Spitzbergens aufbrechen konnte.[212] Die „Oiland" war „nicht so klein", wie Gripp zunächst vermutet hatte und auch die Besatzung, Kapitän Johannsen und die Brüder Svensen, erschienen ihm überaus „tüchtig", so dass er sie häufig auch bei den Arbeiten an Land einsetzen konnte.[213] Vom 8. bis 13. Juli studierten sie ausgehend vom Farmhafen im Vorlandsund die Moränen des Eidem- und Venern-Gletschers[214] sowie die Tundra-Ebene der Daumann-Öyra.[215] Auf der Weiterfahrt zum Bellsund wurden sie für fast 24 Stunden im Treibeis eingeschlossen, bis sie schließlich den Ankerplatz vor dem Frithjof-Gletscher erreichten.[216] Wegen der ungünstigen Eislage brach die „Oiland" zwei Tage später wieder Richtung Ekman-Bay auf und ankerte, da die Bucht in ein ausgedehntes Wattgebiet überging, nördlich der Cora-Inseln.[217] Da Gripp in diesem Gebiet große Ähnlichkeit zur schleswig-holsteinischen Westküste sah, verbrachten sie einige Zeit, um die Moränen

---

208 Vgl. beispielsweise ebd., Eintrag vom 25.06.1927.
209 Ebd., Eintrag vom 21.06.1927.
210 Vgl. beispielsweise ebd., Einträge vom 21. und 23.06.1927.
211 Vgl. Ebd., Eintrag vom 27.06.1927.
212 GRIPP, Hamburgische Spitzbergen-Expedition, S. 150; zu den Fahrten der „Oiland" siehe die Karte S. 56.
213 AGL, Kasten 831, Spitzbergen II, Tagebuch Gripp 1927, Eintrag vom 07.07.1927.
214 Ebd., Eintrag vom 09.07.1927.
215 Ebd., Eintrag vom 08.07.1927, nach zahlreichen Exkursionen kehrten sie am 13. Juli in den Farmhafen zurück.
216 Ebd., Einträge vom 14. und 15.07.1927; GRIPP, Hamburgische Spitzbergen-Expedition, S. 150.
217 AGL, Kasten 831, Spitzbergen II, Tagebuch Gripp 1927, Eintrag vom 18.07.1927.

des Holmström- und des Sefström-Gletschers zu untersuchen.[218] Die beengte Wohnsituation führte bald zu Unstimmigkeiten zwischen den Teilnehmern. Gripp vermerkte ungehalten die zunehmend abweisende Haltung Knothes, auch er selbst war häufig angespannt.[219] Erst bei der Rückkehr nach Barentsburg am 28. Juli gelang es Emmy Todtmann zwischen beiden zu vermitteln.[220] Dabei half, dass Gripp von Familie Kief ein Boot als Geschenk erhielt, das er umgehend zu Geld machte, um die Expeditionskasse aufzubessern.[221] Auch sonst erwies sich der Aufenthalt in Barentsburg als aufmunternd. Gripp lernte Professor Camille Montfort, einen Biologen aus Halle kennen, der zu dieser Zeit ebenfalls auf Spitzbergen forschte.[222] Auch die „Besuche" Gripps erwiesen sich einmal mehr als hilfreich, denn van Dongen stellte ihnen das Motorboot „Nespico" für kleinere Ausflüge zur Verfügung, etwa zum Mündungsgebiet des Schröder-Flusses, wo sie jedoch aufgrund der starken Brandung und eines Motorschadens strandeten und nur dank der mitgeschleppten Jolle „Hamburg II" wieder zurückkehren konnten.[223]

Abb. 5. Elbjolle „Hamburg II" im Grønfjord.

---

218 Ebd., Eintrag vom 19.07.1927.
219 Ebd., Eintrag vom 27.07.1927: „Krach mit Knothe".
220 Ebd., Eintrag vom 29.07.1927.
221 Ebd.
222 Ebd., Eintrag vom 30.07.1927.
223 Ebd., Eintrag vom 01.08.1927.

Die Expedition nach Spitzbergen von 1927   61

Ende Juli brachen sie mit der „Oiland" zu einer weiteren Fahrt zur van Keulen-Bay auf, um den Penck-, Nathorst- und Heß-Gletscher zu untersuchen.[224] Dort stürzte Knothe, der mit Schott allein unterwegs gewesen war, beim Besteigen eines Gletschers ab und zog sich einige Verletzungen zu, die ihn für eine Weile zur Untätigkeit zwangen.[225] Trotzdem wurden am 5. und 6. August noch Marie-Antonien-, Recherche-, Renard- und Scott-Gletscher besucht und die Reise anschließend über den Storfjord Richtung Südkap Spitzbergens fortgesetzt[226], wo sie auf Treibeis stießen und nur langsam vorankamen.[227] Am Nachmittag des 8. August erreichten sie die Agardh-Bucht, an deren Ende die Ausläufer des Ivory-Gletschers lagen. Besonders beeindruckt zeigte sich Gripp von den südlich gelegenen Bergen, deren Hänge aufgrund der zahlreichen roten Toneisensteintrümmer violett schimmerten.[228] Es folgten der Ulve-Gletscher in der Dunér-Bay (12. August), der Hayes-Gletscher in der Mohn-Bay, der Usher-Gletscher und der Krogh-Berg (13. August), wo zwei Eisbären erlegt und in den folgenden Tagen verspeist wurden, sowie die Wiche-Bay mit dem damals über 20 km breiten Negri-Gletscher (14. August).[229] Diese Tour de Force setzte die „Oiland" auch in den nächsten Tagen mit den Besuchen zahlreicher Buchten und Gletscher fort, teilweise jeweils für nur wenige Stunden.[230] Am 18. August machten sie wieder in Barentsburg fest.

Je näher das Ende der Reise rückte, desto ausgelassener wurde die Stimmung der Teilnehmer. „Todt trinkt 96% Feinsprit aus Maggi-Deckel", notierte Gripp.[231] Er selbst schlief jedoch zunehmend schlecht, weil er sich um die Finanzierung der Rückreise sorgte. Gripp war sogar gezwungen, die „Oiland" für die wenigen Tage, die er in der Nähe von Barentsburg verbrachte, an Professor Camill Montfort (1890–1956) aus Halle für dessen botanische Untersuchungen zu vermieten.[232]

---

224 Ebd., Eintrag vom 31.07.1927.
225 Ebd., Eintrag vom 03.08.1927 siehe auch den Eintrag vom 04.08.1927: „Knothe kann zum Locus krabbeln!"; GRIPP, Hamburgische Spitzbergen-Expedition, S. 150.
226 Ebd., Eintrag vom 07.08.1927; die Stimmung war offenbar wieder ausgelassener: „Abends alle 4 in Kajüte gesungen".
227 GRIPP, Hamburgische Spitzbergen-Expedition, S. 151.
228 AGL, Kasten 831, Spitzbergen II, Tagebuch Gripp 1927, Eintrag vom 09.08.1927; GRIPP, Hamburgische Spitzbergen-Expedition, S. 152.
229 Ebd.
230 Bspw. die Vossen-Bay auf der Barents-Insel (15. August), der Duckwitz-Gletscher (16. August) oder Kap Lee auf der Edge-Insel mit dem Rosenbergtal.
231 AGL, Kasten 831, Spitzbergen II, Tagebuch Gripp 1927, Eintrag vom 17.08.1927.
232 Ebd., Eintrag vom 08.08.1927, zumindest findet sich ein Eintrag, er habe die „Oiland f. 200 Kr. Verscherbelt". Da er das Schiff weiter nutzte, bleibt nur diese Erklärung; vgl. auch die Einträge vom 18. und 26.08.1927, nachdem Montfort mit der „Oiland" aufgrund seines „Leichtsinns" für einen Tag im Eis festgesteckte.

Abb. 6. *Landschaftsvermessung mittels Theodolit durch die mitreisenden Geographen Herbert Knothe und Carl Schott.*

Am 20. August brachen Gripp, Todtmann, Knothe und Schott zu einer letzten Unternehmung mit der „Oiland" zum Bellsund und der van Mijen-Bay mit dem Paula-Gletscher auf. Zwei Tage später wurde noch ein Teil der Grundmoränenlandschaft am Nathorst-Gletscher in der van Keulen-Bay topographisch aufgenommen, am 23. August ein Stück der Penck-Moräne. Tags darauf kehrte Gripp noch einmal in den Farm-Hafen am Vorlandsund zurück, um die Moräne des Venern-Gletschers zu untersuchen, während die übrigen Teilnehmer bis zum 25. August einen Abstecher in die Möller-Bay unternahmen. Dann begannen die Vorbereitungen für die Heimreise, die Gripp für einige letzte „Besuche" nutzte. Auf der Radiostation lernte er den norwegischen Ozeanographen und Arktisforscher Professor Harald Ulrik Sverdrup (1888–1957) aus Bergen kennen, der gerade zu Strahlungsmessungen auf Spitzbergen war. Aufmerksam ließ er sich die Organisation des Bergen-Instituts schildern, das aus Stiftungsgeld entstanden, von wissenschaftlichen Gesellschaften ausgestattet, aber aus Staatsgeld finanziert wurde.[233] Zudem machte gerade Professor Bruno Schulz (1888–1944) von der Deutschen Seewarte mit seinem Forschungsschiff „Poseidon" auf dem Rückweg aus der Barents-See

---

233 Ebd., Eintrag vom 26.08.1927.

in Barentsburg Station und bot an, einen Großteil der Ausrüstung und des Probenmaterials mit nach Deutschland zu nehmen.[234]

Noch in der Nacht des 27. August trat Gripp mit seiner Expedition auf der „Oiland" die Heimreise an. Trotz eines aufkommenden Sturms entschied sich die Besatzung, die Überfahrt nach Tromsø zu wagen. Anfangs brach sich noch die Erleichterung über den absehbar erfolgreichen Abschluss der Expedition Bahn, insbesondere bei Emmy Todtmann.[235] Doch am 31. August geriet die „Oiland" in eine kritische Situation. Bei stürmischer See kam es zu einem Wassereinbruch im Übergang von Schraubenwelle und Rumpf. „Wir haben uns natürlich nicht viel dabei vorstellen können", gab der seemännisch wenig bewanderte Gripp zu. Die Mannschaft geriet aber in Panik, insbesondere Daniel Svensen, der schon im Frühjahr im Packeis Schiffbruch erlitten hatte. Dennoch gelang es, das Leck provisorisch abzudichten und die Fahrt fortzusetzen.[236] So erreichten sie am 2. September „nach einer nicht übermäßig angenehmen Fahrt" ihr Ziel.[237] Die Erleichterung der Katastrophe entkommen zu sein, ließ nun auch Gripp – zumindest kurzzeitig – alle Distanz verlieren: „Laue Sommernacht. Todt mit anliegenden Haaren im Wind. Geküsst. [...] Photographiert. Möglichst wilde Gestalten."[238] Mit welch knappen Mitteln sie die Rückfahrt bestreiten mussten, zeigt sich daran, dass Gripp der Besatzung der „Oiland" den verbleibenden Alkohol schenkte, um Zoll zu sparen.[239] Auch die Rückfahrt nach Narvik auf dem Dampfer „Midnatsol" und die anschließende Bahnfahrt durch Schweden konnte Gripp nur bezahlen, weil der „ehrliche" Schiffseigner Ottar Johnsen ihm den Gegenwert der verbliebenen elf Fässer Öl erstattete.[240] Am 8. September kehrten Gripp und Todtmann nach Hamburg zurück.[241]

3.2.3. Ergebnisse und Veröffentlichungen

Die im Vergleich zur ersten Unternehmung deutlich gesteigerte Professionalität der Reise von 1927 lässt sich auch daraus ablesen, dass das Geologische

---

234 GRIPP, Hamburgische Spitzbergen-Expedition, S. 154.
235 AGL, Kasten 831, Spitzbergen III, Tagebuch Gripp 1927, Eintrag vom 27.08.1927: „Küsse mit Pflaumenkernen [...] Beisskampf mit Knothe [...] Duzerei mit Knothe und Schott" verzeichnete Gripp gleichermaßen irritiert wie fasziniert die innige Vertrautheit zwischen seinen Kollegen.
236 Ebd., Eintrag vom 31.08.1927.
237 GRIPP, Hamburgische Spitzbergen-Expedition, S. 154.
238 AGL, Kasten 831, Spitzbergen III, Tagebuch Gripp 1927, Nachtrag zum 01. und 02.09.1927.
239 Ebd. Eintrag vom 03.09.1927.
240 Ebd.: „Ich war gerettet u. hatte wieder Auftrieb".
241 GRIPP, Hamburgische Spitzbergen-Expedition, S. 154.

Staatsinstitut bei Gripps Rückkehr erstmals eine Pressemitteilung[242] hierzu veröffentlichte, die von einigen Hamburger Zeitungen nahezu im Wortlaut übernommen wurde.[243] Interessant ist dabei, dass kaum auf die geologischen Ergebnisse „der hamburgischen Expedition" eingegangen wurde, sondern vielmehr die Eis- und Schneelage thematisiert wurde. So ist die Rede von „ungebrochenem Wintereis", „größere Treibeismassen [hätten] das Fahrzeug zeitweise umschlossen" und festgehalten. Nur „der Zufall" habe es so gefügt, dass die Expedition ein völlig eisfreies Gebiet besuchen konnte, „an dem Filchner [...] 17 Jahre früher ein unwirtliches, ganz von Wintereis bedecktes Meer vorfand."[244] So wurde versucht, Gripp in eine Linie mit der früheren deutschen Arktisforschung zu stellen und seiner vor allem für die Wissenschaft interessanten Unternehmung einen populären Touch zu verleihen. Der Verweis auf „guterhaltene Saurierreste aus der Triaszeit", die Gripp nach Hamburg brachte, zeigen Gripps Gespür dafür, auch geologische Laien für seine Arbeit zu begeistern und das Interesse für seine Expedition – wohl auch im Sinne einer Rechtfertigung für die nicht unerheblichen Kosten – zu wecken. Dies galt in gleichem Maße für die öffentlichen Vorträge, die Gripp hielt, etwa vor der Geographischen Gesellschaft Hamburg. So berichtete der Hamburger Anzeiger am 2. Dezember 1927 über einen Vortrag Gripps „im überfüllten Saal des Ueberseeklub", in dem er seine „überreiche Kamera-Ausbeute" vorführte, die ein „fantastisches Totalbild Spitzbergens" vermittelt habe. Gripp, so lobte der Artikel, verstünde es „mit einer Anschaulichkeit, Frische und Sachkenntnis zu plaudern, [...] daß hier einmal – was selten ist – Genuß und Belehrung eins waren."[245] Tatsächlich war jedoch auch Gripps Reise von 1927 keine Abenteuerexpedition. Den wesentlichen Teil seines Tagebuchs nimmt die geologische Aufnahme ein, die in den Veröffentlichungen und Vorträgen dargestellte Dramatik nahm dagegen nur einen marginalen Teil ein. Gripp ging offenbar davon aus, dass er allein auf fachlich-geologischer

---

242 Schon am 27. Mai 1927 wurde folgende Erklärung des Mineralogisch-Geologisches Staatsinstituts an die Presse herausgegeben: „Der Kustos am Mineralogisch-Geologischen Staatsinstitut, Prof. Dr. Gripp, unternimmt in der Zeit vom 21. Mai bis zum 15. September in Begleitung mehrerer Hilfsarbeiter des Instituts eine Forschungsreise nach Spitzbergen"; so vermeldet von den Hamburger Nachrichten vom selben Tag.
243 Hamburger Nachrichten vom 13. September 1927; Hamburger Fremdenblatt vom 13. September 1927; Hamburgischer Correspondent vom 14. September 1927; alle Nachrichten finden sich auch in StA HH, 731-8, Nr. A 757, Zeitungsausschnitte (Gripp).
244 Zu Filchner vgl. KRAUSE, Reinhard: Zum hundertjährigen Jubiläum der Deutschen Antarktischen Expedition unter der Leitung von Wilhelm Filchner, 1911–1912, in: Polarforschung 81 (2011), 2, S. 103–126.
245 StA HH, 135-1 I-IV, Nr. 5053, Hamburger Anzeiger vom 2. Dezember 1927.

Basis deutliche geringere Chancen hatte, Gelder für weitere Expeditionen aufzutreiben. Stattdessen versuchte er auch, sich in der breiten Öffentlichkeit einen Namen zu machen. Gripp publizierte die Ergebnisse seiner Reise 1929 ausführlich in seinem umfangreichen Werk „Ergebnisse der Hamburgischen Spitzbergen-Expedition 1927"[246]. Es wurde zu einer von Gripps wichtigsten Arbeiten, die in zahlreichen anderen Publikationen über Geologie und Arktisforschung zitiert, auch Jahre später noch häufig als Beleg für Gripps außergewöhnliche Forschungsleistung herangezogen wurde und wie kein anderes für Gripps akademischen Aufstieg steht. Die eher mageren Ergebnisse der ersten Reise konnte Gripp so mehr als wettmachen.

Von den übrigen Teilnehmern veröffentlichte nur Knothe ein größeres Werk, allerdings erst im Jahr 1931, das zudem keine Reisebeschreibung enthält und sich auch nicht direkt auf die Expedition von 1927 bezieht.[247] Als Arktis-Forscher, das zeigt die häufige Erwähnung seines Werkes von 1929, war Gripp mittlerweile auch international hoch angesehen. Im November 1928 wurde Gripp von nun an „unter Beilegung der Amtsbezeichnung Professor" eine jährliche Zulage von 1.000 RM gewährt.[248]

3.3. Die Expedition nach Grönland von 1930

Gripps herausragende Reputation sorgte nur drei Jahre später für seine letzte und längste Arktis-Reise. Mitte Januar 1930 unterrichtete Gripp den Dekan der Mathematisch-Naturwissenschaftlichen Fakultät über Einladungen zu Vorträgen an die Technische Hochschule Delft in den Niederlanden sowie von der Dansk Geologisk Forening in Kopenhagen im März desselben Jahres. Dort interessierte man sich vor allem für seine quartärgeologischen Untersuchungen in Spitzbergen.[249]

Schon kurz darauf wurde Gripp vom Direktor der Danmarks Geologiske Undersøgelse eingeladen, „ähnliche Moränen-Untersuchungen wie 1927 in Spitzbergen" für den Zeitraum von Anfang Juni bis Ende September 1930 auf Grönland vorzunehmen.[250] Hierfür bat Gripp den Dekan der Mathematisch-Naturwissenschaftlichen Fakultät, Professor Wilhelm Lenz (1888–1957), um Beurlaubung, die ihm umgehend gewährt wurde.[251]

---

246 GRIPP, Hamburgische Spitzbergen-Expedition.
247 KNOTHE, Herbert: Spitzbergen. Eine landeskundliche Studie, in: Ergänzungsheft Nr. 211 zu „Petermanns Mitteilungen" 1931, S. 1–109.
248 LASH, Abt. 47, Nr. 6596, Schreiben der Hochschulbehörde an Gripp vom 09.11.1928.
249 StA HH, 361-6 Nr. IV 2197, Schreiben Gripp an Dekan Lenz vom 13.01.1930.
250 StA HH, 361-6 Nr. IV 2197, Schreiben Gripp an Dekan Lenz vom 15.05.1930.
251 StA HH, 361-6 Nr. IV 2197, Mitteilung Dekan Lenz an die Hochschulbehörde vom 16.05.1930.

Über die Zielsetzung wie auch die Finanzierung der Expedition lässt sich vergleichsweise wenig sagen. Die wesentlichen Kosten wurden von der dänischen Rask-Ørsted-Stiftung übernommen.[252] Laut ihres Jahresberichts wurden für Gripp und seinen Begleiter 5.000 dänische Kronen bereitgestellt.[253] Zumindest aus den Aufzeichnungen Gripps aus seinem Tagebuch lässt sich vermuten, dass darüber hinaus die Verbindungen der Stiftung zum dänischen Staat genutzt wurden, um auf weitere Ressourcen vor Ort (etwa Unterkunft bei Vertretern der dänischen Verwaltung sowie deren Transportmittel) zurückzugreifen. Insgesamt schüttete die Rask-Ørsted-Stiftung im Jahr 1930 210.000 dänische Kronen aus, der Anteil für Gripp und seinen Begleiter hieran war also keine geringe Summe.[254] Dies ist umso beeindruckender, führt man sich vor Augen, dass die Stiftung, ähnlich wie die deutsche Notgemeinschaft der Deutschen Wissenschaft ein umfassendes wissenschaftliches Spektrum – eben nicht nur Geologie – förderte und Gripp zudem kein dänischer Staatsangehöriger war. Der dänische Geologe Lauge Koch (1892–1964) beispielsweise war im Jahr zuvor für eine Expedition nach Ostgrönland lediglich mit 1.500 Kronen gefördert worden.[255] Daneben erhielt Gripp von der Universitätsgesellschaft in Hamburg eine Reisekostenbeihilfe in Höhe von 600 RM.[256]

Das genaue Ziel der Expedition bleibt dagegen weitgehend unklar. Während der Bericht der Rask-Ørsted-Stiftung lediglich „geologiske Undersøgelser i Grønland" angibt[257], spricht Gripp wie schon erwähnt, von den ähnlichen „Moränen-Untersuchungen wie 1927 in Spitzbergen" am Rand des Inlandeises, bei denen er „gleichzeitig ein jüngeres Mitglied der Dänischen Geologischen Landesanstalt" mit seiner Auffassung über Moränenbildung vertraut machen solle.[258] Bei diesem jungen Geologen handelte es sich um den „Cand. mag." Sigurd Hansen (1900–1973), also noch einen Studenten, der aber schnell Gripps fachliche Anerkennung fand.[259]

---

252 StA HH, 361-6, Nr. IV 2197, Schreiben Gripp an Dekan Lenz vom 15.05.1930; vgl. RASK-ØRSTED FONDET: Beretning for 1929–30, Kopenhagen 1931.
253 Ebd., S. 6, Nr. 77.
254 Ebd., S. 5.
255 Ebd., S. 4, Nr. 60.
256 StA HH, 361-6 Nr. IV 219,7, Schreiben Dekan Lenz an Gripp vom 07.06.30 worin er Gripp den Beschluss der Universitätsgesellschaft vom 05.06.30 mitteilte.
257 RASK-ØRSTED FONDET, Beretning for 1929–30, S. 6, Nr. 77.
258 StA HH, 361-6, Nr. IV 2197, Schreiben Gripp an Dekan Lenz vom 15.05.1930.
259 Sigurd Hansen (1900–1973) ist nicht zu verwechseln mit Sigurd Scott-Hansen (1868–1937), einem Teilnehmer der Fram-Expedition Fridtjoff Nansens 1893–1896; vgl. auch NIELSEN, Niels: Sigurd Hansen 4. september 1900–19. oktober 1973, in: Geografisk Tidsskrift 74 (1975), S. 3.

3.3.1. Reiseverlauf

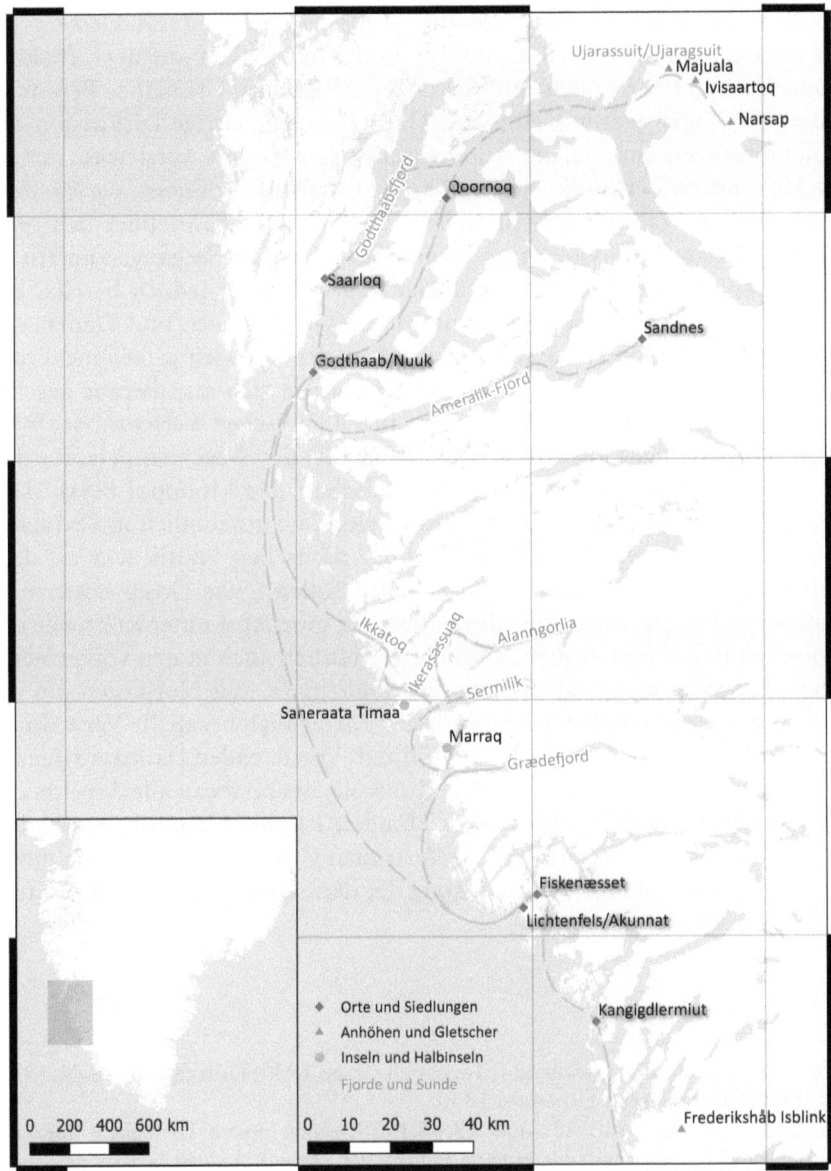

Abb. 7. *Reiserouten Karl Gripps und Sigurd Hansens in Westgrönland 1930.*

Gripps dritte Aktis-Reise begann am 12. Juni 1930. Zunächst fuhr er mit der Bahn nach Kopenhagen, wo er einen Tag später Professor Poul Nørlund (1888–1951), den Vorsitzenden der Rask-Örstedt-Stiftung traf. Gemeinsam mit Sigurd Hansen verließ er am 14. Juni Kopenhagen auf der „Disko", einem Dampfer für Fracht und Passagiere, Richtung Grönland. Bereits in den ersten Tagen waren Gripp und Hansen in eine eifrige Diskussion der Schichtenfolgen entlang der norwegischen Küstenlinie verstrickt, die sie am 18. Juni an der Südküste der Färöer fortsetzen konnten, wo sie dem traditionellen Walfang beiwohnten.[260] Die folgende Fahrt über den offenen Nordatlantik musste Gripp wegen des schweren Seegangs zumeist in seiner Kajüte verbringen.[261] Die übrige Zeit nutzte er jedoch bereits, um auf dem Schiff erste wichtige Kontakte zu Grönländern und Dänen wie dem dänischen Oberst Larsen zu knüpfen, der wie Gripp fließend Französisch sprach. Gerade die Grönländer erwiesen sich als überaus gesellig und gaben bereitwillig Auskunft über ihre heimischen Verhältnisse.[262] So erfuhr Gripp einiges über die strenge Kontrolle des Warenhandels, für den die Dänisch-Grönländische Handelsgesellschaft das Monopol besaß. Das galt auch für die Einfuhr von Lebensmitteln, die vornehmlich in Grönland selbst produziert werden sollten. Ziel der dänischen Politik war es, dass „Grönländer wie Dänen vom Lande leben sollen", wie Gripp notierte.[263] Daneben sollten Kontakte zur die Außenwelt möglichst unter Kontrolle der dänischen Regierung bleiben. Dies lag vermutlich auch in den völkerrechtlichen Auseinandersetzungen zwischen Dänemark und Norwegen um ein Gebiet im Osten Grönlands begründet.[264] Tatsächlich besaß die Verwaltung Grönlands (Grønlands Styrelse) unter ihrem Vorsitzenden Daugaard-Jensen (1871–1938) nahezu unbeschränkte Kontrolle über nahezu alle Aspekte der öffentlichen Verwaltung bis hin zu Handel, Kirche, Gesundheit und Bildung.[265] Gerade dies zeigt, welches Vertrauen Gripp genossen haben muss. Seine Reise wäre ohne die Einwilligung der dänischen Administration kaum denkbar gewesen.

---

260 AGL, Kasten 831, Grönland I, Tagebuch Gripp 1930, Eintrag vom 18.06.1930.
261 Ebd., Einträge vom 19.-24.06.1930.
262 Ebd., Einträge vom 22. und 23.06.1930; einen ersten Überblick über die Geschichte Grönlands bietet etwa FLEISCHER, Jørgen: A short history of Greenland, Kopenhagen 2003.
263 Ebd.
264 Zu dem Streit um das von Norwegen als „Erik Raudes Land" bezeichnete Gebiet Ostgrönlands Anfang der 1930er Jahre; vgl. etwa DRIVENES, Conquerors, S. 299.
265 SØRENSEN, Axel Kjær: Denmark-Greenland in the twentieth Century (Meddelelser om Grønland, Man & Society, 34), Kopenhagen 2006, S. 33.

Am 22. Juni kam mit Cap Farwell erstmals die Küste Süd-Grönlands in Sicht, zwei Tage später erreichten sie den Hauptort Godthaab.[266] Dort wurden sie vom Bestyrer[267] Simons in Empfang genommen, der Gripp und Hansen zum Distrikt-Landvogt Marksen brachte, bei dem sie während ihres Aufenthalts in Godthaab wohnen konnten. Da sich in Gripps Tagebuch keine Abrechnung mit Marksen findet, lässt sich davon ausgehen, dass diese Unterkunft durch die Rask-Ørstedt-Stiftung im Vorfeld organisiert und ggf. auch bezahlt wurde. Diese Vermutung wird auch dadurch gestützt, dass sich anders als bei den Spitzbergen-Expeditionen generell kaum Abrechnungen finden, die über Dinge des täglichen Bedarfs hinausgingen. Am Tag nach der Ankunft begann Gripp sich im Rahmen seiner üblichen Besuche um die wichtigen Aspekte der weiteren Reise zu kümmern. Zunächst traf er sich mit einem Sysselmann, um eine Transportmöglichkeit zur ersten Station, dem Fischerort Fiskenæsset[268], sowie den notwendigen Proviant zu organisieren – „mit gutem Erfolg", wie er sich notierte.[269] Eine weitere wichtige Station war das Seminar von Godthaab, in dem Priester und Lehrer für ganz Grönland ausgebildet wurden und die deshalb gut in den meisten Ortschaften vernetzt waren. Bevor sie zu ihrer ersten Station aufbrachen, verabschiedeten sie sich von Nørlund, der sie auf dem Hinweg begleitet hatte, nun aber zu eigenen archäologischen Arbeiten mit dem Architekten Aage Roussel in Sandnæs bei Kilaersarfik aufbrach.[270] Zuvor schon hatte Gripp weitere „Besuche gemacht", u.a. bei Dr. Börresen einem Arzt aus Godthaab, der mit Dr. Abs aus Barentsburg auf Spitzbergen in Verbindung stand.[271] Mit dessen Motorboot brachen Gripp und Sigurd Hansen schließlich zu ihrer ersten Etappe auf.[272]

---

266 AGL, Kasten 831, Grönland I, Tagebuch Gripp 1930, Eintrag vom 24.06.1930; Godthaab heißt heute Nuuk; zahlreiche Orte haben heute ihre dänischsprachige Bezeichnung verloren oder existieren nicht mehr. Aus Gründen der Übersichtlichkeit werden auch außerhalb von Quellenzitaten im Folgenden diejenigen Ortsnamen verwendet, die den Gripp'schen Aufzeichnungen entsprechen.
267 Ein höherer Verwaltungsbeamter
268 Heute Qeqertarsuatsiaat.
269 AGL, Kasten 831, Grönland I, Tagebuch Gripp 1930, Eintrag vom 25.06.1930.
270 Ebd., Eintrag vom 26.06.1930: „12 ½ [Uhr] reisten Norlund u. Russel ab!" Zur Ausgrabung vgl. ROUSSEL, Aage: Sandnes and the neighbouring farms (Meddelelser om Grønland, 88/2), Kopenhagen 1936.
271 AGL, Kasten 831, Grönland II, Tagebuch Gripp 1930, Eintrag vom 09.08.1930.
272 AGL, Kasten 831, Grönland I, Tagebuch Gripp 1930, Eintrag vom 26.06.1930.

Abb. 8. *Anlegendes Motorboot. Vermutlich handelt es sich um das Boot Dr. Börresens.*

Nachdem sie den mittlerweile aufgegebenen Ort Lichtenfels passiert hatten, der einst den Herrnhuter Missionaren als Ausgangspunkt gedient hatte, erreichten sie am 26. Juni den „Färinger Hafen", eine Siedlung, die Fischern von den Färöern als Ausgangspunkt für Fischfang, zum Aufnehmen von Frischwasser und Lagerung ihres Fanges zugewiesen worden war. Nach einem Höflichkeitsbesuch beim örtlichen Bestyrer Möller[273] fuhren sie am nächsten Tag in den Hafen Fiskenæsset, einem Fischerort südlich von Godthaab, ein. Unterkunft bot ihnen der Bestyrer Jacobsen, während Gripp und Hansen abends bei Pastor Karl Chemnitz und dessen Frau eingeladen waren. Chemnitz war Grönländer, seine Frau „reine Dänin"[274], der deutsche Name dürfte auf die Herrnhuter Mission zurückgehen. Wie die Kiefs auf Spitzbergen wurden die Chemnitz' schon bald zu einer wichtigen Anlaufstelle für Gripp, da sie weitreichende Kontakte hatten (ihre Familie war, nach Gripps Tagebuch zu urteilen, über ganz Westgrönland verteilt) und offenbar auch sehr zur Geselligkeit neigten. Als am selben Abend der Motorschoner der

---

273 Ebd.
274 Ebd., Eintrag vom 27.06.1930.

Grönlandverwaltung „Klapmytsen" in den Hafen einlief, lud Chemnitz kurzerhand Besatzung und Passagiere zu sich ein. So lernte Gripp an diesem Abend auch den Grönländer Hans Heinrich[275] aus Kangeq Herrnhut kennen, den er für „6 Kr. Handgeld, 3 Kr. täglich" – allerdings bei eigener Beköstigung – als Gehilfen engagierte.[276]

Am 28. Juni brachen Gripp und Hansen zum Isblink-Gletscher südlich von Fiskenæsset auf. Auf dem Weg lag die kleine Siedlung Kangigdlermiut, wo Gripp sich auch für einige alte „Eskimo Ruinen" interessierte. Am Ausläufer des Gletschers lag der Siorak, ein Gewirr kleinerer Bäche und Priele, die immer wieder ihren Verlauf änderten. Es war ein Gebiet, in dem er viele Ähnlichkeiten mit der schleswig-holsteinischen Westküste erkannte. Da es unmöglich war, mit dem Boot näher an den Gletscher heranzufahren und der Schwemm- und Dünensand den Transport zu Fuß sehr beschwerlich machte, mussten sie ihr Ausrüstungsdepot auf einer kleinen Insel an der Küstenlinie anlegen. Ihr Lager schlugen sie auf der Tulugartalik-Insel auf, die vor dem Gletscher lag und offenbar häufig von grönländischen Jägern besucht wurde.[277] Hier blieben sie fast einen Monat bis zum 25. Juli und studierten ausgiebig die Randzone, v.a. die Abtaufläche des Gletschers. Gripp und Sigurd Hansen gingen dabei sehr systematisch vor. Zunächst stellte Gripp eine schematische Gliederung des Eisrandes her, wobei ihm eine Karte hilfreich war, die ihm der Nordschleswiger Jensen überlassen hatte, den er ebenfalls während der Reise nach Grönland kennengelernt hatte.[278] An einzelnen Stellen hackten und gruben sie den Boden auf, um die geologischen Schichten und die Auftautiefe zu bestimmen.[279] Den Rand des Gletschers, die Moränen und das Vorland vermaßen Gripp und Hansen mit einem Theodolit (ein Winkelmessinstrument), den Gripp sich aus dem Geologischen Staatsinstitut ausgeliehen hatte. Zunächst war eine Reihe von Probemessungen erforderlich, denn Gripp hatte weder Erfahrung, noch Ahnung von der Funktionsweise des Geräts.[280] Später wurde

---

275 Ebd. Eintrag vom 31.06.1930; in Gripps Aufzeichnungen finden sich zahlreiche unterschiedliche Schreibweisen, „Hans Heinrich" ist jedoch die häufigste Form und wird daher auch hier verwendet.
276 Ebd., Eintrag vom 27.06.1930.
277 Ebd., Eintrag vom 29.06.30 und 02.07.1930: „Grönländischer Zeltplatz. Namen auf Felsen in Flechten eingeritzt."
278 Ebd., Eintrag vom 30.06.1930.
279 Vgl. beispielsweise ebd.: „Auftautiefe zu 0,80 gemessen. Darunter Eis."
280 Ebd., Einträge vom 05. und 06.07.1930: „Zunächst Theodolit aufgestellt und ausprobiert; Abends endlich den Entfernungsmesser kapiert."

dann allerdings recht häufig „trianguliert"[281], wobei allerdings seltener die Messergebnisse in Gripps Tagebuch festgehalten wurden. Denkbar wäre, dass er hierfür eine gesonderte, nicht überlieferte Messkladde verwendete oder Hansen die Daten aufnahm. Aber nicht nur für die Geologie, sondern auch für den Pflanzenbewuchs am Isblink interessierte er sich, wie den häufigen Aufzeichnungen hierüber zu entnehmen ist.[282] Wichtig war für Gripp, wie schon auf den anderen Expeditionen, die Arbeit an und auf den Moränen, während sie sich kaum auf den Gletscher selbst, geschweige denn Richtung Inlandeis verirrten.[283] Vielmehr versuchten sie, entlang der Küstenlinie Unterschiede im Abtaugebiet festzustellen, was sich wegen der Landschaftsverhältnisse[284] im Delta und wegen des Wetters als schwierig erwies.[285] Depot und Lagerinsel waren durch das Anschwellen des Siorak häufiger vom Festland abgeschnitten.[286]

---

281 Vgl. beispielsweise ebd., Eintrag vom 06. und 07.07.1930: „v.d. Station Lagermöwe triangulieren"; „Trianguliert. Wenn Hans Heinrich Treibholz zum Messpunkt markieren holen sollte, haben wir es ihm im Fernrohr gezeigt. Dann verstand er".
282 Ebd., Eintrag vom 07.07.1930: „Verhältnis Pflanzenwuchs zu Inlandeis…" und vom 04.07.1930 „Auf der gründen Tundra".
283 Es findet sich hierfür ebd. nur ein Eintrag vom 15.07.1930: „Schließlich sind wir auf das Eis festliegend etwas über 200 m hoch. Wir waren wohl 3–4 Stdn. auf das Eis hinauf."
284 Ebd., Eintrag vom 24.07.1930: „Vorstoß in Süden gewagt. Manchmal Treibsand. Als wir vor der grünen Insel waren. Kam v. Hinten Nebel u. nun war Schluß! Eine Entfernung fehlte! Und das interessante Gebiet nicht studieren zu können. Wütend heim!"
285 Ebd., Einträge vom 19. und 21.07.1930: „Schneetreiben"; „Barfuss angenehm bei der Temperatur. S.H. querte Gl. Randfluss im Hemd."
286 Ebd., Einträge vom 01., 02., 09., 15. und 17.07.1930: „Nachts Regen"; „Nachts hat es sehr stark geregnet. Morgens zeitweise Sturm […] Wir können nicht fort, da Siorak voll Wasser"; „Es hat die ganze Nacht gegossen. Es gießt den ganzen Tag"; „der Siorak fürchterlich, weil über die Hälfte blankes Wasser"; „Wieder ein verlorener Tag. […] Jetzt haben wir hier 10 Schlecht u nur 11 Gutwettertage gehabt".

Abb. 9. Sigurd Hansen mit grönländischen Helfern im Abtaugebiet des Frederikshaab-Gletschers.

Neben dem Wetter war auch die Versorgung mit Lebensmitteln ein Problem, vor allem da der Grönländer Hans Heinrich nicht genügend Proviant mitgebracht hatte.[287] Dennoch erwies es sich als Glücksfall, dass Gripp ihn engagiert hatte, nicht nur weil er den beiden Europäern zeigen konnte, wie man sich sicher in dem schwierigen Gelände bewegte[288], sondern weil er Gripp auch zu eindrucksvollen Bekanntschaften mit weiteren Grönländern verhalf. Als Heinrich am 13. Juli mit dem Schiff „Björn" aus Fiskenæsset zurückkehrte, brachte er nicht nur frischen Proviant[289], sondern auch die einheimischen Familien Klemensen (denen die „Björn" gehörte) und Eliasen, die offenbar neugierig auf die beiden Forscher waren. Gripp hingegen faszinierten offenbar besonders die jungen Grönländerinnen, deren Namen

---

[287] Ebd., Einträge vom 5., 9. und 10.07.1930: „Abendessen bescheiden. Hansen hat ungenügend eingekauft."; „Hans Heinrich hat keinen Proviant mehr. Wir werden ihn zurückschicken müssen"; „endlich entschlossen Hans Heinrich nach Fiskenas zu senden um Proviant für sich und uns Brot zu holen."

[288] Ebd., Eintrag vom 21.07.1930: „heftiger Schwemmsand in den ich mehrfach bis an die Knie einsank."

[289] Ebd., Eintrag vom 13.07.1930.

und Alter er genauestens notierte und über die er sich auch sonst allerlei Notizen machte.[290] Die umfangreichen, stets freundlichen und auch viele Nebensächlichkeiten umfassenden Einträge zeigen dabei, dass Gripp sich nicht nur für die Steine und Geschiebe Grönlands, sondern eben auch für dessen Bewohner interessierte, zu denen er später sogar einige Veröffentlichungen verfasste. Auch als die beiden Familien nach einer Woche wieder abreisten, blieb es für ihn und Hansen gesellig, denn noch am selben Tag traf Hans Heinrichs Familie in traditionellen Häutebooten („Mumiaks") zu einer „Sommerfrische" ein, die ebenfalls zu einem beliebten Thema von Gripps Aufzeichnungen wurde.[291] Insgesamt waren die Besuche eine willkommene Abwechslung zu der Eintönigkeit und Untätigkeit, zu der Gripp und Hansen aufgrund des schlechten Wetters die meiste Zeit verdammt waren. Trotzdem zeigte sich Gripp mit seinen Arbeitsergebnissen zufrieden und feierte seine bisherigen Ergebnisse schon als seinen ganz persönlichen Südpol.[292] Am 25. Juli endete der Aufenthalt am Isblink-Gletscher. Hansen und Gripp wurden von Oberkatechet Lynge, den er im Godthaaber Seminar kennen gelernt hatte und der auch als Übersetzer fungierte, zusammen mit Stefanie, der Tochter Hans Heinrichs, in einem Motorboot abgeholt.[293] Nach einem Abstecher zu Hans Heinrichs Mutter in Kangigdlermiut machten sie wieder Station bei Bestyrer Jacobsen in Fiskenæsset.[294] An den umfangreichen und ganz allgemeinen Notizen zur

---

290 Ebd., Eintrag vom 14.07.1930, mit einer sehr sorgfältig geschriebenen Liste der Namen jeweils mit dem Alter dahinter. „Die 2 Mädels europäisch gekleidet, sogar dickere helle Hose, sah ich bei einer."
291 Ebd., Eintrag vom 22.07.1930: „2 Zelte je eins für alte u. Junge Familie. Drinnen ordentlich, [...] Mutter fleissig. Die Frau Kathrine des ältesten Sohnes fand ich sehr interessant. Viel photographiert. [...] Johanne u. Medea kamen mit um Geld zu empfangen. [...] Schnaps. Als es schlechtes Wetter wurde, saßen alle bei uns im Zelt, dann verschwanden alle, sogar Hans Heinrich zog zur Depot Insel fort. Nur die Mädels blieben. Das war doch sehr entgegen Kommend. Aber wir haben die Mädels bald danach entlassen mit S.H. als Gefährten... ist nichts zu wollen."
292 Ebd., Eintrag vom 13.07.1930, Titel einer Skizze der Moräne am Isblink: „Mein SüdPol."
293 Ebd., Einträge vom 24. und 25.07.1930.
294 Ebd., Eintrag vom 25.07.1930: „Hans Heinrich hat [...] die ganze Gegend bereist. Kennt gut das Fahrwasser. [...] Stimmungsvoll auf dem Ikartok [Ikkatoq]. Besonders als Mädels kurz vor dem Lager noch einen Psalm sangen. [...] Besuch in Kangidlermenut [Kangigdlermiut] um Hans Heinrichs 73 jähr. Mutter zu holen. Sie hauste allein dort, während der Sommertour ihrer Kindeskinder. [...] Das Godt Dag der Alten war hoch romantisch. Beim Schein der Tranlampe u Kerzen. S.H. u. ich halfen der Alten in der Dunkelheit. [...]. Joanne schlief in meinem Arm, auf ihr Medea [...]. Großer Familien Zus.halt."

Bevölkerungsentwicklung, zur Wirtschaft auf Grönland und zu den Einkommensverhältnissen, die sich Gripp zu machen begann, zeigte sich sein spürbar steigendes Interesse an den Grönländern.[295] Daneben interessierte sich Gripp auch für die Spuren der frühen Besiedelung Grönlands, wie sich etwa an seinem Besuch der im Tidengebiet um Fiskenæsset liegenden Hausruinen zeigt.[296]

Nach einem großen Fest schied Gripp schweren Herzens von Hans Heinrich und dessen Familie.[297] Am 30. Juli wurden Gripp und Hansen vom Bestyrer Simons auf dem Schoner „Klapmytsen" zur nächsten Station im Sermilik-Fjord gebracht. Zuvor machten sie Halt bei einem alten „Boplads" am Grædefjord, um Jakob Jacobsen, den Verlobten von Medea Heinrich abzuholen. Er wurde Hans Heinrichs Nachfolger als Gehilfe Gripps. Am Abend bezogen sie ihr Lager am Sermilik, nahe dem Gletscher der Marrak-Halbinsel.[298] Um sich in dem schwierigen sumpfigen Gebiet zu bewegen, mussten sie jedoch stets ihr mitgeführtes Ruderboot benutzen und hatten zudem mit Mücken zu kämpfen. Davon zeugen nicht nur Gripps zahlreiche Einträge über diese „Plage", sondern auch deren plastische Hinterlassenschaften in seinen drei Tagebuchheften.[299] Am 1. August besuchte sie dort der Arzt Dr. Börresen aus Godthaab. Nach einem reichhaltigen Mittagessen mit „viel Alkohol" schleppte Börresen sie Richtung Westen zur Nordseite der Insel Saneraata Timaa, wo Gripp seine schon auf Spitzbergen ausgiebig studierten Fließerde-Hänge erkannte und zahlreiche Brodelböden fand.[300] Trotz der offenbar feucht-fröhlichen Begegnung mit Börresen begann sich das Verhältnis zwischen Gripp und Hansen zu verschlechtern, sie sprachen

---

295 Ebd., Eintrag vom 26.07.1930, Gripp zitierte aus dem Bericht von „Grönlands Styrelse" zur Einwohnerentwicklung und nahm einige Berechnungen zu Gehältern (Pastoren und Katecheten) und Einnahmen aus dem Fischfang vor.
296 Ebd., Eintrag vom 26.07.1930: „Nachmittags Fahrt zu tief liegenden [...] fortgespülten Hausruinen innerhalb von Fiskenas."
297 Ebd., Eintrag vom 27.07.1930: „Großartig zu Abend gegessen, Pastor Chemnitz u. Frau waren dabei [...]. Abends zur Danzemusik, auf Fischsalzer [...] variable Polka z.T. Mit schnellem Getrampel. Medea forderte mich durch Überreichen eines Taschentuches auf. Hernach noch mal mit Joane getanzt.";
ebd., Eintrag vom 30.07.1930: „10 Uhr Abfahrt. Hans Heinrich, Medea, Joane, Ingeborg, Konrad Jacobsen u. viele andere waren an der Brücke. Schweren Herzens schied ich! Komisch. Nie wieder in deinem Leben kommst Du hier her."
298 Ebd., Eintrag vom 31.07.1930.
299 beispielsweise Ebd., Eintrag vom 31.08.1930: „Fürchterliche Mückenplage", auf zahlreichen Seiten der drei Tagebücher sind auch heute noch Überreste der erschlagenen Mücken zu finden.
300 AGL, Kasten 831, Grönland II, Tagebuch Gripp 1930, Eintrag vom 01.08.1930.

immer weniger miteinander und begannen tagsüber teilweise ihrer eigenen Wege zu gehen.[301]

Kurz nach Börresens Abfahrt erreichte sie die Nachricht, dass ihnen kaum eine Woche blieb, um das Gebiet zu untersuchen, denn dann sollte die „Klapmytsen" sie auf ihrem Rückweg wieder abholen.[302] Sie mussten sich beeilen, um das weitläufige Gebiet des Alanngorlia östlich von Saneraata Timaa mit zahlreichen unterschiedlichen Moränen untersuchen zu können. Auch hier fotografierte Gripp viel, sammelte zahlreiche Gesteinsproben aus den Gletscherbächen, grub Brodelstellen auf und fertigte einige Skizzen der besuchten Moränen an, die Hansen zuvor vermessen hatte.[303] Aber auch hier interessierten sie sich für die Vegetation und besuchten einige in der Nähe gelegene Häuserruinen aus der Wikinger-Zeit.[304]

Schließlich holte die „Klapmytsen" sie am 6. August ab und nahm Gripp und Hansen nach Godthaab mit. Auf ihr reisten auch Pastor Karl Chemnitz mit seinem Bruder Jens und weiteren Priestern, die sich mit Gripp angeregt über die Zukunft der grönländischen Wirtschaft unterhielten.[305] Als sie abends ankamen, führte Gripp das Thema mit Landvogt Marksen, der zu einem eleganten Essen geladen hatte, weiter fort.[306] Neben Fragen der Verwaltung, kamen sie auch auf die schwierige Situation der Färinger Fischer in Grönland zu sprechen. Ihnen wollte das dänische Parlament das Recht einräumen, trotz der strikten Abschottungspolitik an weiteren Stellen Grönlands anlanden zu dürfen.[307] Marksen fürchtete, dies würde eine Durchbrechung des dänischen Handels-Monopols bedeuten, mit schwerwiegenden Folgen für das ohnehin fragile wirtschaftliche Gleichgewicht in Grönland.[308] Auch am nächsten Tag setzte Gripp seinen Exkurs in die

---

301 Ebd., Eintrag vom 02.08.1930: „Gestern war S.H. Etwas lebhafter, heute redet er schon wieder nicht mehr. Geht auf keine Frage ein, vielleicht, kaum oder ungefähr [...]. Verschwand abends ohne einen Ton zu sagen u. hatte Besteigung einer Höhe gemacht. Ich zufällig auch."
302 Ebd., Eintrag vom 03.08.1930, offenbar enttäuscht schrieb Gripp: „Das wars?"
303 Ebd., Einträge vom 03.-05.08.1930.
304 Ebd., Eintrag vom 05.08.1930: „Beim Hinweg auf Berge 2 Eskimogräber u. ein Grab für Kajak. Hinten lag Hausruine."
305 Ebd., Eintrag vom 06.08.1930: „Sehr vergnügliche u. interessante Fahrt mit den Priestern. [...] Viel mit Grönl. gesprochen. Fisch u. Schaf sind die Zukunft Grönlands."
306 Ebd., Eintrag vom 06.08.1930: „Abends b. Landvogt elegante Damen. Viel mit Landvogt unterhalten. Südgrönl. Schafzüchter hat ein Darlehen von 5000 Kr in 4 Jahren zurückgezahlt."
307 vgl. hierzu etwa SØRENSEN, Denmark-Greenland, S. 55.
308 AGL, Kasten 831, Grönland II, Tagebuch Gripp 1930, Eintrag vom 06.08.1930, Gripp amüsierte diese Ansicht: „woher hatte Jakob Jakobsen

Die Expedition nach Grönland von 1930

Wirtschaftswelt fort und ließ sich von Marksen eine Fischfarm zeigen, die zu einem experimentellen Wirtschaftszweig gehörte, dem allerdings wenig Zukunftschancen eingeräumt wurden.[309] Insgesamt zeigte sich Grönland zur Zeit der Reise Gripps in einem starken wirtschaftlichen und gesellschaftlichen Umbruch.

Am 8. August begann die nächste Etappe von Gripps und Hansens Reise. Dr. Börresen und dessen Frau nahmen sie nach Qoornoq mit, wo Gripp die beiden „Kajakmänner" Barsilai Hansen[310] und Tønnes Falksen als Begleiter engagierte. Noch am selben Tag landeten sie an einer Uferstelle des Ujarassuit, wo gerade die Familie Jørgensen, ebenfalls aus Qornoq kommend, ihr Jagdlager aufgeschlagen hatte.[311] Nachdem Gripp und Hansen noch einige Siedlungsreste inspiziert hatten, machten sie mit einem von Rafael Jörgensen gechartertem Häuteboot („Umiaksak") für einige Tage einen Abstecher zum Majuala-Berg und in die nähere Umgebung des Narsap-Gletschers.[312] Auch hier wurden die örtlichen Moränen fotografisch aufgenommen, wobei Gripp aber in zunehmendem Maße die grönländischen Jäger als Motiv entdeckte.[313] Andersherum interssierten sich die Grönländer aber offenbar nicht für das Treiben der beiden Geologen. Tønnes Falksen bat bald nach der Rückkehr ins Lager am Ujarassuit darum, alleine weiterreisen zu können.[314] Auch Sigurd Hansen nutzte die Gelegenheit, um Abstand zwischen sich und Gripp zu bringen und fuhr gemeinsam mit dem Grönländer Barsilai Hansen Richtung Majuala, um bei der Suche nach Ersatz zu helfen. Gripp blieb allein und desillusioniert zurück. Er besuchte einige der Moränen, ohne aber ausführliche Ergebnisse festzuhalten und machte Pläne, da das vorher festgelegte Programm

---

seine 25 Fl. Rotwein?", wohl wissend, dass er sie nur von den Färingern hatte kaufen können, da sie wegen der Beschränkungen offiziell gar nicht erworben werden konnten.
309 Ebd., Eintrag vom 07.08.1930: „Landsvogt erzählte Fischfarm rentiere sich nicht. Zu lange u. teure Erfahrungen sammeln müssen."
310 So die auf Grönland übliche Schreibweise dieses eher ungewöhnlichen Vornamens, Karl Gripp schrieb ihn allerdings „Barsilaj".
311 AGL, Kasten 831, Grönland II, Tagebuch Gripp 1930, Eintrag vom 09.08.1930.
312 Ebd.: „Wir haben Umiaksak gechartert, 3 Kr. Täglich 1 Sohn / 7 J. Soll mitrudern."
313 Ebd., Eintrag vom 11.08.1930: „Abmarsch der 3 Renntierjäger u. v. uns 2 […]. Am Eisrand überall zahlr. Renfährten. […] Die 3 Grönländer hatten gr. Rentierbok geschossen. Abends R-Zunge."
314 Ebd., Eintrag vom 13.08.1930: „Unser Begleiter Tønnes Falksen hat offenbar Heimweh. Er will fort. Ich würde ihn gerne gehen lassen, denn er ist sehr anspruchsvoll. Rafael Jörgensen will fragen ob in Majuola jemand für uns ist. Tønnes Abends entlassen."

offenbar abgearbeitet war.³¹⁵ Als Sigurd Hansen mit den Grönländern Amos Nielsen, Christian Lukassen und Barsilai Hansen zurückkehrte, zeigte sich Gripp begeistert von dessen personeller Auswahl, und so machten sich alle fünf am nächsten Tag zur Besteigung der Gletscher am Ujarassuit, erstmals also Richtung Inlandeis auf.³¹⁶ Bei dieser Exkursion stand für Gripp neben dem Geologischen und teilweise dem Botanischen vielmehr die Lebensweise der Rentierjäger im Fokus des Interesses, welche er nach seiner Rückkehr u.a. in seinem Aufsatz „Grönländische Rentierjäger" verarbeitete.³¹⁷ Der mehrtägige Ausflug endete am 20. August in einem weiteren grönländischen Jagdplatz am Ujarassuit.

Bei Gripp kamen jedoch erneut Zweifel an der Sinnhaftigkeit der Expedition auf und seine Stimmung schlug sich wohl auch auf die anderen Teilnehmer nieder.³¹⁸ Nachdem Sigurd Hansen mit den Grönländern Richtung Majuala aufgebrochen und Gripp erneut allein zurückgeblieben war, begann er sich mit den bisherigen Ergebnissen auseinander zu setzen. Immerhin konnte er feststellen: „Unterschied zw. Moränen bildg. bei Fels u. bei weichem Untergrund ist klar geworden. […] Rand des Inlandeises verteilt sich auf 200–500 km Entfernung schon so verschieden. Wichtig f. N. Dtschld."³¹⁹ Trotz der Förderung durch eine dänische Gesellschaft blieb sein Augenmerk also auf der Verknüpfung der grönländischen Verhältnisse mit denen Norddeutschlands während der Eiszeit.

---

315 Ebd., Eintrag vom 15.08.1930: „S.H. u. Barsilaj im boot nach Majuola um 1–2 Gehilfen zu werben. Ich daheim allein! Pläne gemacht u. geordnet. Sollen wir nach Sukkertoppen [Maniitsoq] u. in den Stromfjord?"
316 Ebd., Eintrag vom 15. und 16.08.1930: „Amos Nielsen 20 Jahre, ein großer kräftiger u hübscher Kerl aus Sartok u. Christian Lukassen 18 Jahre klein aber stämmig"; „Alle Männer hatten recht schwere Lasten. Amos trägt großartig".
317 GRIPP, Karl: Grönländische Rentierjäger, in: Offa 6/7 (1941/42), S. 40–51.
318 AGL, Kasten 831, Grönland II, Tagebuch Gripp 1930, Einträge vom 21. und 22.08.1930: „Barsilaj will weg, muss aber bleiben. 3 Kajaker abgefahren"; „Schlecht geschlafen, stundenlang gewacht u z.T. nachgedacht Resultate unserer Reise. […] Christian will auch gehen, soll nicht, kneift aus, lässt Geld im Stich. S.H. gibt sich auch wenig Mühe ihn zu halten."
319 Ebd.

Die Expedition nach Grönland von 1930   79

Abb. 10. Grönländer, mit denen Karl Gripp auf Rentierjagd ging. Aufgenommen am Ujarassuit.

Da der Lagerplatz bei den Grönländern allgemein sehr beliebt war, kamen schon am nächsten Tag die Jäger Christian Thomsen und Carl Jakobsen, den Gripp prompt engagierte, mit ihren Familien an. Endlich begann auch Gripp wieder mit seiner geologischen Arbeit.[320] Mit Jakobsen bestieg er den Ivisaartoq, an dessen Hängen sie weitere Siedlungsruinen inspizierten.[321] Zudem nahm Gripp an einer überaus blutigen Jagd teil, die er später wie auch schon in seinem Tagebuch recht detailliert in seinem Aufsatz „Grönländische Rentierjäger" wiedergab.[322] Am 26. August kehrte Hansen mit sieben Helfern zurück, „stämmige

---

320 Ebd., Eintrag vom 23.08.1930: „Moränen nördlich des Zeltes studiert, die Moräne v. 120–140 m Höhe. [...] steigt bis 215."
321 Ebd.: „nach langsamen Anstieg liegt halbwegs z. Gl. ziemlich großes 4eckiges Haus. 30M üb Wasser. Haus ganz wie bei Urajasuit [Ujarassuit]. Gras u. Moosfelder inmitten von Weiden."
322 Ebd., Eintrag vom 25.08.1930: „[...] noch einige Schüsse Tier kam nicht weg. Kalb vort, viele Schüsse [...] Alte hinter Felsen, dann Lungenschuß aus Nähe u. Tot. Haut ab, schnell mit Fäusten gemacht, Tier gleich zerschnitten. Schädel zerschlagen u roh gefuttert. Schnauzenhaut sorgfältig geteilt. In Mund dann mit Messer abgeschnitten. Blutig: Hände, Mund u. schließlich vom Tragen der Last Anorak. Freudig Last auf Rücken. [...] Mit Wind also Fliegen im Gesicht, gegen

Kerle" wie Gripp anerkennend bemerkte, denen „der Magister" Hansen jedoch auch „stattliche 5 Kr." täglich zahlen musste.[323] Das Verhältnis zwischen Gripp und Hansen war mittlerweile so abgekühlt, dass Gripp Hansens Hypothesen nicht mehr wie bisher wohlwollend, sondern sie zunehmend kritisch, teils auch verächtlich zu kommentieren begann. Als Jakobsen mit seiner Familie am 27. August nach Majuala zurückkehrte und Hansen mit seinen Gehilfen das Lager ohne Gripp in Richtung des Ataneq-Gletschers verließ, musste der deutsche Geologe einmal mehr in der grönländischen Einöde zurückbleiben.[324] Lustlos erwartete er die Ankunft des Motorboots des Landvogts, mit welchem er abgeholt werden sollte. Als es nach tagelanger Verspätung am 31. August eintraf, hatte Gripp kaum noch Untersuchungen in der Umgebung vorgenommen.[325]

Nach der Rückkehr nach Godthaab konnte er wie zuvor wieder bei Bestyrer Simons unterkommen. Die Eindrücke, die er durch das Zusammensein mit den Grönländern gewonnen hatte, veranlassten ihn dazu, sich noch eingehender mit ihnen zu beschäftigen. In seinem Tagebuch findet sich sogar eine erste umfangreiche Gliederung zu einem Beitrag für die Geographische Gesellschaft Hamburg, die u.a. einen Bericht über Wirtschaft und Bevölkerung zum Inhalt haben sollte.[326] Seine Beschreibung klingt dabei wehmütig: die Ursprünglichkeit Grönlands sei verloren, „Eskimo als solche kaum noch vorh." Alles andere sei bereits „mit europ. Blut vermengt"[327]. Gripp sah hierin die Auswirkungen des wirtschaftlichen Umbruchs, den er zuvor schon häufiger festgestellt hatte. Dieser sei „nicht nur körperlich, sondern auch wirtschaftlich für Grönlands Bewohner gr. Umstellung." Die herkömmliche Lebensgrundlage,

---

Sonne, behindert Schleier sehr die Sicht, in alle Öffnungen der Kleidung und des Körpers dringen die Tiere. Die 3 Schneehasen noch dazu. Heim! Den ganzen Tag nur im Hemd!"

323 Ebd., Eintrag vom 26.08.1930.
324 Ebd., Eintrag vom 27.08.1930: „Spaziergang zum Elv [Bach] um zu sehen ob die von S.H. vertretene Randmoräne nachweisbar ist. Sie ist das in keiner Weise."
325 Einziger Eintrag ebd. am 29.08.1930: „Gelesen Gepackt u. gut gegessen, d.h. Erbsensuppe mit Speck."; Eintrag vom 30.08.1930: „Jetzt warte ich 4 Tage vergebens auf Motorboot. Kämpfe um Rentierkeulen, Riesenpakete v. Eiern legen die Brummer dran."
326 Vgl. GRIPP, Karl: Süd-Grönland und seine Bewohner. Vortrag gehalten in der Allgemeinen Sitzung der Gesellschaft am 7. März 1931, in: Zeitschrift der Gesellschaft für Erdkunde zu Berlin 9/10 (1931), S. 346–356.
327 Offenbar sah Gripp diese Entwicklung durchaus mit kritischem Auge hinsichtlich der dänischen Regierung, in seinen letzten Notizen in AGL, Kasten 831, Grönland II, Tagebuch Gripp 1930, die auch Einwohnerentwicklung Grönlands enthalten heißt es: „Die Vernichtung [der Grönländischen Ureinwohner] wird auch gefördert durch den niedrigen Betrag d. Alimente bis zum 16. [Lebens-] Jahr 30–40 Kr. Jährlich, je nach Stand des dänischen Vaters."

Seehunde und Wale seien stark zurückgegangen, „Große Sorge u. Not. Keine Nahrung keine Kleidung" seien die Folge.[328] Den letzten Monat der Reise verwendete Gripp auf einige längere Ausflüge zusammen mit Dr. Börresen auf dessen Motorboot. Zuerst über Saarloq, einem „schmutzigen" Fischerort, zum Ameralik-Fjord.[329] Dort traf Gripp Dr. Nørlund und Roussel bei den Ausgrabungen eines „Normannengaard" bei Kilaersarfik wieder.[330] Da Nørlund als Vertreter der geographischen Gesellschaft gewissermaßen Gripps Auftraggeber war und man hier auch bemüht war, den alten Kulturboden freizulegen, lässt sich hierin ein weiterer Beleg dafür sehen, dass Gripps Besuche bei den übrigen Ruinen keine Zufälle waren. Am 9. September brach Gripp mit dem Motorboot des Landvogts Marksen zu einigen finalen geologischen Erkundungen am Ikerasassuaq- und Alanngorlia-Gletscher, mit obligatorischem Zwischenhalt an einem „alten Grönl. Boplads" östlich von Saneraata Timaa.[331] Auch den Abschluss des Inlandeises nahm er in Augenschein, der allerdings nicht seine Erwartungen erfüllte.[332] Immerhin nahm er noch einige „kolossale Gerölle-Sandproben"[333] mit und auch der Besuch der Sermilik-Moränen am nächsten Tag entschädigte ihn.[334] Nachdem sich die Rückfahrt wegen der starken Strömung und eines Motorschadens noch einige Zeit verzögerte[335], kehrte er am 17. September nach Godthaab zurück, wo er Sigurd Hansen wiedertraf. Hier verbrachte er die letzten Tage damit, die Ausrüstung und die gesammelten Proben für die Rückreise zu verpacken, allerlei Besuche zu machen und Briefe zu schreiben – u.a. an Alfred Wegener, der zu diesem Zeitpunkt bereits unterwegs zu seiner letzten tragischen Grönlandreise war.[336] Am 23. September traf schließlich

---

328 Ebd., Eintrag vom 01.09.1930; vgl. dazu auch DEGE, Wilhelm: Die Westküste Grönlands im Strukturwandel, in: Polarforschung 35 (1965), S. 12–19.
329 Ebd., Einträge vom 02.-04.09.1930.
330 AGL, Kasten 831, Grönland III, Tagebuch Gripp 1930, Eintrag vom 06.09.1930: „Ein gr. Häuser Komplex v 2 Stall. Komplexe. Friedhof mit Kirche darin. Kirche u. Friedhof liegen heute unter dem Meeresspiegel nur b. Niedrigwasser Arbeit möglich."
331 Ebd., Eintrag vom 09.09.1930.
332 Ebd., Einträge vom 10. und 11.09.1930: „Der Inlandeisabschluß enttäuscht: Schmal, steil, nicht im Fjord, Randmoränen. Der namenlose Gl. bietet nichts besonderes."
333 Ebd., Eintrag vom 13.09.1930.
334 Ebd., Eintrag vom 14.09.1930: „Ich bin sehr froh über meinen Fund v heute morgen, eben die gestauchte Eismeerton-Moräne. Erst wollte ich garnicht mehr in die Moräne gehen!!"
335 Ebd., Eintrag vom 15.09.1930.
336 Ebd. im Notizenteil findet sich der Hinweis: „Wegener in Kaunakurjut [vermutlich Kamarujuk] Motorboot 10 Std."; zu Wegeners Expedition vgl. FIRCKS, Arktis; Wegeners Tagebücher sind digitalisiert zugänglich unter http://www.

der Dampfer „Disko" ein, mit dem Gripp und Hansen schon die Hinreise bestritten hatten. Nachdem alles verladen war, liefen sie am Morgen des 25. Septembers nach Kopenhagen aus, wo sie am 3. Oktober ankamen und Gripp sogleich die Gelegenheit zu einem Besuch des Arktisforschers Lauge Koch nutzte, bevor er schließlich über Gedser, Warnemünde und Lübeck nach Hamburg zurückkehrte.

3.3.2. Ergebnisse und Veröffentlichungen

Auffallend ist in erster Linie, dass zu Gripps geologischen Untersuchungen erstmals auch ein völkerkundliches und ein archäologisch-frühgeschichtliches Interesse hinzu kam. Auch wenn der weit überwiegende Teil des Tagebuchs mit glazial-geologischen Untersuchungsergebnissen gefüllt ist, traten diese beiden Aspekte bei Gripps früheren Expeditionen nicht zutage. Dass sich Gripp während seiner gesamten Reise so umfassend für die Bewohner Grönlands und dessen Wirtschaftsverhältnisse interessierte, erscheint zunächst ungewöhnlich, vor allem im Vergleich mit den beiden Reisen nach Spitzbergen, wo er dies nicht tat. Es lässt sich jedoch vermuten, dass hierin der Schlüssel zur Ergründung des eigentlichen Zwecks der Reise zu finden ist. Die drängenden Fragen zur Eigenversorgung der Bevölkerung mit Lebensmitteln, mit denen auch Gripp sich immer wieder auseinandersetzte, die zahlreichen Aufzeichnungen über den schleppenden Aufbau des Fischfangs, dagegen aber der starke Ausbau der Schafzucht lassen vermuten, dass Gripp und Hansen nach Grönland geschickt wurden, um die Bodenverhältnisse im Hinblick auf geeignete Gebiete zum Ausbau der landwirtschaftlichen Produktionsflächen, vor allem wohl Weideland zur Schafzucht zu erkunden. Dafür spricht, dass die Untersuchungen der beiden Geologen nur im Südwesten Grönlands stattfanden, wo das Klima hierfür überhaupt geeignet war. Ein wesentliches Indiz ist aber vor allem die Tatsache, dass die untersuchten Gebiete meist in der Nähe früherer Wikingersiedlungen (die besuchten Ruinenplätze) lagen, die zur damaligen Zeit schon landwirtschaftlich genutzt wurden. Nach dem Aussterben dieser frühen europäischen Siedler waren erst wieder in den Jahren um 1914 von Jens Chemnitz Zuchtschafe von den Färöern nach Grönland gebracht worden. Mit dem stetig milder werdenden Klima wuchs ihre Zahl beständig, während gleichfalls althergebrachte Jagdbeute der Grönländer (Robben und Wale) immer mehr verschwanden.[337] Gerade von Seiten der grönländisch-dänischen Verwaltung wurden erhebliche Anstrengungen unternommen, um die Schafzucht in den südwestlichen Gebieten weiter

---

environmentandsociety.org/exhibitions/wegener-diaries/overview (zuletzt abgerufen am 25.08.2019).
337 SØRENSEN, Denmark-Greenland, S. 38.

auszubauen. Es ist daher nicht abwegig, anzunehmen, dass der Hauptzweck für die Untersuchungen Gripps und Hansen darin bestand, weitere geeignete Orte zu identifizieren, an denen Schafhaltung oder andere Formen landwirtschaftlicher Nutzung möglich waren.

Dennoch bleibt der genaue Zweck der Reise nebulös, denn obwohl die Grönland-Expedition von 1930 mit vier Monaten Gripps längste Reise war und auch seine Aufzeichnungen die anderen deutlich übertrafen, veröffentlichte Gripp im Gegensatz zu den beiden Spitzbergen-Reisen zunächst weder einen Reisebericht noch ein zusammenhängendes Ergebnis seiner Arbeiten. Dies überrascht insofern, als sein Tagebuch bereits eine umfangreiche Gliederung zu „Glaziol. u. Quartärgeol. Untersuchungen im Godthaab Distrikt von K.G. u. S.H." enthält, die bereits detailliert aufführt, welche Teile von Gripp und welche von Hansen bearbeitet werden sollten, sowie ein Entwurf zu einem „Bericht über meine Reise Exped. Nach Grönl. Sommer 1930". Doch erst im Jahr 1975, also fast ein halbes Jahrhundert nach seinem Besuch auf Grönland, publizierte Gripp unter dem Titel „Eisrandstudien"[338] eine vergleichsweise knappe Zusammenfassung seiner Arbeiten auf Grönland, allerdings ohne jegliche Reisebeschreibung. Als Grund für die Entscheidung, die Ergebnisse zunächst nicht zu veröffentlichen, gab Gripp später „politische Ereignisse" an.[339] Anders als Clemens Pasda vermutet[340], sind diese aber nicht in der deutschen Besetzung Dänemarks in den 1940er Jahren begründet, sondern in den Ereignissen, die Gripp bei seiner Rückkehr in Hamburg erwarteten und auf die noch einzugehen ist.

3.4. Karl Gripp als Arktisforscher – ein Zwischenfazit

In der Zusammenschau von Gripps Reisen zwischen 1925 und 1930 lässt sich feststellen, dass vom geologischen Standpunkt aus das Ziel seiner Reisen nicht die Arktis selbst, sondern die Erforschung der Verhältnisse seiner norddeutschen Heimat war. Insofern unterscheidet sich Gripp von vielen seiner Forscherkollegen des 19. und beginnenden 20. Jahrhunderts, die vielfach noch ihre Entdeckungsreisen in der Mehrung des nationalen deutschen Ansehens, teilweise auch mit handfesten territorialen Ansprüchen verknüpft hatten. Davon ist bei Gripp nicht einmal mehr ein Hauch zu finden. Fast schon selbstverständlich arrangierte sich Gripp mit den politischen Gegebenheiten vor Ort und unterwarf sich der Oberhoheit der norwegischen und der dänischen

---

338 GRIPP, Karl: Eisrandstudien. Ausgehend von Sermeq, SW-Grönland (Meddelelser om Grønland, 195, Nr. 8), Kopenhagen 1975.
339 Ebd., S. 5.
340 PASDA, Karibujäger, S. 32.

Wissenschaftspolitik. Dem wissenschaftlichen Erkenntnisinteresse seiner Reisen war alles Übrige untergeordnet.

Im Sinne einer Ressourcen-Allokation dürften seine Reisen für seine Geldgeber insofern nur dann ein gutes Geschäft gewesen sein, wenn sie an der reinen wissenschaftlichen Erkenntnis interessiert waren. Politisch und wirtschaftlich ließen sich Gripps Reisen dagegen nicht ausschlachten, trotz der leidlichen Bemühungen zumindest seine Expedition von 1927 aufregender darzustellen als sie es war. Für Gripp hingegen lohnten sich die Reisen schon. Ihm war es trotz der knappen Finanzlage stets gelungen, genügend Geldgeber und Unterstützer zu akquirieren, um seine Forschungen am Laufen zu halten, teils auch noch unterwegs. Der Aufbau eines lokalen Netzwerkes von potentiellen Unterstützern war dabei sein wichtigstes Werkzeug, und so ist es im Ergebnis kaum noch erstaunlich, dass es Gripp mit der Zeit immer besser verstand, entscheidende Persönlichkeiten zu finden, die gewillt und in der Lage waren, ihn mit Geld-, Sachleistungen oder ganz persönlicher Hilfestellung zu unterstützen. Dabei waren seine Netzwerke bisweilen nur auf Zeit angelegt. Gripps Tagebuch verzeichnet oft keinerlei Adressen der Personen, was vermuten lässt, dass er nicht die Absicht hatte, nach erfolgreichem Abschluss noch mit ihnen in Kontakt zu bleiben. Lediglich zu den Wissenschaftlern, wie Hoel oder Hanssen, hielt er über längere Zeit die Verbindung aufrecht. Auch hier ging es also allein um den praktischen Nutzen. Dieser war, das zeigt die zeitliche Nähe zu Gripps Fortschritten in seiner akademischen Laufbahn, auch ein ganz handfester persönlicher Nutzen. Denn auch wenn Gripps Reisen nicht politisch nutzbar waren, wissenschaftlich konnte er noch viele Jahre von den Ergebnissen zehren.

4. Vom Hochschullehrer – Karl Gripp an den Universitäten Hamburg und Kiel

4.1. Der Karriereknick – die Entlassung in Hamburg

Als Gripp von seiner Grönland-Expedition zurückkehrte, hatte er vermutlich erwartet, eine weitere Sprosse der Karriereleiter emporzusteigen. Ende der zwanziger Jahre gehörte Gripp bereits zu den führenden norddeutschen Quartärgeologen, seine Untersuchungsergebnisse in den rezenten Vereisungsgebieten Spitzbergens galten auch viele Jahrzehnte später noch als grundlegend.[341] Die Voraussetzungen standen also nicht schlecht, auch weil im Jahr 1930 der mittlerweile 71jährige Gürich emeritiert werden sollte. Erste Besetzungs-Gutachten waren im Frühjahr eingeholt worden.[342] Doch statt eines Platzes auf der Berufungsliste wurde Gripp bei seiner Rückkehr Anfang Oktober 1930 durch einen Brief des Hamburger Geographen Professor Siegfried Passarge (1866–1958) empfangen, dessen Inhalt weder erwartet noch freundlich war.[343]

Dieses mehrseitige Schreiben hatte Passarge sowohl ihm als auch „zur Kenntnis" dem zuständigen Regierungsdirektor Dr. v. Wrochem von der Hamburger Hochschulbehörde geschickt. In diesem warf er Gripp eine ganze Reihe wissenschaftlicher Fehler vor[344], wobei er sich insbesondere auf zwei Exkursionen der Geographischen Gesellschaft Hamburgs in den Jahren 1923 und 1926 bezog, also teils sieben Jahre zurückliegend, bei denen Gripp jeweils Vorträge gehalten hatte. Auf seinen Expeditionen hatte Gripp primär Phänomene des „Erdfließens" bzw. der „Solifluktion" untersucht und die Ergebnisse in zahlreichen Publikationen vorgestellt. Diese Phänomene seien Gripp anfangs jedoch nicht bekannt gewesen, erst Passarge habe ihn auf der Exkursion von 1923 darauf aufmerksam gemacht. Im Jahr 1925 tauche der

---

341 EHLERS, Geologisches Institut, S. 1229.
342 Ebd., S. 1224.
343 Passarge war seit 1908 Professor am Kolonialinstitut Hamburg und seit 1933 Mitglied der NSDAP; vgl. KLEE, Ernst: Das Personenlexikon zum Dritten Reich. Wer war was vor und nach 1945, 2. Aufl., Frankfurt a.M. 2003, S. 450f.; vgl. auch MICHEL, Boris: Antisemitismus, Großstadtfeindlichkeit und reaktionäre Kapitalismuskritik in der deutschsprachigen Geographie vor 1945, in: Geographica Helvetica 69 (2014), 3, S. 193–202, hier S. 194.
344 StA HH, 361-5 II, Nr. P f 3, Schreiben Passarge an Gripp vom 29.09.1930; StA HH, 361-5 II, Nr. P f 3, Schreiben Passarge an v. Wrochem vom 01.10.1930; weitere Abschriften gingen an die Mathematisch-Naturwissenschaftliche Fakultät sowie an Prof. Gürich.

Begriff jedoch in Gripps Bericht zur Spitzbergenreise auf, ohne auf Passarge zu verweisen: „Und in der Tat, in Ihrem Bericht über die erste Spitzbergenreise stellen Sie sich als den Entdecker hin!!" Bereits in seinem Förder-Antrag hatte Gripp das Problem des „Erdfließens" angeführt und, so Passarge, nur deshalb die Fördergelder erhalten: „Es ist Tatsache, dass Ihre falschen Darstellungen, die Sie mit Getöse in Hamburg als eine ganz besondere Leistung bekannt gegeben haben, Hochschulbehörde und Geographische Gesellschaft betört haben, sodass Sie Mittel für die Reise nach Spitzbergen erhielten." Seine Geldgeber habe Gripp geradezu „getäuscht". Wegen dieser Förderung habe Gripp aus Spitzbergen Ergebnisse mitbringen „müssen", ohne den Verweis auf die Solifluktion aber habe die Spitzbergenreise keinerlei Erkenntnisse, keinen „einzigen wirklich neuen Gedanken", sondern „lediglich den einen Gewinn gebracht, dass Sie ein halb vergessenes Problem neu belebt haben." Auch weitere Erkenntnisse, etwa zu „Staumoränen", seien „nicht neu und höchstens hypothetisch". Insbesondere seine Überlegungen zum „Brodelboden", einem Kern Gripps wissenschaftlicher Arbeit, seien „grober Unfug". Das gelte im Übrigen auch für Gripps zweite Expedition von 1927, auf deren Ergebnisse bereits „seit langem hingewiesen worden" sei. Gripp aber verkaufe seine Hypothesen als Tatsache, womit sich seine Entdeckungen „als Fälschung der Wahrheit" erweisen würden.

Ein zweiter Aspekt in Passarges Anschuldigungsschreiben betraf die persönlichen Ambitionen Gripps. Er wolle „selber herrschen", mutmaßte Passarge, und habe deshalb dem Institutsleiter Gürich offen Führungsschwäche unterstellt sowie „durch hässliche Verleumdung verächtlich zu machen" versucht. Noch schlimmer sei es, so warf er Gripp vor, „dass Sie […] in der Frage der Nachfolge Gürich […] einen Brief geschrieben haben, den sämtliche Kommissionsmitglieder als Drohbrief empfunden haben und in dem Sie die Forderung (!!) stellen, auf die Liste gesetzt zu werden". Doch dafür fehle es Gripp ganz grundsätzlich an der wissenschaftlichen Qualifikation. Er sei unfähig „in die Tiefe zu gehen" und zeige stattdessen „eine wahre Sucht" seine „eigenen, örtlich beschränkten Beobachtungen zu verallgemeinern". Besonders Gripps Darstellungsmethoden mittels der zahlreichen auf den Expeditionen gemachten Fotografien stießen ihm auf. Der innere Wert seiner Schriften stehe „in auffälligem Gegensatz zu der pompösen, kostspieligen, anmaßenden Ausstattung mit Bildern!" Nach einer ganzen Kaskade von Beleidigungen („geistige Beschränktheit", „schwindendes Anstandsgefühl", „Selbstbewunderung", „Geltungsbedürfnis") schloss Passarge seine Tirade mit den Worten, es „steht zu hoffen, dass Sie […] doch noch etwas tiefer denken und forschen lernen und ganz annehmbare Durchschnittsarbeiten liefern werden. […] meine Studenten lasse ich nicht durch Sie wissenschaftlich verderben. Ich werde […] rücksichtslos auf die ganze Haltlosigkeit und

Oberflächlichkeit Ihrer Arbeitsweise hinweisen. Selbstverständlich in einer für Sie schonenden Form – Suaviter in modo, aber fortiter in re."[345]

4.1.1. Der verhängnisvolle Streit mit Siegfried Passarge

Die von Siegfried Passarge vorgebrachte Kritik war für Gripp, zumal in der vorgebrachten Schärfe, nicht nachvollziehbar. Insbesondere deshalb nicht, weil sie sich auf Ereignisse und Arbeiten Gripps bezogen, die schon über ein halbes Jahrzehnt zurück lagen. Zudem hatte Passarge die Expedition von 1927 noch dadurch unterstützt, dass er Gripp eine Kiste mit Ausrüstungsgegenständen[346] zur Verfügung gestellt hatte. Wie also ist der plötzliche Umschwung Passarges zu erklären? Ob dies aus der von Jürgen Ehlers[347] vermuteten Gegensätzlichkeit ihrer politischen Einstellung herrührte (Gripp sei Pazifist, Passarge hingegen begeisterter Kriegsteilnehmer und politisch stark rechts stehend[348]), lässt sich aus den vorhandenen Quellen nicht zweifelsfrei herleiten. Allerdings war Passarge schon in den frühen 1920er Jahren durch antisemitische Äußerungen unangenehm aufgefallen.[349] Auch von empfindlichen Geldstrafen ließ er sich nicht abschrecken, sodass Hochschulsenator Paul de Chapeaurouge sich etwa im Jahr 1927 genötigt sah, Passarge streng zurechtzuweisen.[350] Der aber sah sich als Vorkämpfer gegen eine „jüdischmarxistische" Atmosphäre, die es unter allen Umständen zu bekämpfen gelte.[351] Andererseits bezeichnete er sich selbst als unpolitisch, Wissenschaft und Politik stünden einander „wie Wasser und Feuer" gegenüber.[352] Weshalb

---

345 StA HH, 361-5 II, Nr. P f 3, Schreiben Passarge an Gripp vom 29.09.1930.
346 In AGL, Kasten 831, Spitzbergen I, Tagebuch Gripp 1927 findet sich in der Ausrüstungsliste eine „Kiste Passarge".
347 EHLERS, Geologisches Institut, S. 1230.
348 Vgl. FISCHER, Holger/SANDNER, Gerhard: Die Geschichte des Geographischen Seminars der Hamburger Universität im „Dritten Reich", in: Hochschulalltag im „Dritten Reich". Die Hamburger Universität 1933–1945. Teil III: Mathematisch-Naturwissenschaftliche Fakultät, Medizinische Fakultät, Ausblick, Anhang, hrsg. von Eckert KRAUSE, Ludwig HUBER und Holger FISCHER (Hamburger Beiträge zur Wissenschaftsgeschichte, 3), Hamburg 1991, S. 1197–1222.
349 Ebd., S. 1201; vgl. LORENZ, Ina: Die Juden in Hamburg zur Zeit der Weimarer Republik. Eine Dokumentation, Teil 2 (Hamburger Beiträge zur Geschichte der deutschen Juden, 13), Hamburg 1987, S. 1119–1121.
350 FISCHER/SANDNER, Geographisches Seminar, S. 1202.
351 PASSARGE, Siegfried: Das Geographische Seminar des Kolonial-Instituts und der Hansischen Universität 1908–1935. Erinnerungen und Erfahrungen, in: Mitteilungen der Geographischen Gesellschaft Hamburg 96 (1939), S. 1–104, hier S. 95f.
352 DERS.: Aus achtzig Jahren. Eine Selbstbiographie, Bad Pyrmont 1947, S. 165 und S. 460, zitiert nach FISCHER/SANDNER, Geographisches Seminar, S. 1207.

er in Gripp, von dem keinerlei politische Äußerungen überliefert sind, einen Gegner sah, wird sich nicht restlos klären lassen.

Ein wichtiger Grund für Passarges Anfeindungen wird wohl vor allem in einem Gutachten zu sehen sein, das Gripp im Wintersemester 1929/30 als Dozentenvertreter im Rahmen des Berufungsverfahrens zur Nachfolge Gürichs über geeignete Kandidaten verfasste.[353] In dem vertraulichen Schreiben hatte er Anfang Februar 1930 der Fakultät seine Vorstellung dargelegt, wobei er den von Passarge favorisierten Geologen und Paläontologen Professor Johannes Weigelt (1890–1948) aus Halle scharf angegriffen hatte.[354] Sein damaliges Gutachten liest sich wie ein Plan zur Neuausrichtung des Geologischen Staatsinstituts in Hamburg. So schreibt Gripp, ein neuer Direktor müsse ein spezifisches Interesse an der Geologie Norddeutschlands haben, denn für die klassischen Geologen sei das Gebiet wenig interessant und es stünde zu befürchten, dass ein solcher Kandidat schnell wieder an eine andere Universität abwandern würde. Hierzu stellte er konkrete inhaltliche Anforderungen auf, die vor allem er selbst vorweisen konnte: „Die Paläontologie der Umgebung Hamburgs, die Sedimentpetrographie, vor allem Wattenmeer und Gebiet um Helgoland, Diluvialgeologie (weil Hamburg günstig gelegen mit Gebieten von Alt- und Jungmoränen)."[355] Hamburg könne, so schloss er, zur führenden Universität der deutschen Flachlandsgeologie werden, zumal es schon „ein in Norddeutschland einzigartiges Bohrarchiv" (für das seine Vertraute Emmy Todtmann arbeitete) besitze.

Geeignet sei als Kandidat nur Professor Wolfgang Soergel (1887–1946) aus Breslau, „zweifellos der Führer unter den deutschen Quartär-Geologen".[356] Gripp wusste allerdings sehr genau, dass dieser nach der Berufung auf den geologischen Lehrstuhl Breslaus kaum noch ins weniger prestigeträchtige Hamburg wechseln würde. Alle übrigen Kandidaten schloss er dagegen in knappen Worten mehr oder weniger deutlich aus.[357] Lediglich mit dem Paläontologen

---

353 EHLERS, Geologisches Institut, S. 1229.
354 Ebd., Weigelt war seit 1928 Ordinarius in Greifswald und 1929 in Halle, dessen Rektorat er zwischen 1936 und 1945 er innehatte. Seit 1933 war er wie Passarge Mitglied der NSDAP; zu Weigelt auch KAASCH/KAASCH, Hallesche Naturwissenschaftler sowie GRÜTTNER, Michael: Art. „Weigelt, Johannes", in DERS.: Biographisches Lexikon zur nationalsozialistischen Wissenschaftspolitik, Heidelberg 2004, S. 181f.
355 StA HH, 361-5 II, Nr. P f 3, Gutachten Gripp.
356 Ebd.; Soergel war seit 1926 Ordinarius in Breslau und seit 1931 in Freiburg, vgl. VÖLKEL, Hans: Mineralogen und Geologen in Breslau. Geschichte der Geowissenschaften an der Universität Breslau von 1811 bis 1945, Haltern 2002, S. 154f.
357 Ebd.: „Andrée / Königsberg (Sedimentpetrograph) […] Richter / Frankfurt (Paläontologe) […] Born / Charlottenburg […oder] Stutzer aus Freiberg". Born wolle „wohl eher nach Süddtld", Stutzer hingegen sei nicht sehr „gedankenreich und anregend".

Professor Weigelt befasste er sich näher, jedoch kaum schmeichelhaft: „Ich muss vor Herrn W. warnen und möchte Sie bitten, bevor Sie Herrn Weigelt auch nur an 3. Stelle aufstellen, sich sehr gründlich nach ihm in Greifswald zu erkundigen." Er sei „weniger ideenreich und gründlich", zudem „ein selten skrupelloser Herr" und überaus „rücksichtslos", offenbar in Anspielung auf ein Berufungsverfahren in Greifswald, wenngleich die genauen Umstände und Gripps Beziehung hierzu unklar bleiben. Gripp schloss: „Durch eine Rundfrage mit Angabe der für Hamburg in Betracht kommenden Richtungen werden Sie sicher den geeignetsten Anwärter kennen lernen", es müssten jedoch alle Ordinarien, ausdrücklich auch die Flachlandsgeologen, befragt werden. So versuchte Gripp auf seine eigene Berufung Einfluss zu nehmen, denn er selbst gehörte zu dieser Zeit bereits zu den bedeutendsten unter ihnen. Die Vorwürfe Passarges lassen sich in dieser Hinsicht also nicht völlig von der Hand weisen. Zwar war die Berufungskommission, der auch Passarge angehörte, nach § 11 der vorläufigen Universitätssatzung zur Vertraulichkeit verpflichtet, er hatte dennoch ein Schreiben nach Greifswald gesandt, und dort um Stellungnahme „in breitester Öffentlichkeit" zu Gripps Vorwürfen gebeten.[358] Da man sich dort nicht öffentlich exponieren konnte, stellte er sicher, dass Gripps Vorwürfe nicht bestätigt wurden und sein Gutachten als eigennützige Verleumdung aufgefasst werden konnte. Damit machte er Gripp als Kandidaten für den Lehrstuhl Gürichs unmöglich und verhinderte, dass dieser sich den erhofften Platz drei der Berufungsliste sichern konnte.[359]

Nachdem Gripp Anfang Februar 1930 auf der Sitzung der Berufungskommission seine Angriffe auf Weigelt mit den Worten verteidigte, er habe nur verhindern wollen, dass „ein Ungeeigneter" auf die Liste komme, schrieb ihm Passarge einen Tag später zweideutig: „Ich persönlich habe stets die Ansicht vertreten, dass in der Wissenschaft ein rücksichtsloser Kampf gegen Ungeeignete das beste Mittel zur Verhinderung von Unheil ist. Demgemäss ist Ihr Vorgehen an und für sich höchst sympathisch."[360] Doch habe Gripp „unter dem Schutze der Vertraulichkeit" gegen einen Konkurrenten „Beschuldigungen erhoben, die diesen aufs Schwerste schädigen müssen".[361] „Um Klarheit zu schaffen" habe sich Passarge an die Universität Greifswald gewandt, „eine Bestätigung Ihrer Beschuldigungen erfolgte nicht." Da Passarge stets Abschriften an die Hochschulbehörde sandte, lässt sich vermuten, dass diese eigentlich Adressat der Anwürfe gegen Gripp war. Deshalb sah Gripp sich genötigt, auch ihr gegenüber Stellung zu beziehen. Er wies sämtliche Vorwürfe Passarges zurück und stellte die „maßgeblichen Fachleute", die laut Passarge

---
358 EHLERS, Geologisches Institut, S. 1229.
359 Ebd., S. 1230.
360 StA HH, 361-5 II, Nr. P f 3, Schreiben Passarge an Gripp vom 06.02.1930.
361 StA HH, 361-5 II, Nr. P f 3, Schreiben Passarge an Gripp vom 22.02.1930.

Gripps wissenschaftliche Untersuchungsergebnisse in Zweifel gezogen hätten, in Frage.[362] Schnell musste Gripp jedoch feststellen, dass Passarge nicht gewillt war, die Angelegenheit auf sich beruhen zu lassen und auch er selbst wollte nicht gegenüber dem älteren Professor zurückstehen.

Gripp beantragte zur Klärung aller Vorwürfe bei der Hochschulbehörde ein Disziplinarverfahren gegen sich selbst[363], Passarge wiederum forderte eine Überprüfung der Lehrbefähigung Gripps[364], beides wurde jedoch abgelehnt. Anfangs konnte Gripp sich noch der Unterstützung Professor Gürichs sicher sein, hatten Passarges Angriffe doch nicht nur Gripp, sondern auch Gürich selbst in seiner Autorität als Direktor des Geologischen Staatsinstituts, wie auch in seiner wissenschaftlichen Kompetenz getroffen. Mitte Oktober 1930 erläuterte er dem Dekan der Mathematisch-Naturwissenschaftlichen Fakultät, dem Physiker Professor Otto Stern (1888–1969), dass „die Anschuldigungen und Angriffe [...] völlig unbegründet" seien, zumal Passarge sie nicht hinreichend untermauert habe."[365] Daneben stellte er Passarge zur Rede und verlangte von ihm eine ins Einzelne gehende Begründung. Dieser antwortete ihm – wiederum mit Durchschlag an die Hochschulbehörde – er habe Gürich keineswegs angreifen wollen. Die Wissenschaft sei „heutzutage bereits so umfangreich geworden, dass der einzelne unmöglich auf allen Gebieten eigene Arbeiten verfassen kann."[366] Gürich habe Gripps Machenschaften deshalb gar nicht erkennen können. Dazu zähle etwa, dass Gripp seinem Studenten Alfred Dücker das augenscheinlich aus den Ergebnissen seiner Arktisexpeditionen herrührende Dissertationsthema „Brodeltöpfe in der Umgebung von Hamburg" zur Bearbeitung gegeben habe, welche jedoch Passarges Meinung nach „nicht einmal für Spitzbergen bewiesen" und „höchstwahrscheinlich gar nicht vorhanden" sei. Die Themenvergabe habe Gripp dann bewusst verschwiegen. Es lässt sich daraus ersehen, dass Passarge nicht nur Gripps Forschungs- sondern auch dessen Lehrmethoden missfielen.

Da Gürichs Engagement – wohl auch gesundheitsbedingt – nachließ, stellte Gripp Anfang Januar 1931 schließlich seine umfangreichen „Richtigstellung und Bemerkungen zu einigen Angaben in dem Briefe des Herrn

---

362 StA HH, 361-5 II, Nr. P f 3, Schreiben Gripp an Hochschulbehörde vom 07.03.1930.
363 StA HH, 361-5 II, Nr. P f 3, Antrag Gripps auf Einleitung eines Disziplinarverfahrens vom 16.10.1930.
364 Ehlers, Geologisches Institut, S. 1230.
365 StA HH, 361-5 II, Nr. P f 3, Notiz Stern vom 15.10.1930; Otto Stern war seit 1923 Ordinarius in Hamburg, 1933 musste er in die USA emigrieren, siehe dazu SCHMIDT-BÖCKING, Horst/REICH, Karin: Otto Stern. Physiker, Querdenker, Nobelpreisträger, Frankfurt a.M. 2011.
366 StA HH, 361-5 II, Nr. P f 3, Schreiben Passarge an Gürich vom 15.11.1930.

Passarge vom 29.9.1930" für die Hochschulbehörde fertig.[367] In insgesamt 37 Punkten unterstellte er seinerseits Passarge falsche Darstellungen, unbelegte Behauptungen und fachliche Fehler in dessen Argumentation. Gripps „Richtigstellungen" provozierten Passarge nun seinerseits zur Formulierung neuer „Feststellungen"[368], die er am 13. Januar 1931 der Hochschulbehörde zur Verfügung stellte. Das Hin und Her an Beschuldigung und Gegenbeschuldigung zeigt bereits hier, welche Dynamik der Streit mittlerweile entwickelt hatte und noch entwickeln sollte.

Passarge bat zudem den Rektor der Universität, den Medizin-Professor Ludolph Brauer (1865–1951), „um eine wissenschaftliche Prüfung"[369] und trug so den Streit endgültig aus der Fakultät heraus. Aus seinen damaligen Aufzeichnungen zu Gripps Vortrag „Studien an Oberflächenformen der Lüneburger Heide"[370] vom Oktober 1923 vor der Geographischen Gesellschaft Hamburg fabrizierte er zudem neue Beschuldigungen. So habe er während eines anschließenden Diskussionsabends Gripps Erklärungen „als unmöglich" nachgewiesen und diesem „ganz neue, überraschende Perspektiven bringende Auffassung dargelegt", nämlich das schon genannte Phänomen des „Erdfliessens". Gripp sei damals „der Situation nicht gewachsen" gewesen, habe aber in der veröffentlichten Schriftfassung „die erhaltenen Anregungen als seine eigene Auffassung!" verwendet. Ein Plagiatsvorwurf, den Passarge dem schon zuvor erhobenen hinzufügte: „Sein Antrag ihm Gelder zuzu bewilligen zwecks Untersuchung von Bodenfrost und Erdfliessen in den Polargegenden, um die dortigen Erscheinungen mit der von ihm bei uns entdeckten Solifluktion zu vergleichen, hatte Erfolg. [...] die von ihm begangene ‚Entlehnung' der in meinem Vortrag mitgeteilten Ideen wurde die Grundlage für die Reisen Herrn Gripps nach Spitzbergen. Sein wissenschaftliches Ansehen baut sich demnach auf einer unfähren, ihn als Gelehrten erledigenden Handlungsweise auf".[371] Damit stellte Passarge eine kausale Beziehung zwischen Gripps wissenschaftlicher Karriere und dessen erster Arktisexpedition her, die nach seiner Auffassung somit beide auf einer wissenschaftlichen Täuschung beruhten. Der Streit war endgültig eskaliert. Es ging Passarge nun nicht mehr allein darum, Gripp in die Schranken zu weisen, sondern seine Entfernung aus der Universität zu erwirken, was das Ende seiner wissenschaftlichen Existenz bedeutet hätte.

---

367 StA HH, 361-5 II, Nr. P f 3, Schreiben Gripp an die Hochschlbehörde vom 09.01.1931.
368 StA HH, 361-5 II, Nr. P f 3, Schreiben Passarge an die Hochschulbehörde vom 15.01.1931.
369 Ebd.
370 GRIPP, Karl: Über fossile Abtragungsformen im Diluvium NW-Deutschlands, in: Zentralblatt für Mineralogie, Geologie und Paläontologie (1924), S. 109–114.
371 StA HH, 361-5 II, Nr. P f 3, Schreiben Passarge an die Hochschulbehörde vom 15.01.1931.

Da weder Fakultät noch Universität noch Hochschulbehörde etwas unternahmen, um Gripp vor den immer wütenderen Angriffen Passarges in Schutz zu nehmen, sah Gripp sich gezwungen, Ende Januar 1931 den Rechtsanwalt Dr. Max Eichholz mit der Erhebung einer Unterlassungsklage zu beauftragen.[372] Sie richtete sich insbesondere gegen Passarges Plagiatsvorwürfe und die Schlussfolgerung, Gripps Karriere beruhe im Wesentlichen auf einer Täuschung. Nachdem auch zwei nun eilig unternommene Vermittlungsversuche durch die Professoren Rose und Winkler im Februar 1931 gescheitert waren[373], begann Anfang März der Prozess.[374] Dies war genau die Eskalation, auf die Passarge insgeheim gehofft hatte. Ende Januar 1931 teilte er Regierungsdirektor Dr. v. Wrochem mit, es sei ihm zwar „das Wünschenswerteste" gewesen, „wenn die Angelegenheit innerhalb der Universität erledigt würde", er begrüße es jedoch, wenn sie nun endlich „mit Zeugen und unter Eid zur Untersuchung" käme.[375] Schließlich habe er sich bei Fakultät und Rektor seit Monaten erfolglos um die Einleitung einer Untersuchung bemüht. „Es sind Strömungen vorhanden, augenscheinlich, die eine Untersuchung verhindern wollen", schrieb er nebulös. Ob er damit Senator de Chapeaurouge, Professor Gürich, den Rektor oder ein anderes Mitglied der Universität meinte, bleibt unklar. Denkbar wäre auch, dass seine Andeutung in der Tradition seiner zuvor schon häufig vorgetragenen antisemitischen Hetze stand. Angesichts der geringen Unterstützung, die Gripp in den folgenden Jahren von Seiten der Universität und Staatsverwaltung erhielt, erscheinen diese Andeutungen allerdings in jeder Hinsicht absurd.

Die Hochschulbehörde war demgegenüber von der Klageerhebung alles andere als begeistert. Senator Paul de Chapeaurouge notierte, man habe gehofft, der Universität würde es im Wege einer Stellungnahme gelingen, „die Sache von sich aus zu erledigen". Die Fakultät aber habe „sich mit der Frage anscheinend nicht gern befassen" wollen.[376] Nun fürchtete man, in

---

372 StA HH, HW II Pf 3, Klageerhebung vom 05.02.1931; vgl. EHLERS, Geologisches Institut, S. 1231; der jüdische Anwalt Max Eichholz (1881–1943) war zwischen 1921 und 1933 Mitglied der Hamburger Bürgerschaft (DDP/DStP), 1943 wurde er in Auschwitz von den Nationalsozialisten ermordet; vgl. WEINKE, Wilfried: Die Verfolgung jüdischer Rechtsanwälte Hamburgs am Beispiel von Dr. Max Eichholz und Herbert Michaelis, in: Kein abgeschlossenes Kapitel. Hamburg im „Dritten Reich" (Schriften der Hamburger Stiftung des 20. Jahrhunderts), hrsg. von Angelika EBBINGHAUS, Hamburg 1997, S. 248–265.
373 EHLERS, Geologisches Institut, S. 1231.
374 Der Prozess begann am 2. März 1931, siehe dazu auch die Gerichtsakte in StA HH, 361-5 II, Nr. P f 3.
375 StA HH, 361-5 II, Nr. P f 3, Schreiben Passarge an v. Wrochem vom 31.01.1931.
376 Hierzu und zum Folgenden: StA HH, 361-5 II, Nr. P f 3, Notiz de Chapeaurouges vom 13.04.1931.

den Streit hineingezogen zu werden. Die Untätigkeit von Universität und Hochschulbehörde ermunterte die Streithähne jedoch nur. Gripps Anwalt, Dr. Eichholz, hatte bereits vor Gericht die Weigerung der Hochschulbehörde, ein Disziplinarverfahren gegen Gripp zu eröffnen, als Stellungnahme zu Gunsten Gripps gewertet. Die aber sei, so de Chapeaurouge, nicht tätig geworden, weil es sich lediglich um eine „wissenschaftliche Differenz", nicht um ein Amtsvergehen handelte. Allerdings sei er sehr wohl für die Einleitung eines Disziplinarverfahrens gewesen und zwar gegen Passarge, wegen der Form der Angriffe gegen Gripp. Trotzdem unternahm er nichts.

Neben dem Prozess lief die Auseinandersetzung zwischen Gripp und Passarge auch vor dem universitären und wissenschaftlichen Publikum munter weiter. So griff Passarge etwa Gripps Untersuchungen, bspw. in dem Vortrag über „Drei wichtige Probleme diluvialmorphologischer Geologie"[377] vor der Deutschen Geologischen Gesellschaft Anfang März 1931 weiter an, woran sich ein weiterer wissenschaftlicher Schlagabtausch anschloss.[378]

Am 19. Juni 1931 schickten vier von Passarges Studenten[379] eine Erklärung an die Hochschulbehörde, die von 64 weiteren Personen, zumeist ebenfalls Studierende Passarges, unterzeichnet war. Sie wandten sich gegen die im Prozess vorgebrachte Behauptung, Passarge habe in seinen Vorlesungen „den Vorwurf der wissenschaftlichen Unehrlichkeit oder des geistigen Diebstahls" gegen Gripp erhoben[380] und seine Lehrveranstaltungen genutzt, um vor Studierenden über den Inhalt seiner „Behauptungen" zu sprechen.[381] Kurz darauf bestärkte Passarge seinerseits gegenüber der Hochschulbehörde die Erklärung seiner Studenten und verlangte eine Bestrafung Gripps für den Fall, dass sich die in der Klageschrift enthaltenen Aussagen (Passarge habe in den Vorlesungen gegen Gripp agitiert) als unwahr erwiesen.[382] Dies wirft nunmehr die Frage auf, wie eigenmächtig und unbeeinflusst seine Studenten tatsächlich agierten. Senator de Chapeaurouge kanzelte das Ansinnen jedoch ab[383], denn

---

377 PASSARGE, Siegfried: Drei Probleme diluvialgeologischer Morphologie, in: Zeitschrift der Deutschen Geologischen Gesellschaft 83 (1931), S. 408–420.
378 GRIPP, Karl: Diluvialmorphologische Probleme? In: Zeitschrift der Deutschen Geologischen Gesellschaft 84 (1932), S. 628–635; PASSARGE, Siegfried: Antwort auf Herrn GRIPP's „Diluvialmorphologische Probleme?", in: Zeitschrift der Deutschen Geologischen Gesellschaft 85 (1934), S. 646–651.
379 Es handelte sich um Rudolf Böhm, Erwin Eggert, Hans Wilkens und Hellmut Christoff; vgl StA HH, 361-5 II, Nr. P f 3.
380 StA HH, 361-5 II, Nr. P f 3, Schreiben an die Hochschulbehörde vom 19.06.1931.
381 Weitere Erklärungen von Studierenden zugunsten Passarges finden sich in StA HH, 361-5 II, Nr. P f 3.
382 StA HH, 361-5 II, Nr. P f 3, Schreiben Passarge an die Hochschulbehörde vom 24.06.1931.
383 StA HH, 361-5 II, Nr. P f 3, Schreiben de Chapeaurouge an v. Wrochem vom 22.06.1931: „Es wird richtig sein, dass Sie sich zwei der Unterzeichneten kommen

zu offensichtlich hatte Passarge in der Universität gegen Gripp agitiert. Dies zeigt sich besonders deutlich in seinem Pamphlet „Herrn Gripps Klage gegen mich auf ‚Unterlassung'"[384], eine in Heftform und in einer Auflage von 250 Exemplaren[385] gedruckte Zusammenfassung des Streits aus Sicht Passarges, die er an der Universität, auch an Studierende verteilen ließ. Trotzdem warf er Gripp nun seinerseits vor, diese in den Streit hineingezogen zu haben, etwa den schon erwähnten Studenten Dücker, welchen Gripp nach einem Vortrag „am Biertisch" in Kenntnis gesetzt habe[386], was sich kaum ins Verhältnis zu seinen eigenen Bemühungen setzen lässt. Als Vertrauten Gripps knöpfte sich Passarge diesen nun besonders vor. Er verdächtigte Dücker, die entsprechenden Informationen aus Passarges Lehrveranstaltungen an Gripp übermittelt zu haben, was für seine Hörer „in grösstem Grade beleidigend" gewesen sei.[387] Er drohte: „Ich verzichte auf eine Kritik Ihrer Handlungsweise und behalte mir Schritte gegen Sie vor". Es sei nunmehr „selbstverständlich, dass Sie meinen Vorlesungen und Übungen solange fernbleiben, bis durch eine Untersuchung die Angelegenheit klargestellt ist." Das aber hätte für Dücker erhebliche Folgen für den Verlauf des Studiums bedeutet und so blieb ihm nichts weiter übrig als jegliche Unterstützung für Gripp zu unterlassen.[388]

Aus einer Auseinandersetzung um die gegenseitigen Kränkungen zweier Herren war ein flächendeckender Skandal geworden, der die gesamte Universität beschäftigte und in der keinerlei Kosten und Mühen mehr gescheut wurden. Mittlerweile waren nicht mehr nur einige Dozenten der Mathematisch-Naturwissenschaftlichen Fakultät betroffen, sondern neben der Leitung der Universität zunehmend auch die Studierendenschaft. Dabei sorgte vor allem die Massivität, mit der Passarge gegen jeden vorging, der ihm in die Quere kam, dafür, dass kaum noch jemand bereit war, für Gripp Position zu beziehen. Am 2. Juni 1932 schließlich fällte das Landgericht Hamburg in der Streitsache zwischen Gripp und Passarge sein Urteil.[389] Für Passarge überraschend gab es Gripps Klage gegen ihn statt. Allerdings stellte es fest,

---

    lassen und ihnen mitteilen, dass das überreichte Material der Hochschulbehörde keine Möglichkeit gäbe, ihrerseits sich in die schwebenden Differenzen einzumischen."
384 PASSARGE, Siegfried: Herrn Gripps Klage gegen mich auf „Unterlassung", Hamburg 1932.
385 EHLERS, Geologisches Institut, S. 1231.
386 StA HH, 361-5 II, Nr. P f 3, Schreiben Passarge an die Hochschulbehörde vom 24.06.1931.
387 StA HH, 361-5 II, Nr. P f 3, Schreiben Passarge an Alfred Dücker vom 21.05.1931.
388 StA HH, 361-5 II, Nr. P f 3, Schreiben Dücker an Passarge vom 01.06.1931: „In Zukunft werde ich in keiner Weise mehr über die Angelegenheit in Ihren Vorlesungen und Übungen mit Herrn Prof. Gripp sprechen."
389 StA HH, 361-5 II, Nr. P f 3, Urteil des Landgerichts Hamburg vom 02.06.1932.

Der Karriereknick – die Entlassung in Hamburg   95

dass „die dem Rechtsstreit zu Grunde liegende Prioritätsfrage [...] nicht einwandfrei geklärt werden" konnte. Es urteilte zudem, dass Gripp die Äußerungen Passarges tatsächlich „entlehnt" habe, auch wenn dies kaum kausal für Gripps Reise nach Spitzbergen oder seinen wissenschaftlichen Ruf sein könne.[390] Ein vollständiger Sieg war das Urteil für Gripp daher nicht. Da die vielen Erwiderungen und Gegendarstellungen seine wissenschaftliche Arbeit lähmten, hoffte Gripp nun darauf, endlich einen Schlussstrich unter den Streit setzen zu können.[391] Für Passarge war die Angelegenheit jedoch noch längst nicht erledigt. Am 25. Oktober 1932 legte er Berufung gegen das Urteil beim Hanseatischen Oberlandesgericht ein.[392]

Einen Monat nach der Urteilsverkündung verlangte Passarge zudem erneut ein Disziplinarverfahren gegen Gripp.[393] Tatsächlich folgte zwei Wochen später die Fakultät seinem Antrag, offiziell, „um Herrn Gripp die Möglichkeit zu geben, sich gegen die Vorwürfe zu verteidigen"[394] Hierzu wurde der Mineraloge Professor Rose (1883–1976) vom Mineralogisch-Petrographischen Institut Hamburg beauftragt, ein Gutachten über die wissenschaftlichen Leistungen Gripps zu erstellen, das in der Folge zur wichtigsten Waffe der Gegner Gripps wurde.[395] Es kommt zu dem Schluss, dass „sämtliche von Herrn Professor Passarge erhobenen Beschuldigungen [...] berechtigt" seien und sich daher dessen Schlussfolgerung, die kausale Verbindung zwischen Gripps Karriere, seiner Spitzbergen-Reise und seiner „Täuschung" kaum beanstandet werden dürfe und daher Gripps wissenschaftliche Karriere erledigt sei. Dabei ist erstaunlich, dass das Gutachten (einschließlich der Anlagen) 466 Seiten umfasst, während reguläre Berufungsgutachten damals meist nur einen Umfang von etwa einem Dutzend Seiten umfassten. Rose selbst bemerkte später, die Erstellung des Gutachtens habe „ihn bereits 2 Jahre in seinen eigentlichen wissenschaftlichen Arbeiten zurückgeworfen".[396] Dies war also ein unvergleichlicher und kaum zu erklärender Aufwand, der vor Augen führt, welche Geschütze man als notwendig ansah, um Gripps Reputation zerstören zu können. Denn der wissenschaftliche Deckmantel kann nicht darüber hinwegtäuschen, dass das Ziel von Anfang an darin bestand, Gripp zu diskreditieren, waren doch Rose und Passarge einander in langjähriger

---

390 Ebd.
391 z.B. StA HH, 361-5 II Nr. P f, Schreiben Gripp an die Geographische Gesellschaft vom 19.07.1932; in der Akte finden sich weitere Schreiben hierzu.
392 EHLERS, Geologisches Institut, S. 1231.
393 StA HH, 361-5 II, Nr. P f 3.
394 StA HH, 364-5 I, Nr. D 110.20.21 Bd. 1, Schreiben Bredemann (Dekan) an den Syndikus der Universität Hamburg vom 08.12.1932.
395 StA HH, 364-5 I, Nr. D 110.20.21 Bd. 1.
396 StA HH, 221-10, Nr. 145 Bd. 1, Vermerk Tiede vom 12.10.1933.

familiärer Freundschaft und der gemeinsamen politischen Einstellung verbunden.[397] Das Gutachten entstand parallel zum zweiten Prozess zwischen Gripp und Passarge, und da es Ende April 1933 vom Dekan an den Hochschul-Senator mit der Bitte geschickt wurde, dem Oberlandesgericht eine Abschrift zuzustellen[398], lässt sich davon ausgehen, dass es auch erstellt wurde, um auf den Prozess Einfluss zu nehmen. Neben Roses eigener Darstellung wurden weitere handverlesene Gutachter[399] hinzugezogen, etwa der von Gripp so geschmähte Professor Weigelt, von dem man annahm, er würde sich zu Lasten Gripps äußern. Daneben wurden fast nur Geographen befragt, von denen einige, wie Mecking, wohl den politischen[400] oder wie Arved Schultz, wissenschaftlichen[401] Anschauungen Passarges nahe standen. Daneben hatte man auch versucht, die Gutachter zu manipulieren, indem man sie gezielt nur zu Teilaspekten des Streits befragte und Suggestivfragen stellte.[402] So war Passarge auch schon im Jahr 1930 vorgegangen, als er Expertenmeinungen gegen Gripp sammelte.[403] Nicht immer aber ging die Strategie auf. Weigelt, von dem man eine klare Opposition zu Gripp erwartet hätte, stellte überraschend fest, Gripps Ansehen beruhe nicht nur auf der ersten Spitzbergen-Reise, sondern auch auf seinen Arbeiten „über das marine Altmiozän des Nordseebeckens" oder „die Frage des kontinuierlichen Salzaufstiegs" und hätten „allgemeines Interesse erregt".[404] Obwohl das umfangreiche Gutachten eine

---

397 PASSARGE, Selbstbiographie, S. 448; EHLERS, Geologisches Institut, S. 1233.
398 StA HH, 221-10, Nr. 145 Bd. 1, Schreiben Bredemann an v. Allwörden vom 24.04.1933.
399 Dazu gehörten die Ordinarii Eckert (Geographie Aachen), Mecking (Geographie Münster), A. Schultz (Geographie Königsberg), W. Meinardus (Geographie Göttingen), Weigelt (Geologie Halle), der Extraordinarius Solger (Geologie Berlin) und der Geheime Bergrat Prof. Range (Geologie Berlin); vgl. StA HH, 361-5 II, Nr. P f 3, Schreiben Rose an Bredemann vom 22.04.1933.
400 Vgl. MECKING, Ludwig: Blut und Boden. Erdkundliche Bildung im neuen Staat! (Geographischer Anzeiger, 35,1), Gotha 1934, S. 1.
401 Arved Schultz war früher Passarges Assistent, PASSARGE, Selbstbiographie, S. 457.
402 Hierzu EHLERS, Geologisches Institut, S. 1233.
403 Er bat den Geheimrat von der Preußischen Geologischen Landesanstalt in Berlin und Ordinarius für Geologie an der Bergakademie Berlin, Konrad Keilhack (1858–1944), um Stellungnahme zu Gripps Äußerungen aus dessen Berufungsgutachten. Gezielt wies er darauf hin, Gripp wolle Hamburg zum „Zentrum der Diluvialforschung" machen (StA HH, 361-5 II, Nr. P f 3, Schreiben Passarge an Keilhack vom 25.09.1930). Keilhack empörte sich erwartungsgemäß und schrieb, ein solches Zentrum sei und bleibe Berlin, die Vorstellung, Hamburg könne es werden, sei geradezu „absurd" (StA HH, 361-5 II, Nr. P f 3, Schreiben Keilhack an Passarge vom 04.10.1930).
404 StA HH, 364-5 I Nr. D 110.20.21 Bd. 1, Schreiben Weigelt an Rose vom 01.09.1931.

Fülle nebensächlicher Äußerungen enthält[405], fehlen entlastende Darstellungen, etwa das vom Gericht beauftragte Gutachten Professor Wilhelm Wolffs (1871–1951) von der Geologischen Landesanstalt in Berlin. Diese stark einseitige Darstellung führte in der Gesamtbetrachtung, wie wohl beabsichtigt, zu einer stark negativen Beurteilung Gripps durch die Fachgutachten. So ist es kaum verwunderlich, dass Gripp es ablehnte, zu dem Gutachten Stellung zu beziehen und stattdessen feststellte, er könne „in dem Bericht des Herrn Rose nichts anderes sehen, als den Versuch, Herrn Passarge mit fast allen Mitteln Beistand zu leisten."[406] Dadurch sah sich Rose wiederum durch Gripp beleidigt und verlangte eine Entschuldigung, was Gripp jedoch ablehnte.[407] Um eine sachliche Klärung ging es längst nicht mehr. Auch der Fakultät dürfte bewusst gewesen sein, dass das Gutachten allein auf der persönlichen Beziehung zwischen Rose und Passarge aufgebaut war. Bezeichnend ist, dass Rose die Erstellung eines weiteren Gutachtens für den im späteren Disziplinarverfahren tätigen Ermittlungsrichter Tiede mit der Begründung ablehnte, er sei ja schließlich Mineraloge und nicht Geologe.[408] Anhand der beteiligten Personen zeigt das Gutachten eindrucksvoll, welch umfangreiches Netzwerk Passarge aus den Reihen der deutschen Geographen und z.T. auch Geologen mobilisieren konnte und wie wenig Skrupel er hatte, den Hamburger Streit auch auf eine nationale Ebene zu heben. Neben Roses Gutachten führte Passarge seine Bemühungen fort, Gripps wissenschaftliche Verdienste in Zweifel zu ziehen. So entstanden unter seiner Anleitung Dissertationen, deren Hauptzweck darin bestand, Gripps Forschungsergebnisse anzugreifen, wobei deren z.T. „sehr spekulative Thesen" einer kritischen Überprüfung nicht standhalten.[409]

---

405 Vgl. StA HH, 364-5 I, Nr. D 110.20.21 Bd. 1, Schreiben Wysogorski an Rose vom 14.07.1932, z.B. Aussagen Prof. Wysogorskis aus dem Geologischen Staatsinstitut über den gemeinsamen Kriegsdienst mit Passarge.
406 StA HH, Uni I, D 110 20, H. 21, Schreiben Gripp an v. Allwörden vom 30.05.1933. Gripp erklärte später, er könne auf ein über 200seitiges Gutachten kaum angemessen reagieren ohne sich dafür beurlauben zu lassen, StA HH, 221-10, Nr. 145 Bd. 1, Vernehmungsprotokoll Richter Tiede vom 07.10.1933.
407 StA HH, 361-5 II, Nr. P f 3, Schreiben des Dekans an die Staatsanwaltschaft am Landgericht Hamburg vom 01.07.1933.
408 StA HH, 221-10, Nr. 145 Bd. 1, Vermerk Tiede vom 12.10.1933.
409 BARTELS, Hermann: Morphologie des Ilmenau-Tales und der Lüneburg-Ülzener Eisvorstoß, Diss. Rer. nat., Hamburg 1933; HARDEN, Karl-Heinz: Der Möllner und Beelitzer Sander. Ein Beitrag zur Diluvialmorphologie, Diss. Rer. nat., Hamburg 1932; TAUBE, Hermann: Zur Frage einer sprunghaften „morphologischen Grenze" im nordwestdeutschen Flachland, Diss. Rer. nat., Hamburg 1933 arbeiteten sich ab an GRIPP, Karl: Über die äußerste Grenze der letzten Vereisung in Nordwest-Deutschland, in: Mitteilungen der Geographischen Gesellschaft in Hamburg, 36 (1924), S. 159–245; vgl. zur Einschätzung dieser Arbeiten EHLERS, Geologisches Institut, S. 1232.

Im Verlauf des Verfahrens animierte Passarge seine Vertrauten, immer offener, ihre Parteinahme zu zeigen. So wunderte sich das Gericht etwa, dass der Mitarbeiter am Staatsinstitut, Rudolf Heinz, zugunsten Passarges Aussagen machte, die „bis ins einzelne gehende Angaben über die Vorgänge im Herbst 1923" enthielten, obwohl er im vorherigen Prozess nur „höchst unbestimmte Angaben machen konnte".[410] Folgerichtig entschied das Gericht daher, seiner Aussage keinen Wert beizumessen.[411] Solche Schützenhilfe erhielt Passarge auch außerhalb des Gerichtssaals. So regte der Passarge-Unterstützer Professor Bruno Schulz, der Gripp noch 1927 auf dessen Expedition unterstützt hatte, an, die von der Deutschen Seewarte und der Geographischen Gesellschaft gemeinsam vergebene Neumayer-Medaille ausgerechnet während des Prozesses an Passarge zu verleihen.[412] Erfolglos legte Gripp, der wohl zu Recht eine Beeinflussung des Prozesses durch die Ehrung seines Kontrahenten fürchtete, dagegen bei Paul de Chapeaurouge, der auch Vorsitzender der Geographischen Gesellschaft war, Beschwerde ein.[413] Am 12. Juli 1933 wurde das Urteil des Hanseatischen Oberlandesgerichts rechtskräftig. Passarges Berufung wurde abgewiesen, das erstinstanzliche Urteil wurde auch insoweit bestätigt, als eine „Entlehnung" Gripps angenommen, ihm aber keine Täuschungsabsicht zu Lasten gelegt wurde.[414]

Die Entscheidung war für Passarge völlig unverständlich. In einem 30seitigen Bericht für die Fakultät über seine Sicht des Streits schrieb er im August 1933: „Die Stellungnahme des Oberlandesgerichtes ist eine Beleidigung der Standesehre der Universitätsprofessoren."[415] Etwas maßvoller aber dennoch unbeirrt interpretierte er das Urteil in einer „Mitteilung" an Mitglieder der Universität: „Das Gericht hat nicht Herrn Gripp's Unschuld juristisch ermittelt, sondern sich für außerstande erklärt, eine klare Entscheidung zu fällen […]. Mir persönlich ist vom Gericht ausdrücklich die bona fides anerkannt worden."[416] Auch jetzt, mehr als drei Jahre nach Beginn des Streits war er fest entschlossen, weiter gegen Gripp vorzugehen. Er wusste, dass mehr und mehr

---

410 Der Geologe und Paläontologe Rudolf Heinz (1900–1960) war seit 1932 Mitglied der NSDAP. 1936 wurde er a.o. Professor in Hamburg und 1937 Ordinarius in Leipzig, vgl. EHLERS, Geologisches Institut, S. 1234f.
411 StA HH, 361-5 II, Nr. P f 3, Urteil im Berufungsprozess.
412 Vgl. StA HH, 361-5 II, Nr. P f 3, Schreiben de Chapeaurouge an Regierungsrat Maas vom 20.09.1932.
413 StA HH, 361-5 II, Nr. P f 3, Schreiben de Chapeaurouge an Schulz vom 09.02.1933.
414 StA HH, 361-5 II, Nr. P f 3, Urteil des OLG; StA HH, 361-5 II Nr. P f 3, Blatt 211, Bestätigung vom 12.07.1933.
415 StA HH, 361-5 II, Nr. P f 3, Bericht Passarge an die Fakultät über den Konflikt und das Urteil des OLG vom August 1933.
416 StA HH, 361-5 II, Nr. P f 3, Mitteilung Passarge vom 22.12.1933.

die Zeit für ihn zu spielen begann. Auch Gripp merkte, dass sich die Zeiten wandelten. Trotz seines Sieges vor Gericht zeigte er sich zunehmend defensiv. Mit Bezugnahme auf das Urteil bat er den Dekan, den Astronomie-Professor Richard Schorr (1867–1951), im November 1933, das Disziplinarverfahren zurückzunehmen und versicherte, dass er „bei den scharfen Worten, die gelegentlich im Laufe des Prozesses gefallen sind, nicht die Absicht hatte sei es Herrn Professor Passarge oder Herrn Professor Rose persönlich zu beleidigen."[417] Auch den künftigen Rektor der Universität, den Geschichts-Professor Adolf Rein (1885–1979), bat er nun fast flehentlich, auf die Fakultät einzuwirken, damit die Streitigkeiten beendet werden und das Disziplinarverfahren zurückgezogen werden könne.[418]

4.1.2. Das vorläufige Karriereende – Karl Gripp, ein Opfer nationalsozialistischer Wissenschaftspolitik?

Mit der Machtübernahme der Nationalsozialisten im Jahr 1933 witterte Passarge Oberwasser. Zwar war er selbst noch kein Nationalsozialist, stand als Deutschnationaler jedoch einer ähnlichen Gesinnung nahe.[419] Auch seine antisemitischen Äußerungen und seine teils heftigen Auseinandersetzungen mit der Hamburger Sozialdemokratie sprechen ihr Übriges.[420] Auf Senator Paul de Chapeaurouge, der Gripp zumindest noch vorsichtig vor den schärfsten Angriffen in Schutz genommen hatte, war das NSDAP-Mitglied Wilhelm v. Allwörden (1892–1955) nachgefolgt. Ihm hatte Passarge bereits im April 1933 mitgeteilt, dass es bei dem Streit mit Gripp um nichts weniger als „um die Ehre und Würde der hamburgischen Universität" ginge, „die einen Mann von der Mentalität Herrn Gripps nicht dulden darf."[421] Der sei nämlich ein „ausgesprochener ‚Linksmann', wahrscheinlich Demokrat, und hat demgemäß den Führer der Staatspartei, Herrn Dr. Eichholz[422], als Anwalt. Ich dagegen bin wegen meiner politischen Einstellung zu den Juden und Marxisten auf's Äußerste bei den früheren Machthabern verhaßt."[423]

---

417 StA HH, 361-5 II, Nr. P f 3, Schreiben Gripp an Schorr (Dekan) vom 20.11.1933.
418 StA HH, 361-5 II, Nr. P f 3, Schreiben Gripp an Rein vom 23.11.1933; vgl. zu Rein GRÜTTNER, Michael: Art. „Rein, (Gustav) Adolf", in: DERS., Biographisches Lexikon, S. 136.
419 Fischer/Sandner, Geographisches Seminar, S. 1214.
420 Ebd.
421 StA HH, 361-5 II, Nr. P f 3, Schreiben Passarge an v. Allwörden vom 21.04.1933.
422 Eichholz hatte bereits im Jahre 1927 (als Bürgerschaftsabgeordneter) in einer Anfrage an den Senat Passarges damalige antisemitische Äußerungen zur Sprache gebracht (vgl. FISCHER/SANDNER, Geographisches Seminar, Anm. 37).
423 Hierzu und zum Folgenden StA HH, 361-5 II Nr. P f 3, Schreiben Passarge an v. Allwörden vom 21.04.1933

Dementsprechend sei auch das Gerichtsgutachten von Professor Wilhelm Wolff von der Geologischen Landesanstalt in Berlin, einem „intimen Freund Herrn Gripps" und obendrein „einem eingeschriebenen Mitglied der S.P.D." unglaubwürdig. Stattdessen verwies er auf Roses' Gutachten, an dessen Erstellung er selbst fleißig mitgewirkt hatte. Hier kamen erstmalig politische Denunziationen ins Spiel, von denen sich Passarge erhoffte, der Nationalsozialist v. Allwörden würde sich davon beeinflussen lassen.[424] Zwar hatte dieser das Gutachten, wie von Bredemann gewünscht, an das Gericht weitergeleitet, selbst tätig werden wollte er damals aber nicht. Im Mai hatte er dem Dekan noch mitgeteilt, dass er „keine Veranlassung nehmen kann, gegen irgend eine Seite einzuschreiten [...] solange der Rechtsstreit in der fraglichen Sache nicht rechtskräftig entschieden ist.[425]

Der Abschluss des Gerichtsverfahrens bedeutete für Gripp nur eine kurze Atempause, denn das Ende Juni 1933 von der Fakultät gegen Gripp beschlossene Disziplinarverfahren nahm nun Fahrt auf. Das Ziel war es, ihm seine Eigenschaft als n.b.a.o. Professor zu entziehen. Er wurde als Dozent beurlaubt und auch die Hamburger Staatsanwaltschaft wurde hinzugezogen, da man ihn beschuldigte, er habe im (Zivil-)Prozess gegen Passarge „wissentlich falsche Angaben gemacht", um ihn „zu seinen Gunsten zu beeinflussen". Er habe sich „durch dies Verhalten der Achtung, die seine Stellung als akademischer Lehrer erfordert, unwürdig gezeigt".[426] Auch die vermeintliche „Beleidigung" Roses durch Gripp wurde thematisiert. In welchen Zeiten man mittlerweile angelangt war, zeigt die Tatsache, dass die Disziplinarkammer am Hamburger Landgericht Ende September alle Akten und den Schriftwechsel zwischen Gripp und seinem Anwalt Dr. Eichholz beschlagnahmen ließ, nur um zu prüfen, ob die vermeintliche Beleidigung, die aus einem Schriftsatz hervorgehen sollte, auf Gripp oder seinen Anwalt zurückging.[427] Der jedoch nahm Gripp gegenüber Untersuchungsrichter Tiede in Schutz, obwohl er als politisch engagierter Jude selbst im Fokus nationalsozialistischer Nachstellung stand.[428]

---

424 Zu v. Allwörden vgl. GRÜTTNER, Michael: Art. „Allwörden, Wilhelm von", in: DERS., Biographisches Lexikon, S. 13f.
425 StA HH, 361-5 II, Nr. P f 3, Schreiben v. Allwörden an Bredemann vom 18.05.1933.
426 StA HH, 361-5 II, Nr. P f 3, Schreiben Bredemann an die Staatsanwaltschaft am Landgericht Hamburg vom 01.07.1933.
427 StA HH, 221-10, Nr. 145 Bd. 1, Beschluss des Landgerichts Hamburg vom 30.09.1933.
428 StA HH, 221-10, Nr. 145 Bd. 1, Schreiben Eichholz an Richter Tiede vom 04.10.1933: „Ich bin selbständige geistige Arbeit gewöhnt. Ich pflege nicht Schreiben meiner Mandanten ohne weiteres abschreiben zu lassen, um sie dann als meine Schriftstücke dem Gericht zu unterbreiten."

Der Karriereknick – die Entlassung in Hamburg 101

Da die öffentliche Wahrnehmung eines aufsehenerregenden Disziplinarverfahrens gegen Gripp der Fakultät allerdings schon bald nicht mehr ganz geheuer schien, versuchte ihn der Dekan, Professor Schorr, zum freiwilligen Verzicht seiner Venia Legendi zu überreden, worauf Gripp sich jedoch nicht einließ.[429] Als daneben durch die Hochschulverwaltung, aber auch von Seiten der Untersuchungskammer des Gerichts immer deutlicher signalisiert wurde, dass man einem Ausgang des Disziplinarverfahrens im Sinne der Fakultät immer weniger Chancen einräumte, ging man dazu über, das Verfahren zu verzögern, ohne aber den Antrag zurückzuziehen. Man hoffte, auf die im neuen Universitätsgesetz vorgesehene Ehrengerichtsbarkeit (§ 24) zurückgreifen zu können.[430] Gegenüber Untersuchungsrichter Tiede äußerte etwa der Professor für Geographie Rudolf Lütgens (1881–1972) die Hoffnung, „dass die Sache [...] voraussichtlich bald erledigt sein dürfte", weil Gripp in einem Ehrengerichtsverfahren „mit ziemlicher Sicherheit" seine Venia Legendi verlieren werde.[431] Das allerdings hätte vorausgesetzt, dass Gripp selbst die Konsequenzen aus dem Ehrengerichtsspruch gezogen hätte, „da das Ehrengerichtsverfahren keine Möglichkeit biete, eine Entlassung von Professor Dr. Gripp zu erzwingen."[432] In Anbetracht der Ausdauer und Vehemenz, mit der Gripp um seine Stellung kämpfte, war dies ohnehin eine trügerische Hoffnung und macht deutlich, wie wenig realistisch die Verantwortlichen die Lage tatsächlich einschätzten. So blieb als einzige Option, weiter auf die Fortführung des Disziplinarverfahrens zu setzen, mit schwindenden Erfolgsaussichten. Tatsächlich wurde das Verfahren erst im Sommer 1936 ergebnislos beendet, nachdem die Mathematisch-Naturwissenschaftliche Fakultät der Hansischen Universität ihren Antrag zurückgezogen hatte.[433] Selbst der Dekan, Professor Klatt, sah keinen Sinn mehr in der Fortführung eines solchen Verfahrens, auch wenn ihm „im Interesse des Friedens innerhalb der Fakultät das Ausscheiden des Herrn Professor Dr. Gripp aus dem Lehrkörper der Hansischen Universität erwünscht" wäre.[434] Daraufhin ließ auch die Staatsanwaltschaft am

---

429 StA HH, 241-1 I, Nr. 1125, Vermerk Richter Tiede vom Juli 1933; in der Akte finden sich zahlreiche weitere Vermerke über das Vorhaben, Gripp zur Rückgabe seiner Venia Legendi zu bewegen und so das Disziplinarverfahren gegen ihn rückgängig machen zu können, z.B. StA HH, 221-10, Nr. 145 Bd. 1, Vermerke Tiede vom 02.02.1934 und vom 02.07.1934.
430 Vgl. z.B. StA HH, 221-1,0 Nr. 145 Bd. 1, Schreiben Schorr an Tiede vom 29.06.1934.
431 StA HH, 221-10, Nr. 145 Bd. 1, Vermerke Tiede vom 02.07.1934 und vom 13.07.1934.
432 StA HH, 221-10, Nr. 145 Bd. 1, Vermerk Tiede vom 10.10.1934.
433 StA HH, 361-6, Nr. I 01901, Schreiben Landesunterrichtsbehörde an das REM vom 08.08.1936.
434 StA HH, 361-6, Nr. IV 0323, Schreiben Klatt (Dekan) an den Syndikus der Universität Hamburg vom 18.06.1936.

Oberlandesgericht Hamburg Anfang Oktober 1936 Gripp als Beschuldigten außer Verfolgung setzen.[435]

Neben dem Kampf um seine Lehrbefugnis hatte Gripp noch eine viel schwerwiegendere Auseinandersetzung zu bestehen. Seine Haupttätigkeit war die des Kustos am Geologischen Staatsinstitut, nicht die des Privatdozenten an der Universität. Anfang März 1934 hatte Karl Gripp per Einschreiben einen Brief der Landesunterrichtsbehörde erhalten. Darin hieß es: „Die Landesunterrichtsbehörde, Hochschulwesen, beabsichtigt, Ihre Versetzung in den Ruhestand auf Grund des § 6 des Reichsgesetzes zur Wiederherstellung des Berufsbeamtentums vom 7. April 1933 beim Senat zu beantragen. Falls Sie sich hierzu noch äußern wollen, wird Ihnen anheimgegeben, dies innerhalb 3 Tagen nach Erhalt dieses Briefes zu tun."[436] Für den 42jährigen Gripp, Vater zweier Kinder, brach damit nicht nur seine wissenschaftliche, sondern vor allem eine finanzielle Welt zusammen, war doch seine Kustodenstelle die einzig gesicherte Einnahmequelle.

Ohne überhaupt die genauen Hintergründe zu kennen, versuchte Gripp innerhalb der kurzen Frist eine Erwiderung zu erstellen. In dem fünfseitigen Schreiben[437] verwies er auf seine wissenschaftlichen Verdienste und seine Bedeutung als Wissenschaftler und Arktisforscher. Tatsächlich konnte Gripp bereits über 40 wissenschaftliche Veröffentlichungen vorweisen und so fügte er seinem Schreiben wenig später hinzu, dass er „mehr geschaffen habe als jeder andere Geologe während seiner Tätigkeit", als einziger zudem eine Arbeit über die Geologie Hamburgs. Für eine Entlassung käme er auch „aus socialen Gründen" nicht in Frage, vor allem deshalb nicht, weil „am gleichen Institut ein Junggeselle, der kurz vor der Pensionierung steht und mich an wissenschaftlichem Wert zweifellos nicht übertrifft, noch im Dienst belassen wird." Damit meinte Gripp seinen 59jährigen Kustoden-Kollegen Professor Wysogorski (1875–1952), der im Prozess auf Seiten Passarges gestanden hatte. Er vermutete folglich, dass seine Entlassung aus diesem Streit herrühren müsse, obgleich er „in beiden Gerichtsprozessen Recht bekommen" hatte. Im Angesicht seines beruflichen Untergangs zeigte Gripp sich jetzt zu allen Kompromissen bereit: „Um aber Ruhe zu erzielen und von den Herren

---

435 StA HH, 361-6, Nr. IV 0323, Beschluss vom 06.10.1936.
436 StA HH, 361-6, Nr. I 01901, Schreiben Landesunterrichtsbehörde an Gripp vom 07.03.1934.
437 Hierzu und zum Folgenden StA HH, 361-6, Nr. I 01901, Schreiben Gripp an die Landesunterrichtsbehörde vom 10.03.1934, so habe man ihn bereits „zu Vorträgen eingeladen nach Berlin, Breslau, Kiel, Hannover, Frankfurt, Mainz, Göttingen, Delfft, Kopenhagen". „Dänische Wissenschaftler verschafften mir 1930 sogar Geld aus dänischen Stiftungen, damit ich am grönländischen Inlandeis Untersuchungen anstelle wie vorher in Spitzbergen und so neuen Einblick in die Entstehung der heimischen eiszeitlichen Absätze gewönne".

Professor Passarge und Rose ganz getrennt zu sein, bin ich bereit auf mein Recht zu verzichten und ein gewisses Odium auf mich zu laden, indem ich meine Venia Legendi niederlege, falls ich als Kustos im Amt verbleiben kann." Alternativ bat er „die Möglichkeit zu prüfen, mich als Kustos für Prähistorie am Museum für Völkerkunde zu verwenden." Als Referenz verwies er auf gemeinsame Arbeiten mit den Frühhistorikern Alfred Rust und Gustav Schwantes. Zuletzt drohte er sogar, seine Entlassung dürfte aufgrund seiner Bedeutung „lebhaften Unwillen erregen".

Als ein überraschendes Dokument erweist sich Gripps Entlassungszeugnis, das ihm der neue Direktor und Nachfolger Gürichs, Professor Brinkmann (1898–1995), ausgestellt hatte.[438] Anstatt in den mittlerweile gegenüber Gripp herrschenden, stark negativen Tenor (z.B. im Gutachten Roses) einzusteigen, zeichnete er ein äußerst schmeichelhaftes Bild: „Seine Untersuchungen im Diluvium Norddeutschlands wiesen der Diluvialgeologie sachlich und methodisch neue Wege; insbesondere war die Verknüpfung von Beobachtungen in der Heimat mit solchen in rezenten Inlandseisgebieten der Arktis ein fruchtbarer Arbeitsweg, der weiter begangen werden wird." Auch Gripps Qualitäten als Dozent, die „klare, pädagogisch geschickte Art seines Vortrags" hob er lobend hervor. Gripp sei lediglich wegen „Einsparung einer Kustosstelle in den Ruhestand versetzt" worden. Auf den ersten Blick schien Gripp also durch die Politik entgegen den Wünschen des Staatsinstituts in den Ruhestand versetzt worden zu sein.

Während sich Passarge seit 1930 einer wachsenden Zahl an Unterstützern erfreuen konnte, stand Gripp weitgehend allein. Das galt insbesondere nach Ausscheiden Gürichs, der aber ohnehin wenig zu Gripps Ehrenrettung beigetragen hatte.[439] Auch Gripps übrige Institutskollegen intervenierten weder vor noch nach der Machtergreifung der Nationalsozialisten offen zu Gunsten Gripps, auch nicht Emmy Todtmann, die 1933 in die NSDAP eingetreten war.[440]

Widerspruch kam lediglich aus den Reihen der Universität Kiel. Professor Gustav Schwantes (1881–1960), Direktor des Museums vorgeschichtlicher Altertümer, setzte sich Anfang Oktober 1934 mit deutlichen Worten und dem klaren Verweis auf seine Tätigkeit für die SS bei Senator v. Allwörden für Gripp ein. Anlässlich eines Vortrages beim „Reichsbund Volkstum und

---

438 Zum Folgenden LASH, Abt. 47, Nr. 6596, Entlassungszeugnis Karl Gripp vom 10.04.1934.
439 Gürich nahm etwa das Rechtfertigungsschreiben Gripps an Senator de Chapeaurouge nur als „gesehen" zur Kenntnis, ohne hierzu Stellung zu nehmen, StA HH, 361-5 II Nr. P f 3.
440 EHLERS, Geologisches Institut, S. 1231; zur Mitgliedschaft Todtmanns siehe BArch, R 4901 / Nr. 12471.

Heimat in Hamburg", bei dem „selbstverständlich der ganz hervorragenden Verdienste" Gripps für die Erforschung der Eiszeit[441] gedacht worden sei, habe er vom Schicksal Gripps, einem „weltbekannte[n]" und einem „der genialsten Forscher" erfahren. Völlig fassungslos sei er darüber, dass man einen Forscher, der „als Erster auf Grund mehrfacher Reisen in die Arktis ganz neue und überraschende Deutungen für die Entstehung unserer Heimat gegeben" hatte, entlassen habe. Gripp habe ihm seine Vermutung mitgeteilt, „der neuernannte Direktor des Geologischen Staatsinstituts wünsche mit jüngeren Kräften zu arbeiten und die Einstellung einer solchen sei in den nächsten 20 Jahren nicht möglich, wenn man Gripp an seiner Stelle liesse". Fast schon prophetisch, wenn wohl auch kaum in Bezug auf die nationalsozialistischen Säuberungswellen, die zu dieser Zeit nicht nur durch die deutsche Hochschullandschaft tobten, schrieb er, ein derartiges Vorgehen gegen Wissenschaftler „in den besten Jahren" würde „die gesamte deutsche Wissenschaft in ganz kurzer Zeit vollkommen erschüttern und ihre Weltgeltung vernichten."[442]

Wahrscheinlich ist, dass Gripp sich an Schwantes wandte, weil er verstanden hatte, dass er ohne Hilfe verloren war. Der breiten Front seiner Gegner aus NSDAP-Mitgliedern und Sympathisanten sah er sich nur mit ebensolcher Unterstützung gewachsen. Schwantes hatte mit der SS-Forschungsgemeinschaft Deutsches Ahnenerbe eine mächtige Unterstützung im Rücken.[443] Schwantes brachte aber nicht nur Gripps nationales, sondern auch sein internationales Netzwerk ins Spiel: Sein Ansehen erstrecke sich „über alle Teile der Welt". Besonders von „den nordischen Forschern wird er [...] ganz besonders hoch geschätzt." Stets würden Ausländische Wissenschaftler bei den Ausgrabungen nach Gripp fragen. Man versuche zwar über die Gründe für Gripps Abwesenheit den „Mantel des Schweigens" zu breiten, könne aber auf Dauer den Eindruck nicht verhindern, dass in Deutschland „seltsame Dinge vor sich gehen, über die die Beteiligten, offenbar aus Angst, nicht zu sprechen wagen." Dies sei „wahrhaftig nicht angetan, die augenblicklich im Auslande herrschende Stimmung gegen uns günstig zu beeinflussen."[444]

---

441 StA HH, 361-6, Nr. I 01901, Schreiben Schwantes an Senator v. Allwörden vom 03.10.1934.
442 Ebd.
443 Im Folgenden als SS-Ahnenerbe bezeichnet. Zur Forschungsgemeinschaft Deutsches Ahnenerbe der SS vgl. HASSMANN, Henning/JANTZEN, Detlef: „Die deutsche Vorgeschichte – eine nationale Wissenschaft." Das Kieler Museum für vorgeschichtliche Altertümer im Dritten Reich, in: Offa 51 (1994), S. 9–24; KATER, Michael: Das „Ahnenerbe" der SS 1935–1945. Ein Beitrag zur Kulturpolitik des Dritten Reiches (Studien zur Zeitgeschichte, 6), 4. Aufl., München 2006 und REITZENSTEIN, Himmlers Forscher.
444 StA HH, 361-6, Nr. I 01901, Schreiben Schwantes an v. Allwörden vom 03.10.1934.

Der Hamburger Umgang mit Gripp sei etwas, das „eine gewisse Ähnlichkeit mit einem Skandal haben könnte", den er öffentlich zu machen drohte. So mutet es wie ein merkwürdiger Zufall an, dass in der Abendausgabe der Hamburger Nachrichten vom 31. Oktober 1934 über „Aufsehen erregende Funde" bei Ausgrabungen eines Altsteinzeitjägerlagers bei Meiendorf berichtet wird, wobei neben Alfred Rust auch Karl Gripp prominent in Szene gesetzt wurde.[445] Immerhin konnte Professor Schwantes mit seinen Einwänden erreichen, dass die Causa Gripp nicht so einfach zu den Akten gelegt wurde und Gripp im weiteren Verfahren noch etwas Zeit gewann. Senator v. Allwörden antwortete ihm Anfang November „ergebenst, daß von hier aus bereits eine nochmalige Nachprüfung der Abbauverfügung veranlaßt worden ist."[446] Dennoch konnte auch die Intervention Schwantes' keine grundlegende Änderung herbeiführen. So ließ Senator v. Allwörden ein knappes Dreivierteljahr später die Personalabteilung des Staatsamtes wissen, er könne nach Durchsicht der vorliegenden Berichte „eine Wiedereinstellung des Kustos Professor Gripp nicht befürworten." Der Brief von Professor Schwantes ist eines der wenigen Zeugnisse dafür, dass Gripp nicht völlig hilflos war, zeigt aber auch, wie sehr man in Hamburg bemüht war, keine Details über die Angelegenheit Gripp nach außen dringen zu lassen. Dies führte dazu, dass – teilweise bis heute – aus den wenigen bekannten Fakten wie der Tatsache, dass Gripp aufgrund des Gesetzes zur Wiederherstellung des Berufsbeamtentums entlassen worden war, ganz eigene, häufig unzutreffende Schlussfolgerungen gezogen wurden – mit ganz unterschiedlichen Folgen für Gripp.

Wie schon erläutert, schien die Entlassung Gripps auf den ersten Blick nicht im Interesse des Staatsinstituts zu liegen. Nachdem Gripp persönlich bei der Hochschulbehörde vorstellig geworden war, hatte man ihm jedoch mündlich den ausschlaggebenden Grund für seine Entlassung mitgeteilt: „Nur wenn der jüngere pensioniert wird, ergibt sich am Geologischen Staatsinstitut die Möglichkeit neue Kräfte dort einzusetzen."[447] Unter einer neuen Führung hatte sich im Staatsinstitut nämlich zwischenzeitlich eine neue Situation ergeben. Ursprünglich hatte der Leiter des Geologischen Staatsinstituts, Professor Gürich, bereits 1930 emeritiert werden sollen. Die Wiederbesetzung seiner Stelle erwies sich, auch wegen der entstandenen Streitigkeiten um seine Nachfolge, als schwierig.[448] Sein Vertrag wurde daher mehrfach verlängert, ab dem Sommersemester 1932 erkrankte der mittlerweile 73jährige jedoch so stark, dass seine Vorlesung ausfallen musste.[449] Nachdem Gripp durch

---

445 StA HH, 361-6, Nr. I 01901, Hamburger Nachrichten vom 31. Oktober 1934.
446 StA HH, 361-6, Nr. I 01901, v. Allwörden an Schwantes vom 09.11.1939.
447 StA HH, 361-6, Nr. I 01901, Schreiben Gripp an die Landesunterrichtsbehörde vom 12.03.1934.
448 EHLERS, Geologisches Institut, S. 1224.
449 Ebd., S. 1225.

die Intervention Passarges als Nachfolger unmöglich gemacht worden war, beschloss der Senat auf Vorschlag Senator Witts schließlich, beim Hamburger Reichsstatthalter die Berufung Professor Roland Brinkmanns zum 1. Oktober 1933 zu beantragen.[450] Unter seiner Leitung erlebte das Geologische Staatsinstitut Mitte der 1930er Jahre eine kurze Blütephase[451], wozu er eine Reihe „vielversprechender junger Geologen"[452] nach Hamburg geholt hatte, die z.T. bei Brinkmann studiert hatten.[453] Da aber alle verfügbaren Stellen besetzt waren, musste er das Institut umstrukturieren und Mitarbeiter zum Fortgang bewegen oder sie an andere Einrichtungen wie die Staatsbibliothek oder die Hamburger Münze abgeben.[454]

Die Andeutungen Gripps und die Einwendungen Professor Schwantes' hatten das Hamburger Staatsamt veranlasst, sich nochmals die Gründe für Gripps Entlassung darlegen zu lassen, insbesondere die Frage der wissenschaftlichen „Befähigung des Professors Gripp im Verhältnis zu der des Professors Wysogorski".[455] In seiner Rechtfertigung Ende November 1934 bestätigte der Direktor des Geologischen Staatsinstituts Gripps frühere Vermutungen zum größten Teil, sprach sich selbst aber von jeder Verantwortung frei. So habe die seit Anfang 1934 tätige Sparkommission den Wegfall einer Kustodenstelle im Geologischen Staatsinstitut beschlossen, „ohne die Personenfrage zu erörtern", was daher ihm zugefallen sei.[456] Dabei seien entweder Professor Wysogorski wegen des Erreichens der Altersgrenze oder aber Gripp wegen des Streits mit Passarge in Betracht gekommen. Gripp sei dabei „aus sozialen Gründen im Vorteil" gewesen. Auch „vom wissenschaftlichen Standpunkt ist Professor Gripp ganz entschieden die stärkere Persönlichkeit." Dies hatte Brinkmann zudem schon in seinem Gutachten vom Mai 1934 für die Wiederbesetzung des geologischen Lehrstuhls an der Kieler Universität, in dem er Gripp an erster Stelle vorgeschlagen hatte, ausgeführt: „Unter den genannten 7 Herren hat zweifelsohne K. Gripp die Erforschung des norddeutschen Diluviums durch eigne ideenreiche Arbeit weitaus am meisten gefördert".

---

450 Ebd.
451 Siehe etwa die Hefte XVI und XVII der „Mitteilungen aus dem Geologischen Staatsinstitut", in welchen die dort angefertigten Dissertationen und Habilitationen sowie Sammel- und Tagungsbände zu Forschungsschwerpunkten des Instituts veröffentlicht wurden.
452 EHLERS, Geologisches Institut, S. 1227.
453 Ebd., dazu gehörten Hubert Kleinsorge, Kurt Gundlach, Paul Schmidt-Thomé und Walter Carlé.
454 Ebd.
455 StA HH, 361-6, Nr. I 01901, Schreiben Hamburgische Staatsamt an die Verwaltung für Kulturangelegenheiten vom 02.11.1934.
456 Hierzu und zum Folgenden StA HH, 361-6, Nr. I 01901, Schreiben Brinkmann an den Dekan (wohl Berthold Klatt) vom 30.11.1934.

Dies sei vor allem seinen „Untersuchungen in rezenten Inlandeisgebieten der Arktis" geschuldet, von denen er „wichtige und interessante Ergebnisse über Solifluktion, Strukturboden, Entstehung der Endmoränen und der übrigen glazialen Formenwelt" heimgebracht habe, „die auf die etwas stagnierende Glazialmorphologie belebend gewirkt haben und noch weiter wirken werden." Auch das von Brinkmann erstellte Abschlusszeugnis hatte Gripp ja dessen wissenschaftliche Exzellenz bescheinigt. Bei seiner Entscheidung sei ihm jedoch „von der Hochschulbehörde nahegelegt" worden zu prüfen, „ob nicht Zweckmäßigkeitsgründe für den Abbau von Gripp sprächen, um auf diesem Wege eine Beruhigung und einen allmählichen personellen Neuaufbau des durch jahrelange innere Streitereien schwer erschütterten Instituts durchzuführen." Diese Formulierung klammerte den Vorwurf Gripps aus, er stehe einer Neuordnung des Instituts nach Brinkmanns Vorstellungen im Weg. Es war zudem der einzige Vorwurf, den Brinkmann unkommentiert ließ. Stattdessen schob er die Verantwortung dem Senat und der Hochschulbehörde zu. Aber auch in den Beratungen innerhalb der Fakultätskommission zum Disziplinarverfahren habe sich herausgestellt, dass „keinem der Kommissionsmitglieder ein Verbleiben Gripps im Fakultätskreis erwünscht erschien, da ihm unakademisches Verhalten zum Vorwurf gemacht wird." Er selbst habe den Eindruck gewonnen, „dass die Differenzen zwischen Professor Passarge und Professor Gripp nicht zur Ruhe kommen werden, so lange die Genannten noch weiter gemeinsam an der Hamburgischen Universität tätig sind. Dasselbe gilt auch für die tiefgehenden Spaltung, die dieser Streit im Geologischen Institut erzeugt hat." Aus „Zweckmäßigkeitsgründen" habe er sich daher für eine „Zurruhesetzung" von Professor Gripp entscheiden müssen. Da hinlänglich bekannt war, dass Passarge der Ursprung des Streits war und Gripp auch vor Gericht Recht bekommen hatte, ist dessen Entlassung, um Ruhe in der Fakultät einkehren zu lassen, ein erstaunlicher Vorgang. Offenbar überwogen nicht rechtliche oder zumindest normative Aspekte, sondern vielmehr die Stellung des älteren Professors als Ordinarius. Dem hatte Gripp nichts entgegenzusetzen.

Doch nicht nur der Streit mit Passarge war ausschlaggebend, auch Brinkmanns eigene Interessen spielten eine Rolle. So relativierte er Gripps zuvor herausgehobene Bedeutung im Verhältnis zu seiner eigenen. So habe dieser zwar „in seinem Fach Hervorragendes geleistet, aber man darf nicht übersehen, dass seine Arbeiten sich wesentlich auf einem Spezialgebiet bewegten". Auch im Verhältnis zu Wysogorski „überrage" Gripp diesen zwar, er sei allerdings schon vor der Gründung der Uni ohne wissenschaftlichen Auftrag als „reiner Kustos" ans Institut berufen worden, eine Aufgabe, die er seit 20 Jahren „unermüdlich und aufopfernd" ausfülle. Dabei verschwieg er jedoch, dass auch Gripp schon seit 1914 am Staatsinstitut beschäftigt war. Gripps Entlassung dürfte daher wohl auch in den Umbauplänen Brinkmanns begründet liegen, der sich so noch eines ehrgeizigen Konkurrenten entledigen

konnte. Zuletzt machte er mehr oder weniger deutlich, dass er weitere Kritik und Andeutungen von Seiten Gripps an seiner Entscheidung nicht hinnehmen werde: „Ich möchte hierauf ausdrücklich hinweisen, da ich es persönlich sehr bedauern würde, wenn Herr Gripp aus einer falschen Deutung dieser rein finanziellen Massnahme Nachteile auf seiner ferneren Laufbahn erwüchsen."
Auch die Staatsverwaltung musste zugeben, „dass der Abbau des sich in höherem Alter befindlichem Professor Wysogorski für die Staatskasse günstiger ausgewirkt haben würde" und somit auch keine finanziellen Gründe für eine Entlassung Gripps, der ja offiziell aus Einsparungsgründen in den Ruhestand versetzt worden war, gesprochen haben können.[457] Da aber sonst „Professor Gripp weiterhin auf lange Jahre im Dienst verblieben wäre" und man diesen Zustand „als nicht tragbar" ansah, begann man nun weitere Gründe zu suchen, die die Entlassung Gripps, die auch nach außen zunehmend den Charakter persönlicher Intrigen annahm, rechtfertigen konnten. Man ging nun verstärkt dazu über, die vagen Andeutungen Passarges über Gripps angeblichen politischen Hintergrund aufzugreifen und als Tatsachen hinzustellen: „Dieser Nachweis, dass Professor Gripp gesinnungsgemäß der Demokratischen Partei angehört hat, ist durch seine eigene Angabe erbracht." Was Gripp tatsächlich allerdings niemals geäußert hatte. „Äusserlich hat er dieser Einstellung ausserdem durch die Wahl seines Anwalts […] Ausdruck verliehen." Die „politisch linksgerichtete Einstellung" Gripps sei in weiten Universitätskreisen bekannt gewesen und nach „den der Behörde [bekannt] gewordenen Mitteilungen" – vermutlich durch Passarge – „stand er im strikten Gegensatz zur nationalsozialistischen Einstellung und konnte nicht die Gewähr dafür bieten, dass er jederzeit rückhaltlos für den nationalen Staat eintreten würde." Die Behörde habe daher „nach pflichtgemässem Ermessen" dafür Sorge tragen müssen, „in absehbarer Zeit als Kustoden für das Geologische Staatsinstitut einen Herrn zu gewinnen, dessen nationale Zuverlässigkeit ohne Zweifel und der unbedingt auf dem Boden des heutigen Staates steht."
Diese Entscheidung, die im Hinblick auf eine Tätigkeit, die sich weitgehend im Ordnen und Kategorisieren von Fossilien und Gesteinen erschöpfte, erstaunlich wirken mag, bereitete den Boden dafür, dass fortan von verschiedenen Stellen zu verschiedenen Anlässen davon ausgegangen wurde, Gripp sei 1934 aus politischen Gründen entlassen worden. Tatsächlich tauchte diese Argumentation – abgesehen von den vagen Andeutungen Passarges – erstmals in dem Schriftstück vom Sommer 1935 auf, als der Streitfall gerichtlich längst geklärt und die Entlassung bereits entschieden war, ohne dass man zuvor jemals auf Gripps vermeintliche politische „Unzuverlässigkeit" hingewiesen hätte. Auch bestritt Gripp stets, überhaupt politisch interessiert oder

---

457 Hierzu und zum Folgenden StA HH, 361-6, Nr. I 01901, Schreiben Personalabteilung an Verwaltung für Kulturangelegenheiten vom 13.06.1935.

engagiert zu sein, was durch das Fehlen von Quellenmaterial über politische Äußerungen oder Mitgliedschaften untermauert wird. Auch in Gripps Entnazifizierungsakte von 1947[458] sind keine dem Nationalsozialismus entgegenstehende Mitgliedschaften Gripps in politischen Parteien oder Vereinigungen bekannt. Sie dort aufzuführen, wäre aber gerade im Interesse Gripps gewesen, hätten sie dort doch erheblich zu seiner Entlastung beigetragen. Es ist daher davon auszugehen, dass Gripp tatsächlich nicht politisch engagiert war und die Vorwürfe damit jeder Grundlage entbehrten.

Gripp war also nicht aufgrund wissenschaftlich schlechter Arbeit und schon gar nicht aus politischen Gründen in den Ruhestand versetzt worden. Vielmehr hatte Brinkmann ihn aufgrund des Streits mit Passarge und wohl auch, weil Gripp einer Neuordnung des Instituts durch Brinkmann selbst im Wege stand, loswerden wollen. Daneben lässt sich vermuten, dass Brinkmann die beständige Konkurrenz des ehrgeizigen Karl Gripp beseitigt wissen wollte. Diesen Verdacht legte Gripp auch Mitte Juni 1936 dem Rektor der Hansischen Universität dar und bat abermals um Gelegenheit zur Aussprache.[459]

In Universität und Hochschulbehörde war man mittlerweile jedoch dazu übergegangen, kaum noch etwas zu unternehmen, wohl in der Hoffnung, die Angelegenheit werde im Sande verlaufen. Gripp hoffte allerdings auch über zwei Jahre nach seiner Entlassung noch auf eine Rückkehr, denn innerhalb dieser Zeit war das schwebende Verfahren immer noch nicht offiziell zum Abschluss gebracht worden. Damit blieb die Angelegenheit für die Hamburger Universität heikel und wurde den Verantwortlichen zunehmend peinlich. Daher bemühte man sich ab 1936 verstärkt um eine von allen Seiten tragbare Lösung, indem man diskret versuchte, Gripp außerhalb Hamburgs unterzubringen. Das hinzugezogene Reichserziehungsministerium dachte jedoch nicht daran, den Hamburgern die lästige Angelegenheit abzunehmen, sondern teilte knapp mit, „dass eine Verwendung des Professor Dr. Gripp ausserhalb Hamburgs in einem Lehr- oder anderem wissenschaftlichen Amt vorerst nicht beabsichtigt ist." Die Entscheidung über die endgültige Versetzung Gripps in den Ruhestand müsse man daher „dem Ermessen des Herrn Reichsstatthalters überlassen."[460] Dort versuchte man nun selbst, für Gripp Alternativen zu finden. Regierungsdirektor Struwe notierte in einem Vermerk vom Mai 1936, dass man vor einer Entscheidung des Reichsstatthalters in Hamburg Nachforschungen anstellen solle, ob Gripp nicht bei der „Geologischen Landesstelle in Preussen" Anstellung finden könne.[461] Dies erschien so vielversprechend,

---

458 LASH, Abt. 460, Nr. 6183.
459 StA HH, 361-6, Nr. I 01901, Schreiben Gripp an Rein vom 14.06.1936.
460 StA HH, 361-6, Nr. IV 0323, Schreiben REM an das Hamburgisches Staatsamt vom 26.02.1936.
461 StA HH, 361-6, Nr. IV 0323, Vermerk Struwe vom 15.05.1936.

dass die Mathematisch-Naturwissenschaftliche Fakultät im Juni 1936 den Antrag auf Einleitung des Disziplinarverfahrens gegen Gripp auch deswegen zurücknehmen ließ, weil man erwartete, Gripp könne bald von der Preußischen Geologischen Landesanstalt übernommen werden und so endgültig aus der Hansischen Universität ausscheiden.[462] Auch Rektor Rein bekräftigte, dass er eine Beschäftigung Gripps außerhalb Hamburgs „für alle Beteiligten, auch für Professor Dr. Gripp", für „dringend wünschenswert" hielt.[463]

Die Hoffnung allerdings trog und auch aus den verstärkten Anfragen der Kieler Universität, die Gripp gerne beschäftigt hätte, wurde zunächst nichts. Dies war für die Hamburger Universität ärgerlich und für Gripp bitter, zumal ihm am 19. September 1938 mitgeteilt wurde, dass der Reichsstatthalter in Hamburg seine Beschwerde über die Versetzung in den Ruhestand „als unbegründet zurückgewiesen" hatte.[464] Damit zerschlug sich Gripps Hoffnung auf Rückkehr in seine Beamtenstellung als Kustos im Geologischen Staatsinstitut endgültig. Formal jedoch blieb er Angehöriger der Universität, zumal man mit dem Wegfall des Disziplinarverfahrens auch keine Handhabe hatte, um ihn endgültig loszuwerden. So wurde er von Semester zu Semester weiter als Dozent beurlaubt, stets in der Hoffnung, eine Umhabilitierung nach Kiel würde sich bald vollziehen.

In der Gesamtschau zeigt sich das komplexe Beziehungs- und Interessensystem, das zur zwangsweisen Versetzung Gripps in den Ruhestand führte. Gripps Leistungen als Wissenschaftler und Arktisforscher waren überall, meist auch bei seinen Gegnern, anerkannt. Der Zusammenhang aus Karriere und Expeditionsreise wurde weitgehend bestätigt. Gripp war als Wissenschaftler eigentlich ein Glücksfall für Hamburg, Universität und Staatsinstitut. Trotzdem beschädigte man ihn und seinen gesamten wissenschaftlichen Ruf so schwer, dass ihn keine der beteiligten Institutionen weiter beschäftigen konnte, ohne die eigene Glaubwürdigkeit zu verlieren. Gripp wurde allerdings auch sein eigenes Selbstbewusstsein zum Verhängnis, er hatte zu selbstbewusst, stellenweise wohl auch arrogant agiert und war so mit dem nicht minder selbstbewussten Passarge aneinander geraten – nicht alle seiner Anschuldigungen lassen sich von der Hand weisen. Die Motive für die Angriffe Siegfried Passarges lassen sich aufgrund der Massivität und Rücksichtslosigkeit, mit der er sie vortrug, jedoch nur schwer nachvollziehen. Schon das Gericht hatte seine Vorwürfe als „maßlos" bezeichnet. Nach dem zur Verfügung stehenden Material kommen

---

462 StA HH, 361-6, Nr. IV 0323, Schreiben Klatt an den Syndikus Universität Hamburg vom 18.06.1936.
463 StA HH, 361-6, Nr. IV 0323, Schreiben Rein an die Hochschulbehörde vom 23.06.1936.
464 StA HH, 361-6, Nr. IV 0323, Schreiben Staatsverwaltung Hamburg, Abteilung Hochschulwesen an Gripp vom 19.09.1938.

Neid auf Gripps Erfolge in der Arktis, Unverständnis für Gripps Lehr- und vor allem Forschungsmethoden sowie Ärger über dessen Einmischung in Berufungsangelegenheiten, die im Interesse Passarges lagen, in Betracht.

Politische Aspekte lassen sich hingegen nicht feststellen. Der Vorwurf, Gripp stehe politisch auf der falschen Seite, kam erst auf, als sich die übrigen Vorwürfe als haltlos herausgestellt hatten. Das half Gripp trotzdem nicht. Zum einen hatte Passarge aufgrund seines Dienstalters die deutlich bessere Stellung an der Universität. Kein jüngeres Mitglied wagte gegen ihn aufzubegehren und sich für Gripp einzusetzen.[465] Sie waren für ihr eigenes Fortkommen doch häufig genug auf Passarges Wohlwollen angewiesen. Sein Netzwerk, das zeigt sich im Laufe des Streits, war auf nationaler Ebene breit aufgestellt und mit zunehmendem Erstarken des politisch-nationalen Gedankenguts auch immer mächtiger geworden. Der, wie sich zeigte, weitgehend unpolitische Gripp war schnell ins Hintertreffen geraten und das spärliche Netzwerk seiner Unterstützer schnell zerfallen. Gürich war zu alt und zu krank, um ihn zu unterstützen. Akteure wie Senator de Chapeaurouge standen weniger ihm, als vielmehr seiner Kollegin Emmy Todtmann nahe. Alte Seilschaften, so sie für Gripp überhaupt existierten, waren mit der Machtübernahme der Nationalsozialisten ohnehin kaltgestellt. Auch sonst gab es am Geologischen Staatsinstitut niemanden, der ein Interesse hatte, Gripp zu verteidigen. Dort herrschte zudem ein umfangreiches Konkurrenzdenken vor. Dies vermutete schon Ehlers für Gripps Kollegen Rudolf Heinz[466] und dies zeigte sich noch mehr im Falle des neuen Institutsleiters Professor Brinkmann, der die Gelegenheit wahrnahm, Gripp zu beseitigen. Bezeichnenderweise wurde Brinkmann bald darauf selbst kaltgestellt. Heinz hatte auch gegen ihn Material gesammelt[467], und obschon er Mitglied der NSDAP war, wurde Brinkmann 1937 auf dessen Betreiben aus der Partei ausgeschlossen und zum Ende des Jahres zwangsweise in den Ruhestand versetzt.[468] Auch sein Antrag auf Rückkehr

---

465 Zum Problem der Generationalität in dieser Zeit siehe REULECKE, Jürgen: Generationalität in der West-/Ostforschung im „Dritten Reich". Ein Interpretationsversuch, in: Wissenschaften und Wissenschaftspolitik. Bestandsaufnahmen zu Formationen, Brüchen und Kontinuitäten im Deutschland des 20. Jahrhunderts (Wissenschaft, Politik und Gesellschaft, 1), hrsg. von Rüdiger vom BRUCH und Brigitte KADERAS, Stuttgart 2002, S. 354–360.
466 EHLERS, Geologisches Institut, S. 1234.
467 Ebd., S. 1227.
468 StA HH, HW-DPA I 141, Bd. 2, Roland Brinkmann; vgl. RENNEBERG, Monika: Zur Mathematisch-Naturwissenschaftlichen Fakultät der Hamburger Universität im „Dritten Reich", in: Hochschulalltag im „Dritten Reich". Die Hamburger Universität 1933–1945. Teil III: Mathematisch-Naturwissenschaftliche Fakultät, Medizinische Fakultät, Ausblick, Anhang, hrsg. von Eckert KRAUSE, Ludwig HUBER, und Holger FISCHER, Hamburg 1991, S. 1051–1074.

wurde 1939 „aus grundsätzlichen Erwägungen" zurückgewiesen.[469] Für Gripp zeigte sich dennoch ein Silberstreif am Horizont: Schwantes und Rust aus Kiel, die durch ihre Arbeit für das SS-Ahnenerbe auf ein eigenes politisches Netzwerk zurückgreifen konnten. Gripp war pragmatisch und hatte offenbar keine politischen Berührungsängste. Er hatte aus dem Streitfall mit Passarge die Lektion mitgenommen, dass er auf ein starkes eigenes Netzwerk angewiesen war. Er begann, sich nach Kiel zu orientieren.

4.2. Der Zweck und die Mittel – Karl Gripp, Gauleiter Hinrich Lohse und die Berufung nach Kiel

Die Entlassung hatte Gripp nicht nur in seiner wissenschaftlichen Karriere erheblich zurückgeworfen, sondern auch finanziell getroffen. Immerhin erhielt er von der Schulbehörde Hamburgs für seine ehemalige Tätigkeit als Kustos eine monatliche Pension von 410 RM.

Neben seiner Mitarbeit bei den Ausgrabungen Alfred Rusts (1900–1983) in Meiendorf und Stellmoor[470] erhielt Gripp die Möglichkeit, für eine kleine Aufwandsentschädigung auch als geologischer Berater für Professor Schwantes bei den geologisch-archäologischen Arbeiten der Provinzialstelle für vor- und frühgeschichtliche Landesaufnahme und Bodendenkmalpflege Kiel zu arbeiten. Daneben war er später als „Beratender Geologe der Wasserstraßendirektion Kiel, Abt. Erweiterung des Kaiser Wilhelm Kanals" tätig.[471] Die Grenze für seinen Zuverdienst lag jedoch lediglich bei 250 RM im Monat, ansonsten hätte er seine Pension gefährdet. Damit war nicht nur finanziell die noch 1930 vielversprechend erscheinende Karriere Karl Gripps auf ihrem Tiefpunkt angelangt.

Doch kaum zwei Jahre später, am 16. Oktober 1936 saß er gemeinsam mit dem schleswig-holsteinischen Oberpräsidenten und NS-Gauleiter Hinrich Lose (1896–1964) in der Neulandhalle des Adolf Hitler-Koogs bei Meldorf, um über eines der Lieblingsprojekte nationalsozialistischer Politik zu beraten: die Gewinnung von Lebensraum, diesmal noch mit den friedlichen Mitteln der Landgewinnung an der schleswig-holsteinischen Westküste.[472] Dies

---

469 StA HH, HW-DPA I 141, Bd. 5, Schreiben Hochschulbehörde Hamburg an das REM vom 26.04.1939; EHLERS, Geologisches Institut, S. 1228.
470 Vgl. ebd., S. 1233.
471 Vgl. z.B. LASH, Abt. 47, Nr. 6596 und StA HH, 361-6 Nr. IV 0323, Einkommensaufstellung.
472 Vgl. LASH, Abt. 301, Nr. 7111, Programm der Tagung des Westküstenausschusses am 16. und 17.10.1936: Neben „Küstenschutz" und „Landgewinnung" stand auch „Erweiterung der Lebensgrundlage des deutschen Volkes" auf der Tagesordnung; zum NS-Gauleiter (seit 1925) und Oberpräsidenten der Provinz Schleswig-Holstein (seit März 1933) vgl. z.B. DANKER, Uwe: Der

ist umso erstaunlicher, weil sich die Vermutung, Karl Gripp sei in Hamburg von den Nationalsozialisten aus politischen Gründen entlassen worden, schon damals verbreitet war und sich teils bis heute hielt – wobei er selbst dazu beitrug, dass sich diese öffentliche Wahrnehmung so lange hielt.[473]

Mitte Juli 1936 jedenfalls hatte man seitens des schleswig-holsteinischen Oberpräsidiums dem Reichserziehungsministerium (REM) mitgeteilt, dass man einen geologischen Gutachter für den „Ausschuss für Untersuchungen an der schleswig-holsteinischen Westküste" benötige. Auf Nachfrage sei „als besonders geeignet der Professor Gripp von der Hansischen Universität genannt worden", den man daher in den Ausschuss zu berufen beabsichtige. Da man allerdings von dem noch unerledigten Disziplinarverfahren wusste, versuchte Regierungsrat Dr. Schow in Erfahrung zu bringen, „ob gegen die Berufung des Professors Gripp dortseits oder seitens der Universität Hamburg Bedenken bestehen, die es ratsam erscheinen lassen, von einer Berufung Abstand zu nehmen."[474] Aus einem internen Vermerk der Hamburger Hochschulbehörde wird deutlich, dass die Hansische Universität jede Möglichkeit dankbar annahm, die die Aussicht versprach, die verfahrene Situation aufzulösen. Auf die Frage, ob die Universität Bedenken gegen eine Sachverständigen-Tätigkeit Gripps für den Westküstenausschuss habe, ließ deren Rektor, Professor Gustav Adolf Rein (1885–1979), wissen, dass man solche nur dann hätte, wenn Gripp die Tätigkeit in Verbindung mit der Hamburger Universität ausübe, ansonsten sei es gerade beabsichtigt, Gripp anderweitig zu beschäftigen.[475]

So konnte das Oberpräsidium bereits im September an Gripp herantreten und ihn um seine Mitarbeit bei der Lösung „wichtiger geologischer Fragen" zur Erforschung des Wattenmeeres „unter dem Gesichtspunkt

---

schleswig-holsteinische NSDAP-Gauleiter Hinrich Lohse. Überlegungen zu seiner Biographie, in: Regionen im Nationalsozialismus (IZRG-Schriftenreihe, 10), hrsg. von Michael RUCK und Karl Heinrich POHL, Bielefeld 2003, S. 91–120; zum historischen Erinnerungsort „Neulandhalle" vgl. DANKER, Uwe: Volksgemeinschaft und Lebensraum. Die Neulandhalle als historischer Lernort (Beiträge zur Zeit- und Regionalgeschichte, 3), Neumünster 2014.
473 Vgl. GRIPP, Karl: Geologie und Paläontologie, in: Geschichte der Mathematik, der Naturwissenschaften und der Landwirtschaftswissenschaften (Geschichte der Christian-Albrechts-Universität Kiel 1665–1965, 6), hrsg. von Karl JORDAN, Neumünster 1968, S. 187–200, hier S. 193f. Karl Gripp erwähnt dort seine Entlassung „auf Grund des § 6 zur Wiederherstellung des Berufsbeamtentums", weil „ein jüngerer Kollege, der größere Verdienste als NS-Mann denn als Geologe hatte, aufrücken wollte". Wen er damit meinte, verriet er jedoch nicht.
474 StA HH, 361-6, Nr. I 01901, Schreiben Schow (Oberpräsidium SH) an das REM vom 17.07.1936.
475 StA HH, 361-6, Nr. I 01901, Vermerk Hochschulbehörde Hamburg vom 20.08.1936.

von Landerhaltung [...] und Landgewinnung" bitten.[476] Speziell über die Arbeit des Westküsten-Ausschusses bzw. der Westküstenforschung liegen bislang nur wenige Erkenntnisse vor. Nicht so bei den konkreten Planungen unter Führung Lohses. Schon 1934 war ein 10-Jahresplan aufgestellt und erste Untersuchungen begonnen worden.[477] Dieses auch als „Lohse-Plan" bekannte Unternehmen ging in Teilen auf einen Plan des Kieler Botanik-Professors Walter Dix (1879–1965) von 1927 zurück und sollte weite Teile der schleswig-holsteinischen Westküste zum Objekt ausgedehnter Landgewinnungs- und Eindeichungsmaßnahmen machen. Dabei ging es nicht nur um die Schaffung neuer Siedlerstellen, sondern ursprünglich vor allem um ein gewaltiges staatliches Beschäftigungsprogramm.[478] Gripp nahm die Einladung – für ihn gewissermaßen der rettende Strohhalm – umgehend an. Wie man an Gripps Teilnahme an der Tagung bei Meldorf Mitte Oktober ersehen kann, muss eine erste Besprechung im Oberpräsidium recht zeitnah erfolgt sein. Im Nachgang zu dieser Tagung unternahm Gripp im Auftrag des zuständigen Regierungsbaurats Johann Lorenzen bereits eine erste Inspektion der zugehörigen Forschungsstellen an der Westküste. Hierzu gehörten die Forschungsstellen in Büsum (seit 1934) und in Husum (seit 1935).[479] Seinen Bericht nutzte er sogleich, um sich für eine Tätigkeit zu empfehlen und formulierte bereits konkrete Vorschläge, wie „die Arbeit im Hinblick auf das vorhandene Ziel am nutzbringendsten zu gestalten" wäre.[480] Diese Vorschläge beschrieben freilich vor allem Aufgaben, die Gripp ohne weiteres erfüllen konnte.[481] Problematisch war für Gripp jedoch, dass die Mitglieder des Ausschusses ehrenamtlich tätig waren, denn seine geringe Kustodenpension reichte kaum für den Familienunterhalt. Er sei auf einen Zuverdienst angewiesen und könne daher zu seinen bisherigen fünf Ehrenämtern „ein weiteres erhebl. Zeit beanspruchendes Arbeitsgebiet ohne Bezahlung nicht übernehmen"[482]

---

476 LASH, Abt. 301, Nr. 7113, Schreiben Schow an Gripp vom 05.09.1936.
477 Vgl. LORENZEN, Johann: Planung und Forschung im Gebiet der Schleswig-Holsteinischen Westküste, in: Westküste 1 (1938), S. 12–23.
478 DANKER, Uwe/SCHWABE, Astrid: Schleswig-Holstein und der Nationalsozialismus (Zeit + Geschichte, 5), Neumünster 2005, S. 94.
479 PETERSEN, Marcus: Forschung Westküste. Zum Tode von Johann M. Lorenzen, in: Nordfriesland 25 (1973), S. 8–14, hier S. 9.
480 LASH, Abt. 301, Nr. 7113, Schreiben Gripp an Lorenzen vom 22.10.1936, das Schreiben gibt als Datum den „22.X.31" an, aufgrund der Lage in der Akte und des inhaltlichen Zusammenhangs ist allerdings von 1936 auszugehen.
481 LASH, Abt. 301, Nr. 7113, Schreiben Gripp an Lorenzen vom 22.10.1936: „Studium der Literatur über Sedimenttransport in der Flachsee" oder „Fühlungnahme mit dem Vorgeschichtler" (Schwantes).
482 LASH, Abt. 301, Nr. 7113, Schreiben Gripp an Lorenzen vom 22.10.1936: „Bitte seien Sie versichert, daß es mir nicht leicht fällt, den Ruf nach einer, mich dazu sehr interessierender geol. Mitarbeit von einer Bezahlung abhängig zu machen".

Er verblieb mit „Mit Gruß u Heil Hitler" und hoffte, sein Ruf als einer der führenden Geologen Norddeutschlands würde ihm zur Seite stehen. Er irrte sich nicht. Von Seiten des Oberpräsidiums entsprach man seinem Wunsch nach Vergütung gerne, wohl weil man einem Geologen vom Formate Gripps sonst weit mehr als die 250 RM hätte zahlen müssen, die Gripp im Monat hinzuverdienen durfte. Auch Lorenzen schrieb ihm anerkennend, es gäbe keinen geologischen Mitarbeiter der „sowohl auf dem Gebiet der Problemstellung als auch der Arbeitsmethoden" eine vergleichbare Erfahrung vorweisen könne.[483] Gripp war trotz der Tatsache, dass nur wenige deutsche Geologen für das Spezialgebiet Westküste überhaupt in Frage kamen also gewissermaßen ein Schnäppchen. Wohl noch im Oktober 1936 nahm Gripp seine Berater-Tätigkeit auf, welche erst im Frühjahr 1938 in ein festes Angestellten-Verhältnis umgewandelt wurde.[484] Als Aufgabengebiet war vereinbart, dass er „den Forschungsstellen in grundsätzlichen Fragen beratend und wegweisend zur Seite stehen"[485] und das geologische Arbeitsprogramm erstellen sollte.[486] Daneben übernahm er, wie schon im Fall der ersten Inspektionsreise angedeutet, v.a. die Kontrolle der einzelnen Einrichtungen oder übernahm ihre Aufgabe gleich selbst, bspw. die Kontrolle der Abbruchufer auf Sylt.[487] Er erstellte Gutachten und Berichte für die Arbeitstagungen[488], bspw. über die Landerhaltung Trischens vor der Dithmarscher Küste[489], die Frage des Auf- bzw. Abbaus des Watts in Zusammenhang mit der offenen See[490] oder er erstellte Arbeiten über die Entstehung der Insel Sylt anhand von Bohrergebnissen, woraus er Rückschlüsse auf die Erdgeschichte der Westküste ziehen wollte.[491] Dabei fungierte er nicht nur für das Oberpräsidium selbst, sondern auch für nachgeordnete Dienststellen als wichtiger Ansprechpartner.[492] Doch nicht nur fachlich, sondern auch organisatorisch wurde Gripp tätig, vor allem in Personalfragen. So versuchte er durch Personalbeurteilungen, etwa für die von ihm besonders geförderten promovierten

---

483 LASH, 301, Nr. 7113, Schreiben Schow an Gripp vom 20.11.1936.
484 Vgl. LASH, Abt. 47, Nr. 6596, Einkommenstabelle.
485 LASH, Abt. 301, Nr. 7111, Vermerk Schow vom 15.10.1936.
486 LASH, Abt. 301, Nr. 7111, Protokoll der Sitzung des Westküsten-Ausschusses vom 12.01.1937.
487 Vgl. LASH, Abt. 301, Nr. 7113, Schreiben Lorenzen an Gripp vom 04.09.1939.
488 z.B. LASH, Abt. 301, Nr. 7113, Bericht vom 08.11.1938.
489 LASH, Abt. 301, Nr. 7111, Protokoll vom 06.02.1937.
490 LASH, Abt. 301, Nr. 7111, Protokoll einer Vorbesprechung vom 15.10.1936.
491 LASH, Abt. 301, Nr. 7111, Bericht über die Arbeitstagung vom 19. und 20.11.1938.
492 z.B. LASH, Abt. 301, Nr. 7113, Schreiben des Provinzial-Oberbaurats an Gripp vom 03.11.1941; Gripp beriet hier die zuständigen Stellen im Straßenbau über geeignete Untergründe.

Geologen Dittmer und Simon[493], Einfluss zu nehmen oder ganz direkt für die Einstellung von Personal zu sorgen.[494] Besonders Dittmer gegenüber zeigte Gripp Sympathie, war doch er es, der dem Oberpräsidium die Einstellung Gripps vorgeschlagen hatte.[495]

Gripps Arbeitsplatz blieb dabei in der Provinzialstelle für vor- und frühgeschichtliche Landesaufnahme und Bodendenkmalpflege im Kieler Schloss, für die er zuvor schon tätig war.[496] Er hatte also gewissermaßen schon jetzt die Kieler Universität vor Augen, die damals noch am gegenüberliegenden Ende des Kieler Schlossparks lag. Tatsächlich lag sie jetzt nicht nur optisch, sondern auch beruflich in greifbarer Nähe. Um Gripp langfristig bei der Stange zu halten, hatte das Oberpräsidium ihm schon im November 1936 Unterstützung bei einer möglichen Berufung an die Universität Kiel in Aussicht gestellt.[497] Ganz ohne Konflikt ging es jedoch auch bei der Westküstenforschung nicht. Spätestens Ende Juni 1937 traten personelle Auseinandersetzungen offen zutage, die an Gripps Streit mit dem Hamburger Professor Passarge erinnern. Nur war diesmal nicht Gripp der Angegriffene sondern die treibende Kraft hinter einer Intrige gegen den Leiter einer Außenstelle in Husum, Dr. Ernst, die schon in Gripps erstem Bericht vom Oktober 1936[498] angeklungen waren. Dort hatte er die Arbeit des bereits genannten Dr. Dittmer als „von unmittelbarem Wert für Landgewinnung und Landerhaltung" hervorgehoben. Anders hingegen läge es „bei den zwei Herren in Husum", gemeint war unter anderem Ernst. Schon damals hatte Gripp getadelt, dass dieser sein „Gebiet noch eingehender kennen lernen" müsse, weil er „eine andere Schulung als Dittmer" erhalten und „vielleicht auch nicht ganz so viel Energie" habe. Offenbar beließ es Gripp nicht bei dieser Feststellung, denn ein Dreivierteljahr später wurde Gripp wegen seines Verhaltens Ernsts gegenüber scharf zurechtgewiesen. Lorenzen warf ihm vor „durch unrichtige Äußerungen Dritten gegenüber

---

493 LASH, Abt. 301, Nr. 7113, Schreiben Gripp an Lorenzen vom 06.11.1937.
494 LASH, Abt. 301, Nr. 7113, Schreiben Gripp an Lorenzen vom 26.11.1936: Gripp bat um Einstellung eines Otto Friedrichsen als technischen Assistenten bei der Forschungsstelle in Büsum, Gehalt „180 RM brutto".
495 GRIPP, Geologie, S. 194.
496 Vgl. Adresszeile Gripps, z.B. LASH, Abt. 301, Nr. 7112, Schreiben des Oberpräsidiums an Gripp vom 03.11.1938.
497 LASH, Abt. 301, Nr. 7113, Schreiben Schow an Gripp vom 20.11.1936: „Im Interesse einer engeren Zusammenarbeit, die ich in anderer Richtung auch mit der Landesuniversität erstrebe, würde es liegen, wenn Ihnen der von der Landesuniversität in Aussicht gestellte Forschungsauftrag in Kiel erteilt würde. Mein Sachbearbeiter wird sich dieserhalb mit den in Frage kommenden Stellen in Verbindung setzen." Ob dieser „Forschungsauftrag" ein konkreter war oder damit frühere Überlegungen gemeint waren, Gripp nach Kiel zu berufen, bleibt unklar.
498 LASH, Abt. 301, Nr. 7113, Schreiben Gripp an Lorenzen vom 22.10.1936.

die Arbeit der Forschungsstelle Husum und ihres Leiters herabgesetzt" und „durch wiederholte und unangebrachte Bemerkungen [...] ein[en] Gegensatz zwischen Wissenschaftlern und Wasserbaufachleuten hervorgerufen" zu haben. In dieser Hinsicht wurde besonders gerügt, dass Gripp „sich stärker von persönlichen als von sachlichen Gesichtspunkten" habe leiten lassen. Lorenzen verlangte ultimativ und unter Androhung persönlicher Konsequenzen für Gripp, er solle „sich bemühen, das gestörte persönliche Einvernehmen mit allen Mitarbeitern wiederherzustellen."[499] Wie schon in Hamburg gab Gripp auch diesmal nicht klein bei, sondern opponierte trotzdem weiter beim Oberpräsidium gegen Ernst: „Ich habe inzwischen die Überzeugung gewonnen, dass für dies langsame Arbeitstempo des Herrn Dr. Ernst mangelnde Vertrautheit mit der Materie der Anlass ist." Zudem wolle Ernst diejenigen Geologen, die als Konkurrenten für seinen eigenen Posten in Frage kämen, herabsetzen. Gripp teilte auch gleich seine eigenen personellen Vorstellungen mit: Als Leiter der Husumer Forschungsstelle käme vielmehr „der fachlich tüchtigere Herr Dr. Dittmer" in Frage.[500] Dies war nicht ungefährlich, denn schon früher waren offenbar Vorwürfe aufgetaucht, nach denen Gripp zu Gunsten einer ihm vermeintlich näher stehenden Person (wahrscheinlich Dittmer) gegen Ernst opponiere.[501] Trotzdem nutzte Gripp weiterhin jede Gelegenheit, die Arbeiten Ernsts herabzusetzen[502], so dass dieser sich zunehmend in der Defensive sah und sich über die „Schärfe" von Gripps Angriffen beklagte.[503] Aber auch Lorenzen vermochte es nicht, Gripp in die Schranken zu weisen[504], der mit seinen Angriffen unbeirrt fortfuhr.[505] Diese Strategie erinnert frappierend an das Vorgehen Passarge gegen ihn selbst. Offensichtlich hatte Gripp genügend Gründe für ein starkes Selbstbewusstsein, denn mit der wachsenden Zahl seiner Aufgaben wurde er für das Oberpräsidium immer unverzichtbarer.

Eines der Projekte, die Gripp anschob, war beispielsweise die Errichtung eines eigenen schleswig-holsteinischen Bohrarchivs. Eine bereits in den Räumen der Landesbrandkasse untergebrachte Sammlung sollte ihre Arbeit

---

499 LASH, Abt. 301, Nr. 7113, Schreiben des Oberpräsidiums an Gripp vom 28.06.1937.
500 LASH, Abt. 301, Nr. 7113, Schreiben Gripp an das Oberpräsidium vom 24.07.1937.
501 LASH, Abt. 301, Nr. 7113, Schreiben Gripp an Lorenzen vom 30.06.1937.
502 Vgl. z.B. LASH, Abt. 301, Nr. 7113, Gripp: „Bohrgeologisches Urteil über den Bericht: Geologie des Bongsieler Wattes, Bearbeiter Dr. Ernst" vom 31.07.1937.
503 LASH, Abt. 301, Nr. 7113, Schreiben Ernst an das Oberpräsidium vom 02.09.1937.
504 LASH, Abt. 301, Nr. 7113, Schreiben Lorenzen an Gripp vom 04.09.1937.
505 Vgl. LASH, Abt. 301, Nr. 7113, Schreiben Gripp an das Oberpräsidium 14.09.1937.

einstellen. Als im Rahmen des Autobahnbaus die Oberste Bauleitung der „Kraftfahrtbahnen" in Hamburg-Altona ihre nicht mehr benötigten Proben abgeben wollte, regte Gripp beim Oberpräsidium an, sie als Kern einer erneuerten Sammlung für einen symbolischen Preis zu erwerben.[506] Gripps Vorschlag, das Archiv in den Räumlichkeiten der Landesbrandkasse zu belassen, um keine neuen Verwaltungsstellen zu schaffen (das Oberpräsidium sollte nur einen bereits beschäftigten Geologen abstellen) fand regen Anklang.[507] Im Dezember 1938 übernahm das Oberpräsidium von der Bauleitung der Reichsautobahnen – genauso wie Gripp vorgeschlagen hatte – die Bohrporben.[508] Ganz im Sinne Gripps wurde später sogar überlegt, neben der Einrichtung bzw. Fortführung des Bohrarchivs eine eigene „geologischen Landesstelle" zu schaffen[509], wohl vergleichbar mit dem Geologischen Staatsinstitut in Hamburg. Es dürfte unschwer davon ausgegangen werden, dass Gripp die Leitung übernommen hätte.

Das mit Abstand größte Projekt, das Gripp betreute, war die Erstellung einer umfassenden geologischen Karte Schleswig-Holsteins. Hier kamen ihm seine spezifischen Erfahrungen aus den Arktis-Expeditionen zugute, denn der Schwerpunkt der Arbeiten lag auf dem Gebiet des westlichen Schleswig-Holsteins, das in der Eiszeit durch ähnliche Bedingungen geformt worden war, wie Gripp sie auf Spitzbergen und vor allem Grönland untersucht hatte. Gerade dort hatte Gripp sich ja mit ganz ähnlicher Zielsetzung für die dänische Seite mit der heimischen Geologie beschäftigt. Erstmals skizzierte Gripp dieses Kartierungsprojekt während einer Besprechung am 14. und 15. Oktober 1937 in Ascheffel mit Dr. Heck von der Preußischen Geologischen Landesanstalt.[510] Dabei ging es vor allem darum, genaue Angaben über Erstreckung und Lagerungsverhältnisse der jeweiligen geologischen Schichten zu erhalten. Hierin sah man einen hohen praktischen Anwendungsnutzen, vor allem für die Nutzung und Bewirtschaftung von Grundwasser sowie die Bestimmung der Bodenqualität für die Landwirtschaft. Das Projekt sollte ursprünglich innerhalb eines Zeitrahmens von vier Jahren zwischen 1937 und 1941 abgeschlossen werden, wobei Gripp und Heck von Kosten in Höhe von ca. 70.000 RM pro Jahr ausgingen. Anfangs kam das Projekt allerdings nicht recht voran. Ende April '38 schrieb Heck besorgt: „Die

---

506 LASH, Abt. 301, Nr. 7112, Schreiben Gripp an das Oberpräsidium (undatiert).
507 LASH, Abt. 301, Nr. 7112, Schreiben Lorenzen an die Landesbrandkasse vom 03.10.1940.
508 LASH, Abt. 301, Nr. 7113, Schreiben des Oberpräsidiums an die Oberste Bauleitung Reichsautobahnen vom 13.12.1938.
509 LASH, Abt. 301, Nr. 7112, Schreiben Lorenzen an die Wasserwirtschaftsstelle vom 03.10.1940.
510 LASH, Abt. 301, Nr. 7112, Bericht Gripps, Antrag u. Kostenvoranschlag an das Oberpräsidium vom 17.10.1937.

geplante Großkartierung wird voraussichtlich an der Geldfrage scheitern", möglicherweise könne er für eine Anfangsfinanzierung durch die Geologische Landesanstalt sorgen, dann könne man zumindest anfangen. Gripp müsse allerdings das Oberpräsidium überzeugen, denn wenn das Projekt erst einmal begonnen sei, würde es vermutlich nicht mehr zu stoppen sein.[511] Den Einfluss Gripps schätzte Heck offenbar richtig ein, denn nachdem er Lorenzen überzeugt hatte, gelang es diesem seinerseits, die Preußische Geologische Landesanstalt zur Übernahme der Finanzierung einer Lagerstätten-, einer geologischen und einer geomorphologische Karte zu übernehmen.[512] Aus einer Denkschrift[513], die Gripp in Zusammenarbeit mit dem Oberpräsidium verfasst hatte, geht hervor, welche Bedeutung man dem Projekt beimaß. Es handele sich bei den mit der Kartierung verbundenen Aufgaben um ein Fragengebiet, „das für die gesamte Wasser-, Boden und Betriebswirtschaft der Nordmark von hervorragender Bedeutung" sei.[514] Ganz selbstverständlich unterwarf man sich dabei einer – heute wohl überraschenden – nationalsozialistischen Zielsetzung: Umweltschutz und Nachhaltigkeit.[515] Neben der Klärung der „landwirtschaftlich wichtigen Fragen" und der Abmilderung der Folgen von Eingriffen durch umfassende Entwässerungsmaßnahmen in den Niederungen wurde auch eine durch „die jeweils geeignetsten Wirtschaftsformen" bedingte Um- bzw. Neusiedlung an der Westküste ins Auge gefasst.[516] Im Gegensatz zu den wissenschaftlichen Vorhaben Gripps in der Arktis standen hier also ganz ausdrücklich praktische wirtschaftliche Überlegungen und Ziele, gepaart mit politisch-ideologischen Anschauungen im Vordergrund. Gerade für den wirtschaftlichen Aspekt waren, trotz einer im Jahre 1876 von Ludwig Meyn im Maßstab 1:300 000 hergestellten Karte, nicht genügend Kenntnisse vorhanden.

Das Oberpräsidium setzte die Kosten sogar deutlich oberhalb der von Gripp und Heck ursprünglich veranschlagten 280.000 RM an: Die geologische Übersichtskartierung sollte innerhalb von zwei Jahren erstellt und mit

---

511 LASH, Abt. 301, Nr. 7112, Schreiben Heck an Gripp vom 30.04.1938. „Der O.P. müsste nur sagen ‚Bitte, fangt mit Euern Mitteln schon an, das weitere findet sich.' [...] Vielleicht tragen Sie Herrn Regierungsrat Lorenzen das einmal vor?"
512 LASH, Abt. 301, Nr. 7112, Schreiben Gripp an Heck.
513 LASH, Abt. 301, Nr. 7112, Denkschrift Wasserwirtschaftsplanung als Anlage Schreiben Schow an Gripp vom 14.03.1938.
514 Ebd.
515 Ebd.: „Das Ziel einer solchen Untersuchung, die mit privatkapitalistischer Blickrichtung geführt nur in der äussersten Intensivierung des gegenwärtigen Zustandes [„Kultursteppe"] gesehen werden könnte, muss umgekehrt von einer völkisch-politischen Betrachtungsweise bestimmt werden, die in gesunden, dauerhaften und entwicklungsfähigen Landbewirtschaftungsformen ihr Ziel sieht."
516 Auch zum Folgenden siehe ebd.

ca. 160.000 RM jährlich zu Buche schlagen. Für eine bodenkundliche Kartierung war eine Summe von 37.000 RM für ein Jahr vorgesehen und eine pflanzensoziologische Kartierung sollte mit 9.000 RM jährlich innerhalb eines Zeitraums von vier Jahren erstellt werden. Daneben war eine Wasserwirtschaftskarte vorgesehen, die allerdings unabhängig in der Verantwortung der Wasserwirtschaftsstelle entstehen sollte, für die Gripp jedoch ebenfalls tätig war. Für die Bewältigung der Aufgaben sollten zahlreiche Dienststellen Schleswig-Holsteins, Preußens, Hamburgs und des Reichs eingebunden werden.[517]

Mit diesen Plänen trat das Oberpräsidium Schleswig-Holsteins dann im Juni 1938 an die Preußische Geologische Landesanstalt heran, um die endgültige Finanzierung dingfest zu machen und lud für Juli des selben Jahres neben Gripp und Lorenzen auch Dr. Heck und Dr. Dietz von der Preußischen Landesanstalt sowie Dr. Dittmer „von der Forschungsabteilung in Husum" ein.[518] Gerade dessen Einladung zeigt, dass Gripp sich in der Husumer Personalfrage mittlerweile durchgesetzt hatte, trotz der zunächst scharfen Zurechtweisung durch Lorenzen. Im Anschluß wurde das Abkommen zwischen dem Oberpräsidium Kiel und der Preußischen Geologischen Landesanstalt in Berlin über die Erstellung der „geologischen Übersichtsaufnahme" im Maßstab 1: 100 000 beschlossen. Im August 1938 nahm Gripp erste Vorarbeiten in Angriff, das vollständige Programm sollte 1939 beginnen.[519] Dennoch war das Projekt noch nicht vollständig finanziert und so griff man auch auf die Mithilfe der Kieler Universität zurück, insbesondere auf Professor Beurlen (1901–1985), dem Ordinarius des Geologischen Instituts, einem überzeugten Nationalsozialisten, der schnell zu einem ebenso überzeugten Gegner Gripps wurde, auch weil er die Ambitionen und den Einfluss Gripps sowie dessen Unterstützung durch das Oberpräsidium und zahlreiche Angehörige der Universität im Hinblick auf seine Stellung und die ihm vorschwebende Nachfolge fürchten musste.[520] Alle genannten Beispiele zeigen, wie sehr man im Oberpräsidium auf das Urteil Gripps vertraute.

---

517 Dazu gehörten laut Denkschrift: Die Provinzialverwaltung Schleswig-Holstein, der Reichs- und Preußische Minister für Ernährung und Landwirtschaft, die Preußische Geologische Landesanstalt, die Preußische Landesanstalt für Gewässerkunde, die Reichsarbeitsgemeinschaft für Raumforschung, der Reichsnährstand bzw. die Landesbauernschaft Schleswig-Holstein, die Landesbrandkasse, einzelne städtische Wasserwerke, der Staat Hamburg soweit gebietsübergreifend sowie Militärdienststellen auf Sylt und Eiderstedt.
518 LASH, Abt. 301, Nr. 7112, Schreiben des Oberpräsidiums an den Präsidenten der Preußischen Geologischen Landesanstalt vom 23.06.1938.
519 LASH, Abt. 301, Nr. 7112, Protokoll der Sitzung am 16.12.1938 im Oberpräsidium Kiel.
520 Zu diesem vgl. GRÜTTNER, Michael: Art. „Beurlen, Karl", in: DERS, Biographisches Lexikon, S. 22f.

Fast wie in seinem Besetzungsgutachten von 1930 skizziert, schien Gripp seine Vorstellungen von einem in Norddeutschland führenden geologischen Institut nun in Schleswig-Holstein in die Tat umzusetzen. Auch wenn er letztlich auf die Einrichtung dieser Stelle nicht mehr warten musste, weil er Ende 1940 an die Kieler Universität berufen wurde, wird durch die Art und den Umfang der von Gripp betreuten Aufgaben deutlich, dass er für das Oberpräsidium weit mehr als eine reine „Beratungstätigkeit" ausübte. Auch wenn formal Regierungsrat Lorenzen alle Vorschläge Gripps absegnen musste, so folgte man ihnen idR, meist unter wörtlicher Verwendung seiner Formulierungen, selbst in Personalfragen. Gripp konnte nun zwar wieder wissenschaftlich tätig sein, der hohe Praxisbezug und die Tätigkeit für einen Auftraggeber außerhalb des universitären Umfeldes jedoch führten dazu, dass er seine Ergebnisse nur unter deutlich erschwerten Bedingungen publizieren konnte, immerhin bis heute einer der wichtigsten Maßgeber für den Erfolg und den Rang eines Wissenschaftlers im Vergleich zu seinen Kollegen. So bestand Lorenzen darauf, dass die ihm unterstellten Wissenschaftler ihre Arbeiten ausschließlich in der von ihm herausgegebenen Zeitschrift „Westküste" veröffentlichen durften, die nur vierteljährlich herauskam. Gripp beschwerte sich beispielsweise Ende Juli 1937 bei Lorenzen darüber, dass die mit ihm bei der geologischen Aufnahme der Insel Sylt zusammenarbeitenden Mitarbeiter der Preußischen Geologischen Landesanstalt ihre Ergebnisse umgehend veröffentlichen konnten (auch die Ergebnisse der Westküstenforschung, also seiner eigenen), er aber auf das Erscheinen der „Westküste" warten musste. Für Gripp, der seine universitären Ambitionen nicht aufgegeben hatte, war dies überaus problematisch, denn „ein Wissenschaftler kann und wird nur nach seinen gedruckten Leistungen gewertet werden."[521] Lorenzen blieb allerdings hart und mit den Kriegsvorbereitungen verschärfte sich die Situation sogar noch. In einem vertraulichen Schreiben Ende August 1938 setzte das Oberpräsidium Gripp darüber in Kenntnis, dass fortan alle meereskundlichen Messungen, deren Inhalt in irgend einer Hinsicht für die Landesverteidigung wesentlich sein können, geheim gehalten werden müssten. Wolle er Arbeiten veröffentlichen, habe er sie zuvor dem Oberkommando der Kriegsmarine vorzulegen.[522] Dabei hatte Gripp eigentlich gehofft, die Ergebnisse der Westküstenforschung für eine größere Publikation zu verwenden. So erklärt sich auch die Rezension von „Erdgeschichte, landwirtschaftliche und technische Nutzbarkeit", einem geologischen Übersichtswerk über Schleswig-Holstein von Professor W. Wolf, die Gripp auf Bitte des Verlags „Heimat und Erbe" verfasst hatte. Von dem Werk zeigte sich Gripp zwar grundsätzlich angetan, doch Wolf sei „weniger an Einzelheiten gelegen" gewesen. Vielsagend stellte

---

521 LASH, Abt. 301, Nr. 7113, Schreiben Gripp an Lorenzen vom 31.07.1937.
522 LASH, Abt. 301, Nr. 7113, Schreiben Lorenzen an Gripp vom 27.08.1938.

er klar: „Die Kenntnisse über SH werden sich in der Zukunft, v.a. durch Arbeit der Westküstenstelle" mehren und „das spräche gegen eine Herausgabe einer zusammenfassenden Darstellung." Für die kommenden sechs bis zehn Jahre könne man sich mit Wolfs Arbeit begnügen, dann aber würde sie durch eine „zusammenfassende Darstellung der Ergebnisse seit 1938 [...] abgelöst werden."[523] Auch wenn Gripps eigenes großes Übersichtswerk, die „Erdgeschichte von Schleswig-Holstein"[524] tatsächlich erst Mitte der 1960er fertig gestellt wurde, zeigt dies, wie sehr Gripp seine wissenschaftliche Karriere im Auge hatte und an ihr festhielt. Das Engagement für das Oberpräsidium lässt sich so als eine Übergangslösung verstehen, was angesichts der geringen Bezahlung ja auch plausibel erscheinen.

Daneben bemühte sich Gripp, auch die Verbindung zur wissenschaftlichen Welt, insbesondere zu ausländischen Arktisforschern nicht zu verlieren. Am 9. Februar 1937 richtete Karl Gripp ein Gesuch an das REM und erbat die Erlaubnis, in die Niederlande reisen zu dürfen. Die Geologischen Institute der Universität Groningen und der Landwirtschaftlichen Hochschule Wageningen hatten ihn für Ende April zu je einem Vortrag über seine geologischen Untersuchungen bei den Rentierjägergrabungen in Schleswig-Holstein eingeladen.[525] Gripp sah seinen Antrag wahrscheinlich als einen ersten Test, konnte er doch neben der Tätigkeit für die unter Professor Schwantes und Dr. Rust vom SS-Ahnenerbe geförderte Arbeit bei den Ausgrabungen auch auf eine direkte Verbindung mit seiner Arbeit für die Westküstenforschung hinweisen. Auch heute gelten die Niederlande als führend im Bereich von Küstenschutz und Landgewinnung. Eine solche Auslandsreise war zu dieser Zeit jedoch nicht mehr ohne weiteres möglich, insbesondere nicht für Gripp, denn für die Genehmigung war nun auch eine Unbedenklichkeitsprüfung durch den NS-Dozentenbund erforderlich. Diese wurde am 18. Februar bei dem Hamburger Dozentenbundsleiter, Professor Edgar Irmscher (1887–1968), beantragt, der für den hier formal immer noch beurlaubten Gripp zuständig war.[526] Nachdem schon der Dekan der Mathematisch-Naturwissenschaftlichen Fakultät der Hansischen Universität, Professor Berthold Klatt (1885–1958), dem eigentlich suspendierten Gripp formal nochmals Urlaub gewährt hatte[527],

---

523 LASH, Abt. 301, Nr. 7113, Schreiben Gripp an den Verlag Heimat und Erbe vom 01.07.1938.
524 GRIPP, Erdgeschichte.
525 StA HH, 361-6 Nr. IV 0323, Schreiben Gripp an das REM vom 09.02.1937.
526 StA HH, 361-6 Nr. IV 0323, Schreiben des Syndikus' der Universität Hamburg an Irmscher (Leiter NS-Dozentenschaft) vom 18.02.1937; zu Irmscher vgl. GRÜTTNER, Michael: Art. „Irmscher, Edgar", in: DERS., Biographisches Lexikon, S. 81f.
527 StA HH, 361-6 Nr. IV 0323, Urlaubsbescheinigung vom 24.02.1937.

erwies sich die Zustimmung des Dozentenbundes als die eigentliche Hürde. Erst nachdem Professor Rein bereits mehrmals eine Entscheidung angemahnt hatte, antwortete Irmscher ihm schließlich am 8. März 1937: „In der Frage der Auslandsreise von Professor Gripp kam es mir darauf an, die Auffassung möglichst vieler Kameraden vom Dozentenbund zu hören. Das Ergebnis war, dass sich keiner für die Reise des Genannten ausgesprochen hat, sondern einstimmig eine Ablehnung erfolgte. G. muss in politischer Beziehung als völlig unzuverlässig gelten und kann deshalb keineswegs als Vertreter des neuen Deutschlands dem Ausland gegenüber gestellt werden. Ich muss mich deshalb gegen die Auslandsreise Gripps aussprechen."[528] Hier zeigte sich die nun häufiger anzutreffende Auffassung über die „politische Unzuverlässigkeit" Gripps, die aller Wahrscheinlichkeit nach kaum auf eine tatsächliche Kenntnis seiner politischen Überzeugungen, als vielmehr auf dessen Entlassung nach dem Gesetz zur Wiederherstellung des Berufsbeamtentums zurückging – obwohl Gripp bereits seit einiger Zeit für den schleswig-holsteinischen NS-Gauleiter und Oberpräsidenten Hinrich Lohse tätig war. Aus einer Notiz des Hamburger Universitätsrektors wird allerdings deutlich, dass die Grippsche Reise schnell ein Politikum geworden war. Nach einer Besprechung mit den im REM zuständigen Referenten, Professor Mentzel, Dr. Dahmes und dem Assessor Dr. Dahnke, kam man einmütig zu der Auffassung, dass „erhebliche Bedenken" dagegen bestünden, „die Reise entsprechend der Anregung des Leiters der Dozentenschaft Hamburg nicht zu genehmigen, zumal da auch der Termin für eine Absage nach Holland so spät ist, daß eine Absage auf Grund eines Verbotes ein Akt der Unfreundlichkeit wäre."[529] Nach Einschaltung des Auswärtigen Amtes wurde Gripps Reise nur wenige Tage vor dem Vortrag genehmigt. Nach seiner Rückkehr witterte Gripp Oberwasser, wohl weil er nicht wusste, dass man ihn nur aufgrund der Zeitnot hatte fahren lassen. Sein nächster Antrag auf Genehmigung einer Auslandsreise bezog sich schon deutlicher auf die Arktisforschung. Im Januar 1938 bat er darum, zum Internationalen Geographen-Kongress zu Amsterdam im Juli desselben Jahres fahren zu dürfen, um dort einen Vortrag über die auf Spitzbergen, Grönland und im norddeutschen Flachland untersuchten Endmoränen sowie seine „neuen grundlegenden Erkenntnisse über die Entstehung eiszeitlicher Endmoränen" zu halten.[530] Wegen seiner knappen Finanzmittel bat Gripp zudem um eine Reisekostenbeihilfe von 200 RM. Wieder intervenierte Dozentenbundsleiter Irmscher, nicht ohne Seitenhieb auf die zuvor ergangene Genehmigung: „Es

---

528 StA HH, 361-6, Nr. IV 0323, Schreiben Irmscher an Rein vom 08.03.1937.
529 Hierzu und zum Folgenden StA HH, 361-6, Nr. IV 0323, Notiz Reins zur Dozentenakte Gripp vom 24.04.1937.
530 StA HH, 361-6, Nr. IV 0323, Schreiben Gripp an das REM vom 05.01.1938.

erscheint mir selbstverständlich, daß ein Mann, dem die Fakultät auf Grund charakterlich-politischer Momente die Eignung zum Hochschullehrer an einer deutschen Universität absprechen wollte, nicht an einem internationalen Kongreß im Ausland teilnehmen kann."[531] Diesmal war Gripp kein Glück beschieden. Knapp teilte ihm das REM mit, dass man seine Teilnahme nicht genehmigen könne, „da keine Devisen für diesen Zweck mehr zur Verfügung" stünden.[532] Die große Zeitspanne von über einem halben Jahr zeigt jedoch auch, dass die Entscheidung wahrscheinlich nicht von vornherein feststand.

Besonders interessant ist ein weiterer Kongress, zu dessen Teilnahme Gripp geladen war. Es handelt sich um den XVIII. Internationalen Geologenkongress in London, in dessen Gletscherkommission Gripp berufen wurde. Erstaunlich ist, dass die Initiative diesmal nicht von Gripp sondern offenbar vom REM selbst ausging. Es fragte im Januar 1939 bei der Universität an, ob Gripp für eine Teilnahme zur Verfügung stünde.[533] Die plausibelste Erklärung wäre, dass dieses Mal aus dem Ausland direkt bei den höheren deutschen Behörden angefragt worden war und sich diese keine Blöße geben wollten. Pflichtgemäß ließ die Hamburger Universität durch den Syndikus und Leiter der Dozentenschaft, Dr. Frers, um eine Stellungnahme bitten, nicht ohne diesmal darauf hinzuweisen, „dass der Leiter der Dozentenschaft gegen 2 in den Jahren 1937 und 1938 von Professor Gripp geplante Holland-Reisen aus politischen Gründen Einspruch erhoben hat."[534] Offenbar war man nicht begeistert, dass man die Zuständigkeit für Gripp nicht los wurde und dieser weiter auf internationaler wissenschaftlicher Bühne agierte, was die Universität Hamburg jedes Mal in eine peinliche Lage brachte. Der Verweis auf die „politischen Gründe" erwies sich als besonders perfide, verschwieg doch Rektor und Syndikus, dass man Gripp gerade nicht aus politischen Gründen entlassen hatte und sie daher eigentlich auch nicht zur Ablehnung seiner Reise herangezogen werden konnten. Diese Umstände kannten die NSD-Leiter nicht und gingen, wie schon gezeigt, weiterhin irrtümlich von einer Entlassung Gripps aus politischen Gründen aus.

Die geringe Motivation der Hamburger Universität zeigt sich auch darin, dass das REM mehrfach erinnern und mahnen musste, endlich in der „London-Sache"[535] voranzukommen.[536] Schließlich erging Ende Mai das Ergebnis

---

531 StA HH, 361-6, Nr. IV 0323, Schreiben Irmscher an den Syndikus der Universität Hamburg vom 01.02.1938.
532 StA HH, 361-6, Nr. IV 0323, Schreiben REM an Gripp vom 13.07.1938.
533 StA HH, 361-6, Nr. IV 0323, Schreiben REM an Rektor Rein vom 21.01.1939.
534 StA HH, 361-6, Nr. IV 0323, Schreiben des Syndikus der Universität Hamburg an Frers (Leiter Dozentenschaft) vom 07.02.1939.
535 StA HH, 361-6, Nr. IV 0323, Schreiben REM an Rein vom 12.04.1939.
536 StA HH, 361-6, Nr. IV 0323, Schreiben REM an Rein vom 10.05.1939: „Erledigung binnen 4 Wochen".

der Prüfung des NSD-Leiters, der wenig überraschend, allerdings auch ohne jegliche Begründung feststellte, dass er „die evtl. beabsichtigte Reise des n.b.a.o. Professors Dr. Gripp nach London zur Teilnahme am XVIII. Internationalen Geologenkongress [...] ablehnen muss."[537] Dieses Ergebnis übersandte der Rektor an das REM, versehen mit dem Hinweis, dass „die Universität selber [...] an einer Teilnahme des zur Zeit auf eigenen Antrag beurlaubten Professors Dr. Gripp [...] uninteressiert" sei.[538] Auch dies war wiederum besonders spitzfindig, hatte Gripp doch nur deswegen „auf eigenen Antrag" um Urlaub gebeten, weil die Umhabilitierung nach Kiel stockte, die ja erst aufgrund der Suspendierung in Hamburg notwendig geworden war. Zudem hatte Gripp mehrfach angeboten, Vorlesungen in Hamburg zu halten.

In Kiel hatte man schon lange mit einer Berufung Gripps geliebäugelt, 1934 hatte man ihn bereits auf dem Spitzenplatz der Berufungsliste gesehen.[539] Nach den Hamburger Vorfällen war man allerdings verunsichert, zumal die Causa Gripp nach außen möglichst nebulös gehalten wurde, so dass man in Kiel von politischen Verfehlungen Gripps ausging und daher zunächst die Berufung auf Eis legte. Aus dem Rennen war Gripp hingegen nicht, im Gegenteil: Anfang Februar 1936 trafen der Dekan der Philosophischen Fakultät der Universität Kiel, Professor Menzel, Professor Scheel und der Syndikus der Hamburger Universität Dr. Müller in Hamburg zusammen, um die Angelegenheit Gripp persönlich zu besprechen. Für die Angehörigen der Kieler Universität ergaben sich einige bis dahin unklare Fakten. So erfuhren sie, dass Gripp nur „aus Sparmassnahmen entlassen" worden sei, weil „vom Senat der Hochschulverwaltung auferlegt war, einen Kustos des Geologischen Instituts einzusparen."[540] Nach Auffassung des Hamburger Hochschulwesens (das für die Beamtentätigkeit Gripps als Kustos zuständig war) habe Gripp gar keinen politischen Parteien angehört, sondern nur „gesinnungsgemäss den Demokraten nahegestanden und das unter anderem auch durch die Wahl eines nichtarischen sozialdemokratischen Anwalts [in dem Prozess gegen Passarge] zu erkennen gegeben." Die mangelnde Präzision der Angabe (Gripps Anwalt war DDP-, nicht SPD-Mitglied) lässt vermuten, dass auch dieses Argument vorgeschoben war, zudem hatte Gripp ihn „vor 1933!" engagiert, wie Menzel sich extra notierte. Außerdem habe Passarge

---

537 StA HH, 361-6, Nr. IV 0323, Schreiben Anschütz (Gaudozentenführer) an den Syndikus der Universität Hamburg vom 26.05.1939.
538 StA HH, 361-6, Nr. IV 0323, Rein an das REM vom 31.05.1939.
539 BArch, R 4901 / 1872, Schreiben Schmieder (Dekan) an das REM vom 19.09.1940: „Herr Gripp wurde bereits im Jahre 1934 nach dem Tode Wüst's von der Fakultät als dessen Nachfolger vorgeschlagen."
540 Hierzu und zum Folgenden LASH, Abt. 47, Nr. 1590, Vermerk Dekan der Philosophischen Fakultät der CAU Kiel vom 06.03.1936.

„im gleichen Prozess ebenfalls einen jüdischen Rechtsanwalt als Vertreter gehabt!" Von Seiten des Hamburger Staatsamtes teilte man jedoch auch jetzt den Gedanken nicht, dass sich Gripp durch die Arbeit für den schleswig-holsteinischen Oberpräsidenten und NS-Gauleiter Lohse gewissermaßen exkulpiert habe. Deshalb sei „eine im Interesse seiner wissenschaftlichen Qualitäten sicherlich zu begrüssende Lehrtätigkeit nur ausserhalb" Hamburgs vorstellbar. Hieran lässt sich ersehen, wie sehr die Argumentation über die „politische Unzuverlässigkeit" Gripps konstruiert war, denn es ist wenig verständlich, warum Gripp in einem solchen Fall nur in Hamburg und nicht reichsweit auf eine Dozententätigkeit hätte verzichten müssen. Vielmehr ist davon auszugehen, dass die politischen „Bedenken" gegen ihn nachträglich konstruiert wurden, als sich die ursprünglichen Gründe (Dauerstreit mit Passarge, freie Hand für Brinkmann bei der Besetzung) als angreifbar erwiesen. Von Seiten der Hamburger Universität (die für die Dozententätigkeit zuständig war) gab man gegenüber der Kieler Delegation daher auch freimütig zu, „dass hier am Ort aus rein persönlichen Gründen die Lage verfahren ist". Folglich habe man auch keine Bedenken gegen die Aufnahme einer Lehrtätigkeit Gripps an einer anderen Stelle, etwa Kiel. Dort konnte man sich mit diesen Aussagen zufrieden geben, denn der erwartete Widerstand gegen eine Berufung nach Kiel von Seiten der Hamburger Verwaltung und der Universität war ausgeblieben.

Anders als in Hamburg konnte man in Kiel zudem den Leiter der Dozentenschaft, Professor Ernst Holzlöhner (1899–1945), mit ins Boot holen.[541] So begann Dekan Menzel, unterstützt durch die Professoren Scheel, Schmieder und Thienemann, bereits am 6. März 1936 gegenüber dem Rektor der Kieler Universität auf eine Berufung Gripps auf einen diluvialgeologischen Lehrstuhl zu drängen: Für Kiel „als dem Mittelpunkt der vorgeschichtlichen Studien in Deutschland" bestünde „ein sehr grosses Bedürfnis" nach einer Berufung Gripps.[542] Die anderen vier bis dahin kursierenden Namen verwarf er nun alle: Der Hauptfachvertreter der allgemeinen Geologie, Professor Beurlen, sei lediglich Paläontologe und bearbeite bereits ein zu großes Gebiet, um sich auch noch mit diluvialgeologischen Problemen auseinander zu setzen. Dem

---

541 LASH, Abt. 47, Nr. 1590, Schreiben Holzlöhner (Leiter Dozentenbund) an Dahm (Rektor) vom 11.05.1936: „Wie ich bereits mündlich mitteilen konnte, habe ich mich davon überzeugt, daß ein Lehrauftrag für Herrn Gripp für die Universität ein großer Gewinn wäre. Ich halte auch nach Rücksprache mit dem Gaudozentenbundsleiter Gripp in Kiel für tragbar und glaube, daß wir uns über die Hamburger Bedenken hinwegsetzen können."; zu Holzlöhner vgl. GRÜTTNER, Michael: Art. „Holzlöhner, Ernst", in: DERS, Biographisches Lexikon, S. 78f.
542 Hierzu und zum Folgenden LASH, Abt. 47, Nr. 1590, Schreiben Menzel an Dahm vom 06.03.1936.

Studienrat Wetzel mangele es an der Fähigkeit, die Forschung voranzubringen. Wasmund arbeite mehr auf dem Gebiet der Meereskunde und sei damit „voll in Anspruch genommen." Zuletzt scheide auch Becksmann nicht nur aus fachlichen Gründen aus, sondern auch „da ein Teil der anderen Herren aus persönlichen Gründen nicht mit ihm arbeiten will." Folglich komme nur Gripp in Frage, „der bedeutendste Diluvialgeologe überhaupt". Er habe „ganz neue befruchtende Ideen entwickelt und die ganze Diluvialforschung vorwärts getrieben" und wie der berühmte deutsche Arktisforscher Albrecht Penck (1858–1945) durch seine Studien in dem vom Inlandeis bedeckten Gebieten und deren Vergleich mit den norddeutschen Verhältnissen ein diluvialgeologisches „Standardwerk" geliefert. Da es bei dem Lehrauftrag vor allem um die von Professor Schwantes vertretenen Aufgaben (u.a. dessen Ausgrabungen in Meyendorff) gehe und hier wie bei der Westküstenforschung „auch bisher schon stets Gripp beigezogen" worden sei, sei kein Kandidat so geeignet wie er. Schon bei der damaligen Berufung Beurlens („die eine reine Freundschaftsberufung war") habe noch ein Diluvialgeologe berufen werden müssen und Gripp war an erster Stelle genannt: „Alle Gutachten nannten ihn den führenden Glazialgeologen in Deutschland."

Trotz dieses flammenden Appells, trotz der fast beispiellosen Unterstützung seitens der Kieler Universität war der Weg zu einer Berufung Gripps immer noch nicht frei. Seit 1934 war das REM auch für Fragen der Berufung zuständig und konnte auch gegen den Willen der betroffenen Universität Entscheidungen herbeiführen. Das Problem, das sich Gripp nun in den Weg stellte, hieß Kurt Fiege. Auf Wunsch Professor Beurlens und mit Erlass des REM vom 20. Januar 1937 war dieser der CAU Kiel zum 1. April 1937 zugewiesen worden.[543] In Kiel war man darüber verärgert, weil damit die Unabhängigkeit der Universität in Frage gestellt wurde und dies den ursprünglichen Plänen der Fakultät im Hinblick auf Gripp im Wege stand. So betonte man dem REM gegenüber, dass man Gripp „im Interesse der großen geisteswissenschaftlichen Aufgaben Kiels im Rahmen der Vorgeschichtsforschung" enger an die Universität binden wolle.[544] Die Diluvialgeologie habe für die Universität eine besondere Bedeutung, weil die Oberflächengestalt Schleswig-Holsteins durch die letzte Eiszeit geschaffen wurde und sie deshalb Voraussetzung für eine ganze Anzahl von Forschungszweigen, insbesondere Vorgeschichte, Geographie und Geschichte sei. Gripp gelte dabei „als die größte Autorität auf dem Gebiet der Glazialforschung". Dabei signalisierte auch das schleswig-holsteinische

---

543 Hierzu und zum Folgenden LASH, Abt. 47, Nr. 1592, Schreiben Weinhandl (Dekan) an das REM vom 22.02.1937.
544 Dies spielt auf die sog. „Aktion Ritterbusch" an. Dazu HAUSMANN, Aktion Ritterbusch.

Oberpräsidium dem Dekan Unterstützung, was man Gripp ja zuvor schon in Aussicht gestellt hatte.[545]

Die Appelle blieben im REM allerdings ungehört, man bestand auf eine Beschäftigung Fieges. Da half es auch wenig, dass der Dekan darauf verwies, Professor Beurlen habe nur eine „akademische Hilfskraft zur Förderung der geologischen Aufgaben des Vierjahresplanes und der Raumforschung" benötigt.[546] Er habe „an eine jüngere akademische Hilfskraft, keineswegs an einen habilitierten Herrn" gedacht und die Wahl sei nur deshalb auf Fiege gefallen, weil er in Göttingen „als Wissenschaftler wie Parteigenosse dort durchaus eine angesehene Stellung einnehme". Fieges Tätigkeit bedeute „für Kiel und Schleswig-Holstein [...] einen überflüssigen Luxus, umsomehr, als nach der diluvial-geologischen Seite [d.h. Gripp's Aufgabengebiet] ein ausgesprochener Mangel besteht." Selbst das Argument des Kieler Rektors, die Berufung Fieges gefährde die Wiederbesetzung des mineralogischen Lehrstuhls durch Professor Leonhardt – aus dessen Bezügen Fiege bezahlt werden solle – und die „gerade unter dem Gesichtspunkt des Vierjahresplans" so wichtig sei, bewirkte keine Änderung in der Position des REM. Fast flehentlich schrieb der Rektor, hätte man geahnt, dass sich nun derartige Probleme ergäben, „so hätte die Universität von vornherein die stärksten Bedenken gegen eine Dozententätigkeit des Herrn Dr. Fiege geäußert."[547]

Für Gripp stockte damit das Verfahren und langsam wurde die Zeit knapp, denn Gripp drohte der Verlust seiner Venia Legendi, die ihm ohne Lehrtätigkeit nicht verlängert werden konnte.[548] Solange die Umhabilitation nach Kiel schwebte, blieb ihm nur der Ausweg, ausgerechnet in Hamburg um die Ernennung zum außerplanmäßigen Professor zu bitten. Er schrieb daher Mitte Mai 1939 an das REM und den Dekan der Mathematisch-Naturwissenschaftlichen Fakultät der Hansischen Universität und beantragte die „Ernennung zum n.b.a.o. Professor neuer Ordnung".[549] Um die Hamburger Bedenken

---

545 LASH, Abt. 47, Nr. 1592, Schreiben des Oberpräsidiums an Weinhandl vom 16.02.1937: „Wie mir bekannt geworden ist, beabsichtigt die philosophische Fakultät schon seit längerer Zeit, Herrn Professor Gripp [...] einen Forschungsauftrag zu erteilen. Im Hinblick auf die von mir stets erstrebte vertrauensvolle Zusammenarbeit mit der Landesuniversität würde ich im Interesse der Wattenmeerforschung in der Übersiedlung von Professor Gripp nach Kiel [...] eine geeignete Möglichkeit zu noch engerer Zusammenarbeit sehen."
546 Hierzu und zum Folgenden LASH, Abt. 47, Nr. 1592, Schreiben Weinhandl an das REM vom 25.02.1937.
547 LASH, Abt. 47, Nr. 1592, Schreiben Ritterbusch (Rektor) an das REM vom 23.03.1937.
548 Vgl. StA HH, 361-6, Nr. IV 2197, Schreiben Gripp an Raethjen (Dekan) vom 15.05.1939.
549 LASH, Abt. 47, Nr. 6596, Schreiben Gripp an das REM vom 15.05.1939.

wissend fügte er hinzu: „Die Übertragung meiner venia an die Universität Kiel wird von mir, mehreren Ordinarien und dem Oberpräsidenten (Staatsverwaltung) erstrebt" Zunächst sah es allerdings so aus, als sei Gripp bei diesem Unterfangen kein Glück beschieden. Im neuerlichen politischen Gutachten Gripps hieß es: „Von der zuständigen Gauleitung der NSDAP, Kiel, wird mir mitgeteilt, dass der Obengenannte der Bewegung nicht angehört, jedoch Mitglied der NSV seit 1934 ist. Dr. Gripp ist mit einer Französin verheiratet und hat zwei Kinder. Er lebt sehr zurückgezogen und hat sich bisher in keiner Weise irgendwie betätigt. Es handelt sich um einen schwer zu durchschauenden Menschen. Aufgrund seiner Inaktivität sowie der obenangeführten Familienverhältnisse kann durch die Gauleitung Schleswig-Holstein die politische Unbedenklichkeitserklärung nicht abgegeben werden."[550]

Das ist insoweit erstaunlich, als Gripp ja für den schleswig-holsteinischen Oberpräsidenten und Gauleiter tätig war, der zuvor aber gerade ausdrücklich Gripps Umhabilitierung begrüßt hatte. Als Erklärung bleibt nur zu vermuten, dass die mit der Begutachtung betrauten Stellen hiervon nichts wussten und nur „nach Aktenlage" urteilten, vermutlich auch unter Bezugnahme auf Gripps Entlassung nach dem Gesetz zur Wiederherstellung des Berufsbeamtentums. Bemerkenswert ist hierbei nicht nur, dass als neuer Vorwurf Gripps Ehe mit einer Französin angeführt wird, sondern dass ihn nun sogar seine politische Unauffälligkeit verdächtig machte. Andererseits zeigt das Gutachten aber auch, dass aus dem Oberpräsidium Schleswig-Holstein zu diesem Zeitpunkt offenbar keinerlei aktive Anstrengungen unternommen wurden, Gripp zu unterstützen. Innerhalb der Hamburger Hochschulbehörde legte man daher den Antrag Gripps zunächst auf Eis.[551]

So wandte sich Professor Schmieder, Dekan der Kieler Philosophischen Fakultät, Ende Juni 1939 an seinen Hamburger Amtskollegen und bat nochmals eindringlich um Unterstützung.[552] In Kiel schien man sich dabei offenbar immer noch nicht ganz im Klaren darüber zu sein, wie offen die Türen der Hamburger Universität standen, die man hier einzurennen versuchte. Denn mittlerweile unterstützte man von Seiten der Hamburger Universität ganz entschieden das Vorhaben auf Ernennung Gripps zum apl. Professor, weil man sich erhoffte, damit einen endgültigen Weggang Gripps zu erreichen. Der Dekan der Mathematisch-Naturwissenschaftlichen Fakultät, Professor Raethjen, schrieb dem REM, der Antrag Gripps werde von seiner Seite „befürwortend weitergereicht." Beigefügt hatte er – und das war angesichts

---

550 StA HH, 361-6, Nr. I 01901, Schreiben Gauleitung Hamburg an die Staatsverwaltung Hamburg vom 20.05.1940.
551 StA HH, 361-6, Nr. I 01901, interner Vermerk der Hochschulbehörde Hamburg vom 25.05.1940.
552 StA HH, 361-6, Nr. IV 0323, Schreiben Schmieder an Raethjen vom 24.06.1939.

der Vorgeschichte in Hamburg eine kleine Sensation – „ein Gutachten des Fachvertreters für Geologie", das Gripps wissenschaftliche Leistungen und seine Lehrbefähigung erweise, welchem sich der Dekan anschließe.[553]

Um die Erstellung dieses Gutachtens hatte Dekan Paul Raethjen (1896–1982) zunächst ausgerechnet Professor Rose gebeten[554]. Dieser lehnte jedoch mit der erstaunlichen Begründung ab, dass „von geologischer Seite [...] ein solches Vorgehen meinerseits als anmaßend empfunden werden" würde.[555] Mit derselben Argumentation hatte Gripps Anwalt damals Roses eigenes Gutachten gegen Gripp angegriffen. Rose sah sich zudem befangen, da Gripp ihn damals schwer beleidigt habe.[556] Stattdessen schlug er Professor Beurlen aus Kiel vor, denn „auf diese Weise würde der Herr Reichsminister [...] auch gleich erfahren, wie derjenige Herr Kollege über ihn denkt, dessen Institutsgefolgschaft er später angehören wird." Natürlich kannte Rose die tiefe Abneigung, die Beurlen mit ihm gegenüber Gripp teilte. Es erscheint plausibel, dass Rose nicht gewillt war, für Gripp ein Gefälligkeitsgutachten zu schreiben und seine frühere Arbeit damit ad absurdum zu führen. Denn die neue „Begutachtung der wissenschaftlichen Leistungen und der Lehrbefähigung von Professor Dr. Karl Gripp, Kiel", die man schließlich den Geologen Erhart Voigt (1905–2004) verfassen ließ, liest sich wie ein verkehrtes Spiegelbild des Gutachtens von Professor Rose aus dem Jahr 1933 und lobte Gripps Arbeit nun in den höchsten Tönen.[557] Diese 180°-Wende zeigt, wie sehr man in Hamburg bemüht war, endlich aus der vertrackten Situation mit Gripp herauszukommen und dabei das Gesicht wahren zu können. Mit Kiel hatte man endlich einen Abnehmer für Gripp gefunden. Nun versuchte man noch einmal Druck zu machen und Gripp eine Rückkehr nach Hamburg möglichst endgültig zu verbauen. Anfang 1940 schrieb daher der Rektor der Hansischen Universität an das REM, in Anbetracht der Tätigkeit Gripps, die ausschließlich in Kiel

---

553 LASH, Abt. 47, Nr. 6596, Schreiben Raethjen an das REM vom 08.07.1939.
554 StA HH, 361-6, Nr. IV 2197, Schreiben Raethjen an Rose vom 23.05.1939.
555 StA HH, 361-6, Nr. IV 2197, Schreiben Rose an Raethjen vom 25.05.1939.
556 Ebd.
557 LASH, Abt. 47, Nr. 6596 und StA HH, 361-6 Nr. IV 0323, Gutachten Voigt vom 05.07.1939: „Die geologischen Arbeiten, die mir [...] zur Verfügung standen, sind fast ausschließlich von Gripp verfaßt. [...] Gripp darf ohne Bedenken als einer der besten Kenner dieser Landschaft gelten. [...] Seine Studien an dem Inlandeis von Spitzbergen [...] wirkten nicht nur äußerst befruchtend auf die Diluvialforschung und ermöglichten nicht nur die Klärung vieler bis dahin ungelöster Probleme des norddeutschen Quartärs, sondern sie haben eigentlich den Aufschwung der modernen Diluvialgeologie in Norddeutschland überhaupt eingeleitet. So sind z.B. die von Gripp entwickelten Vorstellungen über das Wesen der Stauchmoränen, der Brodel-Bodenphänomene etc. seitdem maßgebend geworden."

stattfinde, „dürfte deshalb kaum die Möglichkeit bestehen, daß Professor Dr. Gripp seine hiesige Lehrtätigkeit wieder aufnimmt."[558] Er verwies auch auf das jahrelang in der Schwebe gebliebene Disziplinarverfahren gegen Gripp, das es sowohl „im Sinne der Universität als auch des Professors Gripp nicht richtig" erscheinen lasse, wenn „dieser seine hiesige Lehrtätigkeit [...] wieder aufnimmt." Zweckmäßiger sei es wenn Gripp in Kiel als Dozent geführt würde, zumal auch ein Erlass des Reichsministers vom 10. Juli 1939 einer weiteren Beurlaubung Gripps entgegenstünde. Nun endlich konnte ein geordnetes Berufungsverfahren seinen Lauf nehmen. Anfang Februar 1940 übersandte der Dekan der Philosophischen Fakultät in Kiel, Professor Schmieder, dem REM seinerseits die Stellungnahmen der in Frage kommenden Fachvertreter, der Professoren Beurlen, Schwantes, Leonhardt, Remane und Jankuhn.[559] Auch er selbst als Geograph würde „die Umhabilitierung Gripp's nach Kiel begrüßen". Da jedoch das Geologische Institut nach Ansicht seines Direktors bereits übersetzt sei, erscheine ihm der Antrag der Vorgeschichtler, Karl Gripp unter Verleihung eines unbezahlten Lehrauftrages für diluviale Vorgeschichte nach Kiel umzuhabilitieren, am zweckmäßigsten. Zuvor hatte sich Herbert Jankuhn (1905–1990), Direktor des Schleswig-Holsteinischen Museums vorgeschichtlicher Altertümer, Privatdozent an der Kieler Universität und zu dieser Zeit Obersturmführer der SS an „das Ahnenerbe Berlin" gewandt, um dem Kreis der Gripp-Befürworter um Gustav Schwantes weitere Unterstützung zu sichern.[560] Hier war der Fall Gripp offenbar bereits einige Zeit bekannt, vermutlich durch die rege Aktivität Professor Schwantes in dieser Sache. Professor Beurlen, der sich stets für Fiege und deutlich gegen Gripp aussprach, unterstellte Jankuhn die Absicht, er versuche „sich einen kenntnisreichen Konkurrenten fernzuhalten", wobei er die nun schon hinlänglich erwähnten Vorzüge Gripps hervorhob.[561] Vom Reichsgeschäftsführer des SS-Ahnenerbes, SS-Sturmbannführer Wolfram Sievers, erhoffte Jankuhn sich konkret eine Beeinflussung des zuständigen Leiters des Amtes Wissenschaft im REM, Professor Mentzel, – einem persönlichen Freund Beurlens[562] – zugunsten Gripps. Sollte dies nicht ausreichen, um Gripp einen Lehrauftrag

---

558 Hierzu und zum Folgenden LASH, Abt. 47, Nr. 6596, Schreiben Gundert (Rektor) an das REM vom 04.01.1940.
559 LASH, Abt. 47, Nr. 6596, Schreiben Schmieder an das REM vom 05.02.1940.
560 Vgl. BArch, NS 21 / 31a, Schreiben SS-Sturmbannführer Sievers, Ahnenerbe Berlin an Jankuhn vom 09.01.1940; zu Jankuhn siehe neben der zitierten Literatur zum „Ahnenerbe" auch GRÜTTNER, Michael: Art. „Jankuhn, Herbert", in: DERS., Biographisches Lexikon, S. 83f.
561 BArch, NS 21 / 31a, Schreiben Jankuhn an Sievers vom 17.01.1940.
562 BArch, NS 21 / 31a, Schreiben Jankuhn an Sievers vom 24.01.1940; zu Mentzel vgl. auch GRÜTTNER, Michael: Art. „Mentzel, Rudolf", in: DERS., Biographisches Lexikon, S. 117f.

in Kiel zu verschaffen „dann würden wir Sie bitten, etwa auftretende Schwierigkeiten beseitigen zu helfen", schloss er.[563] Fast schon konspirativ wurde das Vorgehen geplant, da man offenbar selbst bei Einschaltung der SS eines Erfolges nicht sicher sein konnte. So erklärt sich auch der zunächst merkwürdige Vorschlag Schwantes, Gripp zunächst einen unbezahlten Lehrauftrag für „diluviale Vorgeschichte" zu geben. Bei einer Habilitation für Geologie und Paläontologie wäre nämlich Beurlen der zuständige Fachvertreter gewesen, dessen Votum zu Ablehnung Gripps geführt hätte. Im Falle der Diluvial-Vorgeschichte war es jedoch der Gripp-Unterstützer Schwantes; Beurlen konnte nur ein weiteres Gutachten einreichen. Bis hinunter zur Spekulation über die beteiligten Sachbearbeiter im Ministerium trieb Jankuhn seinen Plan.[564] Sievers, nach einer Tagung von den „hervorragenden Lehreigenschaften" Gripps überaus angetan[565], versprach sich der Sache anzunehmen.[566]

Als eine der letzten Hürden wurde nun noch von Kieler Seite das getan, was man in Hamburg tunlichst vermieden hatte: Man ging gegen die Behauptung vor, Gripp sei aus Sicht der NSDAP politisch unzuverlässig. NS-Gauleiter Hinrich Lohse exponierte sich nun erstmals ganz persönlich zugunsten Gripps, dessen Engagement für die Westküstenforschung er naturgemäß besonders hervorhob. Er formulierte gegenüber Mentzel deutlich seine Unterstützung für Gripp und stellte klar, dass die politischen Verdächtigungen gegen diesen haltlos seien, was er eigens durch den Sicherheitsdienst der SS hatte überprüfen lassen.[567] Zuvor hatte er sich von Schwantes sicherheitshalber noch einmal die Unbedenklichkeit Gripps bestätigen lassen. Dieser hatte Regierungsrat Dr. Schow versichert: „Seinem Charakter nach dürfte Gripp mehr Nationalsozialist sein als manch einer, der das Zeichen der Partei trägt."[568] Seine Ausführung ist sicherlich mit Vorsicht zu genießen, denn es gibt keine Hinweise auf eine politische Tätigkeit Gripps. Zudem sind auch keine anderweitigen politischen Äußerungen Gripps zugunsten des Nationalsozialismus belegt, selbst dann nicht, als es ihm hätte nützlich sein können (beispielsweise im Falle der Auseinandersetzung um die Besetzung der Forschungsstelle in

---

563 BArch, NS 21 / 31a, Schreiben Jankuhn an Sievers vom 17.01.1940.
564 BArch, NS 21 / 31a, Schreiben Jankuhn an Sievers vom 24.01.40: „Ich weiß nicht, ob diese Angelegenheit von Harmjanz oder Frey bearbeitet wird. Auf alle Fälle schreibe ich heute auch noch an Harmjanz. Frey kenne ich nicht."
565 BArch, NS 21 / 31a, Aktenvermerk Sievers vom 30.06.1940.
566 BArch, NS 21 / 31a, Schreiben Sievers an Jankuhn vom 23.01.1940.
567 BArch, R 4901 / 1872, Schreiben Lohse an Mentzel vom 23.10.1940: „Politische Verdächtigungen, die von dort gegen ihn vorgebracht wurden, und die unter anderem vom Sicherheitsdienst nachgeprüft wurden, ergaben, daß Gripp sich gegen Verleumdungen von Kollegenseite, die seine wissenschaftliche Laufbahn zerstören sollten, zur Wehr gesetzt hat."
568 BArch, R 4901 / 1872, Schreiben Schwantes an Schow vom 01.08.1940.

Husum, bei der er gegen Dr. Ernst ausschließlich fachlich argumentierte). Schwantes hatte hingegen schon in seinem Brief an den Reichsstatthalter in Hamburg seinen Hang zur Übertreibung gezeigt, als er dem „weltberühmten Professor Gripp" beizustehen versuchte. Er attestierte ihm sogar eine nationalsozialistische Haltung, die der völlig unpolitische Gripp tatsächlich wohl gar nicht besaß, um ihm auch diesmal beizustehen. Es war gewissermaßen ein Spiegelbild der Ereignisse der Nachkriegszeit, als sich Professoren gegenseitig bescheinigten, sie seien gerade keine Anhänger des Nationalsozialismus gewesen.[569]

Mittlerweile hatte sich hinter Gripp also – ganz anders als in Hamburg – eine breite Unterstützerfront aus Fakultät, Universitätsleitung, Oberpräsidium bzw. Gauleitung, dem Dozentenbund in Kiel[570] und auch dem SS-Ahnenerbe versammelt. So konnte Dekan Schmieder Mitte September 1940 seine abschließende Bewertung an das REM senden, das sich wenig überraschend für Gripp an erster Stelle der Berufungsliste aussprach.[571] Fiege hingegen tauchte gar nicht auf der Liste auf[572], denn er passe erstens fachlich nicht auf einen Lehrstuhl für Diluvialgeologie und zudem persönlich nicht zur Fakultät.[573] Die Angelegenheit wurde dadurch etwas erleichtert, dass Beurlen im

---

569 Dazu HOCH, Gerhard: Die Zeit der „Persil"-Scheine, in: Demokratische Geschichte 4 (1989), S. 355–371.
570 BArch, R 4901 / 1872, Schreiben Dozentschaftsleiter an Ritterbusch vom 28.09.1940: „Die Dozentenschaft ist [...] zu der Überzeugung gekommen, daß für die Neubesetzung des Lehrstuhls für Geologie der von der Fakultät an erster Stelle genannte Professor Dr. Gripp als ganz besonders geeignet anzusehen ist. [...] Es hat sich dabei ergeben, daß die gegen Gripp erhobenen Anschuldigungen zum allergrößten Teil auf irrtümlichen und unzulänglichen Informationen beruhen".
571 BArch, R 4901 / 1872, Schreiben Schmieder an das REM vom 19.09.1940: „[...] daß in Kiel ein besonderes Bedürfnis nach einem Fachvertreter herrscht, der neben umfassenden Kenntnissen der Geologie und der Paläontologie sich als Forscher auf dem Gebiet der Diluvialgeologie bewährt hat. Unter diesem Gesichtspunkt erscheint vom rein wissenschaftlichen Standpunkt aus der a.o. Professor Dr. Gripp der geeignete Kandidat zu sein. [...] Seine zahlreichen diluvialgeologischen Arbeiten, seine Kenntnis der Arktis, seine persönlichen Beziehungen zu den Gelehrten der nordischen Länder, sowie seine heimatkundlichen geologischen Schriften lassen ihn für den Kieler Lehrstuhl ganz besonders geeignet erscheinen. [...] Durch seine praktische geologische Tätigkeit im Gebiet Schleswig-Holsteins ist er mit den großen Fragen, die seinem Fach in unserer Provinz gestellt werden, bestens vertraut."
572 Genannt wurden stattdessen Prof. K.H. Richter aus Greifswald und Prof. Wolstedt aus Berlin.
573 BArch, R 4901 / 1872, Schreiben Schmieder an das REM vom 19.09.1940: „ [...] hat er es in keiner Weise verstanden, zu irgendeiner Zusammenarbeit mit den Vertretern der an der Geologie interessierten Fächer [...] zu kommen. Er ist sogar dem größten Teil der Professoren und Dozenten völlig unbekannt geblieben."

Frühsommer 1940 einen Ruf nach München angenommen hatte. Trotzdem agitierte er von dort weiter gegen Gripp und für Fiege.[574] Zwar blieb letzterer in Kiel, die Berufung Gripps konnte er jetzt jedoch nicht mehr verhindern. Am 25. November 1940 war es schließlich so weit: „Im Namen des Führers" ernannte der Reichserziehungsminister Karl Gripp zum außerplanmäßigen Professor. Dieser dürfe sich nun „des besonderen Schutzes des Führers sicher sein".[575] In Anbetracht der zu Willkür einladenden nationalsozialistischen Gesetzgebung, die Gripp in Hamburg erdulden musste, mag dies auf ihn wie Hohn gewirkt haben, dennoch hatte er ein wichtiges Etappenziel genommen. Auch wenn er letztlich noch kein Ordinariat erlangen konnte, war er wieder auf der Spur einer akademischen Laufbahn. In dem zugehörigen Begleiterlass wurde noch einmal auf die besonderen Verdienste Gripps, vor allem in Bezug auf die Arktisforschung hingewiesen.[576] Als besonders herausragend unter seinen Veröffentlichungen wurde seine Arbeit „Glaziologische und geologische Ergebnisse der Hamburgischen Spitzbergen-Expedition von 1927" genannt. Die prominente Hervorhebung von Gripps arktischem Engagement ist dabei bezeichnend, zumal die dem genannten Werk zugrunde liegende Reise bereits 13 Jahre zurücklag. Hierin mag zu sehen sein, dass gerade jetzt arktische Heldentaten aus vergangener Zeit öffentlichkeitswirksam genutzt werden sollten, auch wenn Gripps Reise tatsächlich nur wenig Abenteuer geboten hatte. Allein der Hinweis darauf genügte aber offenbar.

Mit der Berufung Gripps war die Problematik um Gripp und Fiege allerdings noch nicht ausgestanden. Von Seiten der Kieler Universität wurde weiter mit Vehemenz daran gearbeitet, die Stellung Gripps zu festigen und die Verleihung eines Ordinariats an ihn zu erreichen, nach wie vor aber sperrte sich das REM dagegen. Im April 1941 übernahm Fiege die Vertretung für den frei gewordenen Lehrstuhl Beurlens. Der Rektor der Kieler Universität, Professor Hanns Löhr (1891–1941), verwahrte sich mit Nachdruck beim REM dagegen, denn bislang war es die Gepflogenheit, dass eine solche Vertretung der endgültigen Übertragung des Lehrstuhls vorausging.[577] Da aber

---

574 BArch, NS 21 / 31a, Aktenvermerk Sievers vom 30.06.1940.
575 LASH, Abt. 47, Nr. 6596, Abschrift der Ernennungsurkunde vom 25.11.1940.
576 LASH, Abt. 47, Nr. 6596, Hochschulverordnung des REM vom 16.12.1940: „Prof. Gripp ist einer der bekanntesten Diluvial-Geologen Deutschlands und hat sich besonders durch die Erforschung der Geologie in der Arktis ausgezeichnet. Aufgrund der dort gemachten Beobachtungen vermochte er manche diluviale Bildung in Schleswig-Holstein zu erklären. Auch die Formationen des Tertiärs hat er erfolgreich erforscht. An den Ausgrabungen in Ahrensburg b. Hamburg war er maßgeblich beteiligt".
577 BArch, R 4901 / 1872, Schreiben Löhr an das REM vom 06.05.1941; zu Löhr vgl. GRÜTTNER, Michael: Art. „Löhr, Hanns", in: DERS., Biographisches Lexikon, S. 111.

Gripp der Spitzenkandidat der Fakultätsliste sei, würde diese Entscheidung die Autonomie der Hochschule weiter untergraben und die Aufstellung von Berufungslisten insgesamt ad absurdum führen.[578] Auch hier blieb das REM jedoch hart und verwies lediglich darauf, dass eine endgültige Entscheidung noch nicht getroffen worden sei.[579] Aus dem Entwurf zu einem Schreiben des REM an Hinrich Lohse aus dem Jahr 1941 wird deutlich, warum man sich dort so stark für Fiege einsetzte. Darin wurde ihm erläutert, „dass Fiege ein Vorrecht eingeräumt werden muß, da dieser erstens Weltkriegsteilnehmer ist, zweitens an diesem Kriege teilgenommen hat und verwundet wurde und drittens ist Fiege ein alter Parteigenosse."[580] Letztlich ging es von Seiten des Reichserziehungsministeriums also vielmehr um eine Bevorzugung Fieges, als um eine Benachteiligung Gripps und offenbar spielte die Frage der politischen Zuverlässigkeit Gripps hierbei gar keine Rolle.[581]

Aber Gauleiter Lohse, seit dem Sommer 1941 Reichskommissar für das Ostland[582], setzte sich weiterhin persönlich für Gripp ein. Er folgte der Argumentation, man müsse einen verdienten Parteifreund gegenüber Gripp besser stellen, offenbar nicht. In einem persönlichen Schreiben an Reichserziehungsminister Bernhard Rust stellte er klar, dass Gripp sowohl von der Universität als auch ihm selbst als Ordinarius bevorzugt würde.[583] Dem Kriegseinsatz Fieges stellte Landeshauptmann Dr. Schow die Verdienste Gripps aus dem

---

578 Ebd.: „Wenn, wie in diesem Falle, aber ein anderer Dozent, den die Fakultät nach reiflichster Prüfung für Kiel völlig ungeeignet hält, gegen den Willen des Gauleiters, des Rektors und der Fakultät als Nachfolger bestimmt wird, ohne daß hierfür sachliche oder politische Gesichtspunkte maßgeblich sind, erscheint ja die Aufstellung der vom Ministerium gewünschten Dreierliste völlig zwecklos."
579 BArch, R 4901 / 1872, Schreiben Oberregierungsrat Führer, REM an Ritterbusch vom 04.06.1941: „Mit der Beauftragung des Dozenten Dr. Fiege [...] ist eine Entscheidung über die zukünftige Besetzung nicht vorweg genommen"
580 BArch, R 4901 / 1872, Entwurf eines Schreibens REM an Lohse (undatiert).
581 BArch, R 4901 / 1872, Schreiben des REM an das Oberpräsidium SH vom 22.08.1936: „Prof. Gripp ist nach einem Urteil des NS-Dozentenbundes wissenschaftlich beachtlich und sehr fleißig. Seine Forschungen zur Glazialgeologie Norddeutschlands und damit auch zur Urgeschichte sind anerkannt und hervorragend".
582 Das Reichskommissariat Ostland umfasste das Baltikum und Teile Weißrusslands, vgl. zu Lohses Rolle z.B. DANKER, Hinrich Lohse, S. 92.
583 BArch, R 4901 / 1872, Schreiben Lohse an Rust vom 03.01.1942; „Um weiteren Schwierigkeiten aus dem Wege zu gehen, wäre ich Dir sehr dankbar, wenn Du Dich entschliessen könntest, den Wunsch des verstorbenen Rektors und auch meinen eigenen durch die Berufung des Prof. Gripp zu berücksichtige." Vgl. auch BArch, R 4901 / 1872, Schreiben Predöhl (Rektor) an das REM vom 22.01.1942; zu Predöhl siehe auch GRÜTTNER, Michael: Art. „Predöhl, Andreas", in: DERS., Biographisches Lexikon, S. 134.

Ersten Weltkrieg gegenüber (Eisernes Kreuz II. Klasse, Hamburger Hanseatenkreuz, Frontkämpfer-Ehrenzeichen).[584] Lohses persönliches Engagement für Gripp könnte darin begründet liegen, dass er Gripp zukünftig für die Ausbildung junger Geologen verwenden wollte, die er für die wirtschaftliche Entwicklung im Reichskommissariat und der langfristigen Vorbereitung deutscher Siedlungspläne brauchte, wobei auch die Kieler Universität eine Rolle spielen sollte.[585] Das erscheint vor allem deshalb plausibel, weil sich Lohses Verwaltungsstab vorrangig aus Schleswig-Holstein rekrutierte.[586] So konnten die beiden NS-Funktionäre Lohse und Rust immerhin einen Kompromiss aushandeln, der vorsah, dass Gripp ein planmäßiges Ordinariat in Kiel erhalten sollte, sobald man Fiege anderweitig versorgt hatte.[587] Hierbei hatte Rust offenbar besonders die Universität Straßburg im Sinn, da hier mit dem Tod des Professors für Geologie, Otto Wilckens (1876–1943), eine Stelle frei geworden war.[588] Aufgrund des weiteren Kriegsverlaufes kam es aber nicht mehr zu einer Berufung Fieges dorthin, er blieb stattdessen in Kiel. Erst als Fiege 1943 erneut zum Kriegsdienst eingezogen wurde, übernahm Gripp die kommissarische Leitung des Instituts.[589]

Neben der Tätigkeit für das Oberpräsidium, die er weiterführte, konnte Gripp sich nun immerhin wieder etwas stärker um seine arktischen Interessen kümmern, wenn auch wegen des Krieges bei Weitem nicht in dem Maße wie in den 1920er Jahren. Für das arktische Engagement der deutschen Wehrmacht, die bis zum Ende des Krieges Wetterstationen auf Spitzbergen und Grönland betrieb, war der Geologe Gripp wohl deshalb uninteressant, weil sich seine Forschungen vor allem auf die gut zugänglichen Gebiete konzentriert hatten, die Wetterstationen aber versteckt in möglichst unzugänglichen Gegenden angelegt wurden. Dennoch bemühte sich Gripp weiterhin die Verbindung zur Arktisforschung nicht abreißen zu lassen. Ende September 1942 wurde Gripp zur Teilnahme an einer „Arktischen Arbeitswoche" in Kopenhagen

---

584 BArch, R 4901 / 1872, Schreiben Schow an Oberregierungsrat Führer vom 19.01.1942.
585 BArch, R 4901 / 1872, Schreiben Kopfermann (Dekan) an das REM vom 29.12.1942: „Für die Ausbildung der künftigen Geologen wird die Diluvial-Geologie erhöhte Bedeutung besitzen, da die größten Teile der Ostgebiete diluviales Flachland sind. Es wird also nach dem Kriege eine erhöhte Anforderung von Geologen dieser Fachrichtung auftreten. Kiel ist berufen, an dieser Ausbildung intensiv mitzuarbeiten"
586 DANKER, Hinrich Lohse, S. 92.
587 BArch, R 4901 / 1872, Schreiben Rust an Lohse vom 02.02.1943: „[...] kann ich Dir mitteilen [...], daß ich Professor Dr. Gripp berufen werde, sobald ich für den Dozenten Dr. Fiege eine geeignete Planstelle zur Verfügung stellen kann".
588 BArch, R 4901 / 1872, Vermerk Demmel vom 25.03.1943; BArch, R 4901 / 1872, Schreiben REM an den Leiter der NSDAP-Partei-Kanzlei vom 30.03.1943.
589 GRIPP, Geologie, S. 193.

eingeladen. Dieses Mal jedoch nicht von dänischen Stellen, sondern von der Arktischen Abteilung des Deutschen Wissenschaftlichen Instituts Kopenhagen. Verantwortlich für die Einladung war Gripps Kollege Hans Frebold (1899–1983), ebenfalls Arktisforscher, der für Gripps Spitzbergen-Expeditionen schon die Bearbeitung der Fossilien- und Gesteinsfunde übernommen hatte. „Auf Grund meiner drei Reisen in die Arktis, sowie um Fühlung mit dem Nationalmuseum in Kopenhagen [...] zu nehmen", bat Gripp den Dekan der Philosophischen Fakultät und das REM um Genehmigung und um einen Reisekostenzuschuss in Höhe von 200 RM.[590] Umgehend gab der Dekan, Professor Erich Burck (1901–1994), sein Einverständnis[591] und auch der Kieler Leiter des Dozentenbundes machte keine Einwände geltend.[592] Die Reise wurde genehmigt[593] und Gripps Auslagen erstattet.[594] Dieses Verfahren ging trotz der fortgeschrittenen Kriegslage recht zügig vonstatten und stand in keinem Verhältnis zu den außerordentlichen Schwierigkeiten, die ihm bei seinen früheren Auslandsreisen gemacht worden waren. Zwar findet sich kein Bericht Gripps über diese Tagung mehr[595], es lässt sich aber vermuten, dass man sich von Gripp erhoffte, dass er seine guten Beziehungen zur dänischen Seite in den Dienst der deutschen Sache stellen würde. Immerhin bestand die Zielrichtung des Deutschen Wissenschaftlichen Instituts (DWI) Kopenhagen nicht zuletzt in der politischen Beeinflussung dänischer Eliten, auch wenn es letztlich nicht den erhofften Erfolg brachte.[596] Dies zeigt, dass man in Gripp mittlerweile nicht mehr eine Gefahr, sondern vielmehr eine Unterstützung für „die Bewegung" des Nationalsozialismus sah. Demgegenüber ist allerdings auch die Rolle Hans Frebolds zu sehen, der nach seiner Vita zu urteilen alles andere als ein Nationalsozialist war.[597] Für Frebold und Gripp werden die fachlichen Aspekte daher die übergeordnete Rolle gespielt haben. Zu einer Renaissance Gripps als Arktisforscher konnte die Teilnahme am Kongress

---

590 LASH, Abt. 47, Nr. 6596, Schreiben Gripp an das REM vom 07.09.1942.
591 LASH, Abt. 47, Nr. 6596, Vermerk Burck vom 08.09.1942 auf dem Schreiben Gripps an das REM vom 07.09.1942.
592 LASH, Abt. 47, Nr. 6596, Leiter Dozentenbund Kiel an das REM vom 12.09.1942.
593 LASH, Abt. 47, Nr. 6596, Erlass des REM vom 07.09.1942; siehe auch LASH, Abt. 47, Nr. 6596, Schreiben Predöhl an das REM vom 24.10.1942.
594 LASH, Abt. 47, Nr. 6596, Antrag Gripps auf Reisekostenbeihilfe vom 20.10.1942; LASH, Abt. 47, Nr. 6596, Schreiben REM an Predöhl vom 27.11.1942.
595 Es existiert immerhin ein Hinweis auf einen solchen Bericht in LASH, Abt. 47, Nr. 6596, Schreiben Predöhl an das REM vom 24.10.1942.
596 Hierzu HAUSMANN, Frank-Rutger: „Auch im Krieg schweigen die Musen nicht". Die Deutschen Wissenschaftlichen Institute im Zweiten Weltkrieg (Veröffentlichungen des Max-Planck-Instituts für Geschichte, 169), Göttingen 2001.
597 Vgl. ebd., S. 30 und S. 200.

in Kopenhagen dennoch nicht führen. Als die Auswirkungen des Krieges immer näher rückten und Kiel immer häufigeren und heftigeren alliierten Bombardements ausgesetzt war, wurde Gripp immer stärker in Bemühungen eingebunden, die vorgeschichtlichen und geologischen Sammlungen in Sicherheit zu bringen sowie dabei zu helfen, den Lehr- und Forschungsbetrieb bei stetigem Verlust an Räumlichkeiten aufrecht zu erhalten.[598] Dabei blieb er auch von persönlichem Verlust nicht verschont, sein Sohn Bernhard fiel in Russland. Er selbst wurde im Oktober 1944 für kurze Zeit als Geologe zum Stabsdienst bei der Marine (Geographische Abteilung der Kleinkampfverbände) eingezogen, vermutlich ohne dass sich dies gravierend auf seine Arbeit auswirkte.[599]

Auch wenn die Universitäten Kiel und Hamburg räumlich so dicht beieinander lagen, in der Bewertung und Behandlung Professor Karl Gripps konnten sie kaum unterschiedlicher sein. Den umfangreichen Anstrengungen, Gripp in Hamburg loszuwerden (erinnert sei an das 200 Seiten starke Gutachten Professor Roses), entsprachen die fast beispiellosen Bemühungen in Kiel, Gripp in die Reihen der CAU aufzunehmen. Von den ersten zaghaften Versuchen bis hin zum Zwischensieg eines noch unbezahlten Lehrauftrages vergingen fast sieben Jahre, in denen Gripp an keiner Universität tätig war. Beinahe hätte dies das Aus seiner wissenschaftlichen Karriere bedeutet, doch Gripp hatte in dem Dienst für die Westküstenforschung den entscheidenden Strohhalm ergriffen. Er rettete ihn über diese Durststrecke hinweg und verschaffte ihm obendrein Zugang zu einem Netzwerk nationalsozialistischer Funktionäre, die mächtig genug waren, die Steine, die man ihm in Hamburg in den Weg gelegt hatte, wieder zu beseitigen. Gripp war nicht politisch orientiert sondern pragmatisch. Daher focht es ihn nicht an, dass er ausgerechnet bei der politischen Bewegung Schutz suchte, die einen nicht unerheblichen Anteil an seiner Lage hatte. Die Nähe zu Schwantes, Rust und Jankuhn war dabei ein wesentliches Element, konnten sie doch mit dem SS-Ahnenerbe eine weitere mächtige Institution des nationalsozialistischen Machtapparates einspannen. Hier erwies sich nun als besonders günstig, dass er sich auch für archäologische und vorgeschichtliche Fragen interessierte, ein Interesse, das im Wesentlichen bei seiner Expedition auf Grönland geweckt worden war. Die Unterstützung, die Gripp erfuhr, war jedoch kein reiner Selbstzweck. Ob Gripp sich unter anderen Bedingungen an der kleinteiligen Analyse einer deutschen Randprovinz beteiligt hätte, bleibt fraglich. Jetzt aber wertete er sie durch seine Kenntnis, seine Erfahrung und sein Prestige als einer der ersten

---

598 GRIPP, Geologie, S. 194f. So waren Gripp und Schwantes auch an der Sicherung des Nydam-Bootes beteiligt.
599 LASH, Abt. 47, Nr. 6596, Mitteilung Gripp an Predöhl vom 02.10.1944; Gripp, Geologie, S. 193.

Arktisforscher nach dem Ersten Weltkrieg deutlich auf. Dabei blieb er jedoch abhängig von der Unterstützung seiner Gönner. Das Verfahren in Hamburg hatte ihm vor Augen geführt, wie schnell ein Absturz unter den gegenwärtigen Machthabern möglich war. Vergleicht man die Schriftwechsel der Hamburger Entlassung mit denen der Kieler Berufung, fällt auf, dass er hier niemals selbst agierte sondern andere dies für ihn taten. Gripp blieb im Hintergrund in der Sicherheit seines neuen Netzwerkes. Dies dokumentiert auch den Wandel in der deutschen Wissenschaftspolitik im Allgemeinen: Vom forschenden Individuum zu einem in das NS-Wissenschaftssystem vollständig assimilierten Forscher neuen Typs, der nach der Vorstellung der Nationalsozialisten in der Gemeinschaft alles und alleine nichts sein sollte.

4.3. Von Weiterbeschäftigung und Wiedereröffnung – Karl Gripp, die Briten und das Ordinariat

Kurz nach dem Kriegsende kam Gripp in britische Kriegsgefangenschaft, zunächst in ein Lager bei Geversdorf/Niedersachsen, wo er jedoch nicht lange blieb. Sein Ruf als Geologe war den Briten nicht unbekannt und schon am 10. Mai 1945 wurde er (offiziell noch Kriegsgefangener) Leiter der Geographical Research Station der britischen Militärregierung in Kiel.[600] Dort führte er die Arbeiten des Oberpräsidiums nahtlos weiter und beschäftige sich mit der geologischen Landesaufnahme Schleswig-Holsteins[601], vor allem an der Westküste, wo die Briten die bisherigen Forschungseinrichtungen als West Coast Resarch Station weiterführten.[602] Hierfür unterstellten die Briten ihm 50 Mann seiner ehemaligen Marinedienststelle und ernannten ihn zudem zum Leiter des Geologischen Instituts (vor Eröffnung der Kieler Universität).[603] Durch die Besatzungsmacht sicherte sich Gripp nicht nur seine Beschäftigung sondern fand auch neue Unterstützer, denn schon nach wenigen Monaten setzte man sich bei den deutschen Stellen für seine Karriere ein. Anfang September 1945 erreichte die Hamburger Schulbehörde ein Schreiben Major Sheldons von der britischen Militärregierung. Er ließ anfragen, ob die Hamburger Universität den „aus rassischen und politischen Gründen im Jahre 1937 entlassenen Universitätsprofessor Gripp" wieder aufnehmen wolle. Da Gripp zu diesem Zeitpunkt noch als Geologe für die Briten mit Vermessungsaufgaben betraut, lässt sich vermuten, dass er hier einige Andeutungen gemacht hatte. Über die wahre Natur der Angelegenheit war

---

600 LASH, Abt. 47, Nr. 6596, Personalfragebogen.
601 LASH, Abt. 47, Nr. 6596, Entwurf Schreiben Creutzfeldt (Rektor) an die Britische Militärregierung vom November 1945.
602 Petersen, Johann Lorenzen, S. 10.
603 Gripp, Geologie, S. 196.

die Militärregierung aber offenbar nicht informiert, denn wenn schon eine Entlassung aus politischen Gründen fraglich ist, aus „rassischen" Gründen hatte man Gripp in keinem Fall entlassen. Er hütete sich aber auch davor, die Sache aufzuklären, konnte dieser Irrtum seiner Karriere jetzt nur förderlich sein. Von Seiten der Universität war man nun in der Zwickmühle. Die Briten über die genauen Umstände der Personalintrige aufzuklären hätte die Sache für die Beteiligten nicht besser machen können, und so tat man zunächst gar nichts. Dem sozialdemokratischen Senator Landahl[604], der sich zwischenzeitlich eingeschaltet hatte, teilte der Dekan zunächst lapidar mit: „Hier ist nichts bekannt, daß Professor Gripp den Wunsch hat, nach Hamburg zurückzukehren", zudem müsse zuvor die zukünftige Leitung des Geologischen Staatsinstituts im Hinblick auf den in Kriegsgefangenschaft befindlichen Professor Voigt oder eine mögliche Rehabilitierung Professor Brinkmanns abgewartet werden.[605] Erst nachdem Landahl mehrfach die „sofortige Erledigung" angemahnt hatte[606], teilte der Dekan mit, dass die Abfassung des nötigen Gutachtens über Gripp „für die beteiligten Herren besonders schwierig" sei.[607] Diese Herren waren die Professoren Mecking, Klatt und Bredemann, die sich alle während des „Dritten Reiches" politisch exponiert hatten – Mecking bereits in der Frühzeit des Nationalsozialismus, Klatt und Bredemann als Dekane der Fakultät während der Auseinandersetzung mit Gripp.[608] So ist es wenig verwunderlich, dass Meckings und Bredemanns Expertise für Gripp wenig schmeichelhaft ausfiel.[609] Lediglich Professor Klatt, der als Dekan das

---

604 Heinrich Landahl (1895–1971), Mitglied der Hamburger Bürgeschaft von 1924–1933 (DDP/DStP), Hamburger Schulsenator von 1945–1953 und 1957–1961 (SPD); vgl. z.B. STUBBE DA LUZ, Helmut: Landahl, Heinrich, in: Hamburgische Biografie. Personenlexikon, Bd. 5, hrsg. von Franklin KOPITZSCH und Dirk BRIETZKE, Göttingen 2010, S. 224–226 und NICOLAYSEN, Rainer: Das „Ja" eines späteren Sozialdemokraten. Über Heinrich Landahl (1895–1971) und seine Zustimmung zum „Ermächtigungsgesetz" am 23. März 1933, in: Zeitschrift des Vereins für Hamburgische Geschichte 98 (2012), S. 151–192.
605 StA HH, 361-6 Nr. IV 2197, Schreiben Hecke (Dekan) an die Hochschulbehörde vom 13.10.1945.
606 StA HH, 361-6 Nr. I 01901, Schreiben Schulbehörde an Hecke vom 15.11.1945 mit Bezugnahme auf ein Schreiben Landahls vom 18.10.1945.
607 StA HH, 361-6, Nr. I 01901, Schreiben Hecke an die Hochschulbehörde vom 21.11.1945.
608 EHLERS, Geologisches Institut, S. 1238.
609 StA HH, 361-6 Nr. I 01901, Stellungnahme Mecking vom 24.11.1945: „Die wissenschaftliche Produktion von Prof. Gripp ist reichlich und beachtlich, sowohl über Spitzbergen, wie auch über NW-Deutschland […]. In zwei mir bekannten Fällen allerdings ist seine Arbeit stark beanstandet worden. Als einen besonders bedeutenden Vertreter seines Faches kann man ihn schwerlich bezeichnen […]. Über die Schatten, die auf seine Persönlichkeit fallen, vermag ich selbst

Disziplinarverfahren gegen Gripp hatte einstellen lassen, weil er erkannt hatte, dass es nur um einen persönlichen Streit zwischen Gripp und Passarge ging, äußerte sich weitgehend zustimmend zu einer Rückkehr Gripps.[610] Auch nach dem Ende des NS-Regimes waren noch wesentliche Teile des Lehrkörpers der Mathematisch-Naturwissenschaftlichen Fakultät gegen Gripp eingestellt. Er blieb daher in Kiel, wo sein berufliches Fortkommen ohnehin bessere Aussichten hatte.

Schon zum Ende des Krieges war die Kieler Universität im Zuge des Bombenkrieges weitgehend lahmgelegt worden. Mehr als 60 Prozent der universitären Anlagen waren zerstört oder beschädigt. Die meisten Institute waren ausgelagert worden, und mit Ausnahme der Medizin ruhte im Wintersemester 1944/45 in Kiel der Lehrbetrieb. Dies blieb auch nach der Kapitulation so, weil zunächst keine Räumlichkeiten in Kiel zur Verfügung standen.[611] Jetzt konnte sich Gripp für die breite Unterstützung der Kieler Professorenschaft während seines Berufungsverfahrens revanchieren. Schon während des Krieges war Gripp an der Auslagerung einiger Sammlungen und an der räumlichen Aufrechterhaltung des Lehrbetriebes beteiligt gewesen.[612] Nun ging es darum, für den Verbleib der Universität in Kiel neue Räumlichkeiten zu finden. Schnell kamen die Werksgebäude der Electroacustic (ELAC) ins Spiel. Ihre Anlagen und Gebäude waren im Krieg weitgehend unbeschädigt geblieben. Die britische Besatzungsmacht unterstellte die Werkanlagen des Rüstungsbetriebes ihrer Aufsicht, stoppte die Produktion und verbot sie am 1. Juli 1945 zunächst ganz.[613] Da Werkdirektor Heinrich Hecht fürchten musste, die reichseigenen Gebäude des Betriebes könnten von den Briten gesprengt werden, fand sich rasch eine Allianz aus Werksleitung, Universität und Stadt Kiel zusammen, die bestrebt war, die ELAC zukünftig als

---

nicht zu urteilen"; StA HH, 361-6, Nr. I 01901, Stellungnahme Bredemann vom 26.11.1945: „Von kompetenter Seite wurde mir kürzlich darauf hingewiesen [...] Gripps sei ein ‚Wackelmann', auch hinsichtlich seiner wissenschaftlichen Entschlüsse. [...] Die Frage, ob es erwünscht erscheint, daß Prof. Gripp wieder an die Universität Hamburg versetzt wird, dürfte m.E. demnach nicht durchaus zu bejahen sein."

610 StA HH, 361-6, Nr. I 01901, Stellungnahme Klatt vom 26.11.1945: „Ich bin nicht der Ansicht, daß man seiner Rückkehr an die Universität Hamburg etwas in den Weg legen sollte [...]. Bei der Lage im Fache Geologie, das nun seit Jahren nur behelfsmäßig versorgt wird, könnte es nichts schaden wenn ein rühriger und tüchtiger Dozent in die Fakultät eintritt, und das dürfte G. nach meiner Kenntnis seiner Person sicher sein."

611 CORNELISSEN, Wiedereröffnung, S. 15.

612 z.B. BArch, R 4901 / 1872, Schreiben Burck an das REM vom 20.03.1944.

613 JÜRGENSEN, Kurt: Die Wiedereröffnung der Christian-Albrechts-Universität zu Kiel am 27. November 1945 in der Electroacustic, in: Christiana Albertina 33 N.F. (1991), S. 545–567, hier S. 548.

neue Universität zu nutzen.⁶¹⁴ Vermutlich war Karl Gripp derjenige, der die Nutzung der ELAC erstmals ins Spiel brachte. Nicht nur durch die Beziehungen seines Vorgängers während des Krieges, sondern auch durch die britische Militärregierung kannte er die Räumlichkeiten. Sie hatte ihn kurz nach seiner Entlassung aus der Kriegsgefangenschaft damit beauftragt, seine geologischen Arbeiten zur Kartierung Schleswig-Holsteins in einer eigenen Forschungsstelle fortzuführen, die er in der ELAC einrichtete.⁶¹⁵ Schon Gripps Kollege, Professor Leonhardt, hatte mit der ELAC im Rahmen kriegswichtiger Forschungen zu tun gehabt.⁶¹⁶ Da er wegen seiner Entlassung in Hamburg als vom NS-Regime verfolgt galt, war er für die britische Militärregierung einer der wenigen glaubwürdigen Gesprächspartner in Kiel. Es lässt sich also vermuten, dass es sein Verdienst war, dass die Anlagen nicht gesprengt, sondern der Universität im Spätsommer 1945 zur Verfügung gestellt wurden.⁶¹⁷ Dies wäre ohne die Einsicht der britischen Bildungsverwaltung, man brauche die Universität für die geplante Demokratisierung Deutschlands, kaum so schnell möglich gewesen.⁶¹⁸ Vor allem der Leiter der Erziehungsabteilung, Donald C. Riddy, förderte die Wiedereröffnung der Universität, und verlangte lediglich eine Überprüfung der alten Strukturen.⁶¹⁹ Zudem fürchtete die Militärregierung, eine anhaltende Schließung könne einen Unruheherd erzeugen. Nach der Genehmigung durch Education-Officer Wilcox und den erforderlichen Umbauten und Instandsetzungen konnte die Christian-Albrechts-Universität zu Kiel am 27. November 1945 ihren Lehr- und Forschungsbetrieb mit einem feierlichen Akt offiziell wieder aufnehmen.⁶²⁰ Karl Gripp hatte der Universität also nicht nur seine weithin geschätzte Expertise als Geologe und sein Prestige als Arktisforscher eingebracht, sondern hatte auch entscheidenden Anteil an der Neugründung der

---

614 Weitere Beteiligte waren Regierungsdirektor Otto Hoevermann als zukünftiger Oberpräsident, Max Emcke als zukünftiger Oberbürgermeister, Prof. Gerhard Creutzfeldt als Rektor und Prof. Erich Burck; vgl. JÜRGENSEN, Wiedereröffnung, S. 550.
615 Ebd.
616 LASH, Abt. 47, Nr. 2081, Schreiben Leonhardt an Predöhl vom 10.02.1943.
617 JÜRGENSEN, Wiedereröffnung, S. 555.
618 Vgl. PHILLIPS, David (Hrsg.): German Universities after surrender. British Occupation, Oxford 1983.
619 Denkschrift Riddy, zitiert nach JÜRGENSEN, Kurt: Die Christian-Albrechts-Universität nach 1945, in: Aus der Geschichte lernen? Universität und Land vor und nach 1945. Eine Ringvorlesung der Christian-Albrechts-Universität zu Kiel und des Schleswig-Holsteinischen Landtages im Wintersemester 1994/95, hrsg. von der CHRISTIAN-ALBRECHTS-UNIVERSITÄT ZU KIEL, Kiel 1995, S. 183–202, hier S. 186.
620 CORNELISSEN, Wiedereröffnung, S. 19.

Universität. Nicht umsonst liegt am Rande des ehemaligen ELAC-Geländes und Universitätscampus heute die Grippstraße.[621]

Innerhalb der Kieler Universität wusste man das Engagement Gripps sehr zu schätzen. Der Dekan der Philosophischen Fakultät, der Professor für Physik Albrecht Unsöld (1905–1995), regte bereits am 19. September 1945 an, Gripp den Lehrstuhl Professor Beurlens zu übertragen, der nach München gegangen war, denn „seine Kenntnis der Arktis, seine guten Beziehungen zu den Gelehrten der nordischen Länder sowie seine heimatkundlichen geologischen Schriften lassen ihn für den Kieler Lehrstuhl besonders geeignet erscheinen". Er verwies auf die lange Zeit, die Gripp immer wieder für eine Professur in Kiel vorgeschlagen gewesen sei, was der NS-Dozentenbund jedoch „immer wieder aus rein politischen Gründen hinausgezögert" habe.[622] Dies traf nicht ganz die Realität, hatte der Kieler Dozentenbundsleiter im Gegensatz zu Hamburg doch eine Berufung Gripps ausdrücklich begrüßt. Der tatsächliche Grund für die Verzögerung war, dass das REM sich zuvor auf das kriegsversehrte NSDAP-Mitglied Kurt Fiege festgelegt hatte. Doch mittlerweile war die vermeintliche politische Verfolgung Gripps zu dem Argument avanciert, das die besten Aussichten versprach, eine Berufung Gripps zu erreichen.

Hiermit wandte man sich schließlich auch an die Britische Militärregierung, deren Zustimmung erforderlich war. Rektor Creutzfeldt bat darum, an der Universität Kiel ein neues Ordinariat für Geologie zu schaffen (dies war nötig, da Beurlens Ordinariat an Professor Leonhardt übergegangen war und außerdem Fiege aus den Mitteln des Extraordinariats besoldet wurde)[623] und Gripp als Leiter des Geologischen Instituts zum planmäßigen Ordinarius auf diesen Lehrstuhl zu berufen.[624] Es lässt sich vermuten, dass man sich mit der Militärregierung schon vorher in der Sache einig war, denn bereits am 28. November teilte man von dort in knappen Worten mit, dass man sowohl der Einrichtung eines neuen Lehrstuhls als auch der Berufung Gripps zustimme.[625] Bereits mit Wirkung zum 1. Dezember 1945 wurde Gripp daraufhin zum planmäßigen ordentlichen Professor für Geologie und Paläontologie, damit zugleich zum Direktor des Geologisch-Paläontologischen

---

621 Beschluss der Kieler Ratsversammlung vom 16.02.2006 (Straßenbenennungsakte XX IX/4).
622 LASH, Abt. 47, Nr. 6596, Schreiben Unsöld (Dekan) an den Kurator der CAU Kiel vom 19.09.1945.
623 vgl. LASH, Abt. 47, Nr. 6596, Schreiben Oberpräsidium SH an den Kurator der CAU Kiel vom 13.11.1945.
624 LASH, Abt. 47, Nr. 6596, Schreiben Creutzfeldt an die Britische Militärregierung vom 22.11.1945.
625 LASH, Abt. 47, Nr. 6596, Schreiben Britische Militärregierung an das Oberpräsidium SH vom 28.11.1945.

Instituts und Museums der Universität Kiel ernannt.[626] Damit war Gripp schlussendlich auf dem Höhepunkt seiner akademischen Laufbahn angelangt, dem ein beispielloser Kampf von fast einem Jahrzehnt für seine Berufung vorausgegangen war. Jetzt wirkte sich auch noch einmal die Anfrage der britischen Militärregierung in Hamburg aus: Weil Gripp „angeblich einen Ruf nach Hamburg erhalten haben" sollte, wurde beantragt, die Jahre zwischen 1934 und 1945 – vor allem die Zeit seiner Entlassung in Hamburg – bei der Besoldung nach Dienstalter besonders zu berücksichtigen, „um ihn [...] für die Universität Kiel zu erhalten".[627] Dieser Argumentation schloss man sich im schleswig-holsteinischen Oberpräsidium kurz darauf an und setzte das Besoldungsdienstalter auf den 1. Dez. 1939 fest, um „die von der NS-Regierung erfolgte Zurückstellung in der planmäßigen Anstellung" zu berücksichtigen.[628]

Gripp selbst gelang es nicht mehr, sich als Arktisforscher zu betätigen, auch wenn er bei fast allen Werken von seinen Erkenntnissen und Erfahrungen auf Spitzbergen und Grönland zehrte.[629] Auch für Reisen zu Tagungen und Kongressen fehlte in Kiel zumindest in der Nachkriegszeit meist das Geld. So kümmerte Gripp sich weiter um die heimische Geologie, baute aus den Resten des zerstörten Geologischen Museums ein neues kleines Museum auf, das den Grundstock zum heutigen bildet und das lange Zeit als sog. Wanderndes Museum die Geologie interessierten Laien, vor allem auch Schülern, näher bringen sollte. Daneben begründete er die Institutszeitschrift „Meyniana", die auch weit über seinen Tod hinaus fortgeführt wurde.[630]

Allzu lange konnte sich die Kieler Universität, deren Mitglieder so beharrlich um die Berufung Gripps gekämpft hatten, an seinem Wirken auf dem Campus nicht mehr erfreuen. Bereits im Frühjahr 1952 bat Gripp darum, für das WS 1952/53 beurlaubt zu werden. Es sei für ihn „der Zeitpunkt gekommen, eine Geologie Schleswig-Holsteins zu schreiben."[631] Da er sie jedoch nicht fertigstellte, bat er im Herbst 1955 erneut um Beurlaubung[632],

---

626 LASH, Abt. 811, Nr. 12107, Ernennungsurkunde (Abschrift) vom 05.12.1945.
627 LASH, Abt. 811, Nr. 12107, Schreiben Fehling an das Oberpräsidium, Amt für Finanzen in Schleswig vom 04.03.1946.
628 LASH, Abt. 811, Nr. 12107, Schreiben Oberpräsidium, Amt für Finanzen an den Kurator der CAU Kiel vom 15.03.1946.
629 Hiervon zeugen besonders eindrücklich, die zahlreichen Fotografien, die aus seinen Reisen stammten und die er in zahlreichen auch weit späteren Werken zur Illustration verwendete, nicht zuletzt auch in GRIPP, Erdgeschichte.
630 PRANGE, Gripp, S. 136.
631 LASH, Abt. 47, Nr. 6596, Schreiben Gripp an den Kurator der CAU Kiel vom 26.05.1952: „Sollte ich selber nicht dazu kommen, ist nicht damit zu rechnen, daß in absehbarer Zeit eine [...] Zusammenfassung erscheint."
632 LASH, Abt. 811, Nr. 12107, Schreiben Gripp an den Kurator der CAU Kiel vom 18.10.1955.

die ihm dieses Mal jedoch nicht gewährt wurde, um keinen Präzedenzfall zu schaffen.[633] Wahrscheinlich war Gripp zu diesem Zeitpunkt bereits mit der Pflege seiner Frau Madelaine belastet, die seit Anfang 1960 schwer erkrankt war.[634] So bat Karl Gripp um seine Entlassung, offiziell damit für den akademischen Nachwuchs „rechtzeitig Plätze frei werden". Er wolle endlich seiner „Pflicht eine Geologie von Schleswig-Holstein zu verfassen" nachkommen, nicht ohne das Ministerium noch auf die mangelnde Ausstattung der Kieler Universität hinzuweisen, die ihm diese Aufgabe bislang erschwert hätte.[635] Am 31. März 1957 wurde Karl Gripp durch den schleswig-holsteinischen Ministerpräsidenten Kai-Uwe v. Hassel wunschgemäß in den Ruhestand entlassen.[636] Seine wissenschaftliche Tätigkeit endete damit jedoch nicht. Im Anschluss an seine Emeritierung war er noch einige Zeit als Gastdozent in Århus tätig.[637] 1964 kam schließlich doch noch sein geologisches Hauptwerk, die „Erdgeschichte von Schleswig-Holstein" heraus, welche auch Jahrzehnte später noch als das geologische Standardwerk des Landes galt. Daneben veröffentlichte er weiterhin zahlreiche wissenschaftliche Arbeiten und selbst kurz vor seinem Tod soll er noch an einem Manuskript gearbeitet haben. In Anerkennung seiner Arbeit verlieh ihm 1968 die Deutsche Quartärvereinigung die Albrecht-Penck-Medaille.[638] Im selben Jahr starb seine Frau Madelaine, Ende Januar 1969 heiratete Gripp erneut, diesmal Gretel Satow, mit der er – abgesehen von einigen weiteren wissenschaftlichen Veröffentlichungen – zurückgezogen in Lübeck lebte. Dort starb Karl Gripp am 26. Februar 1985.[639]

---

633 LASH, Abt. 811, Nr. 12107, Vermerke des Kurators der CAU Kiel vom 04.11.1955 und 09.11.1955.
634 LASH, Abt. 47, Nr. 6596, beigefügtes Schreiben vom 21.08.1961.
635 LASH, Abt. 811, Nr. 12107, Schreiben Gripp an den Kultusminister Schleswig-Holsteins vom 27.09.1956.
636 LASH, Abt. 47, Nr. 6596, Entlassungsurkunde vom 20.03.1957.
637 PRANGE, Gripp, S. 135.
638 Ebd., S. 136.
639 Ebd., S. 134.

5. Von einer außergewöhnlichen Karriere – Zusammenfassung und Fazit

Karl Gripp war ein Forscher, der seine beruflichen und wissenschaftlichen Ziele auch unter widrigen Bedingungen vehement verfolgte. Den Fortschritt seiner Karriere betrieb er mit Nachdruck, insbesondere durch den konsequenten und stetigen Ausbau persönlicher Netzwerke. So gelang es ihm, nicht nur Hindernisse auf seinem Weg Richtung Ordinariat an einer deutschen Hochschule zu überwinden, sondern sie oft auch in einen Vorteil zu verwandeln. Bereits seinen Einsatz im Ersten Weltkrieg überstand er – anders als viele seiner Altersgenossen – nicht nur körperlich unbeschadet, er konnte die dort gewonnenen praktischen Erfahrungen dazu nutzen, seine wissenschaftliche Karriere voranzutreiben. Im Gegensatz zu vielen anderen Wissenschaftlern bedeutete der Erste Weltkrieg also keinen Karrierebruch für Karl Gripp.

Seine Hingabe zur Geologie, die nicht zuletzt mit Blick auf seine Ehe mit einer französischen Geologin auch in sein Privatleben hineinreichte, machte es ihm im Zusammenspiel seiner offenkundig überzeugenden Art leicht, rasch entscheidende Persönlichkeiten für sich einzunehmen. Dazu gehörten seine frühen Förderer Carl Gottsche und Georg Gürich am Geologischen Staatsinstitut Hamburg sowie Senator Paul de Chapeaurouge als einflussreiche Persönlichkeit in der Hamburger Verwaltung und der Geographischen Gesellschaft Hamburg.

Trotz knapper Förderungskassen in der frühen Weimarer Republik war es Gripp 1925 gelungen, die Finanzierung seiner ersten Expedition zu sichern. Dies ist umso erstaunlicher, weil er zuvor nicht als Arktisforscher in Erscheinung getreten war und zum anderen die Notgemeinschaft der Deutschen Wissenschaft eigentlich derartige Kleinexpeditionen nicht mehr fördern wollte. Insofern ist es bedauerlich, dass die mangelnde Quellenlage keine weitergehenden Einblicke in die Hintergründe zulässt.

Gripps erste Reise nach Spitzbergen in jenem Jahr bescherte ihm zwar viel Anerkennung, stellte aber noch nicht den erhofften Karrieredurchbruch dar. Die mäßigen Ergebnisse waren in erster Linie der kurzen Vorbereitungszeit, einem fehlenden Grundkonzept und seiner Unerfahrenheit in Bezug auf eine derartige Unternehmung geschuldet. Das Potential, das im kurzfristigen Angebot des Biologen Adolf Meyer lag, hatte er allerdings rasch erkannt und ergriffen. Die Unzulänglichkeiten seiner Vorbereitungen versuchte Gripp vor Ort – durchaus erfolgreich – mittels eines Netzwerks lokaler Unterstützer zu kompensieren. Dabei zeigte der junge, weitgehend unbekannte Wissenschaftler keinerlei Berührungsängste gegenüber namhaften Forschern und Funktionsträgern anderer Nationen, wobei er sich für nationale Interessen ohnehin wenig zu interessieren schien – es sei denn, sie konnten ihm für seine Forschungen nützlich sein.

Denn einzig seine eigenen Forschungsprojekte genossen Priorität, während ihm seine Weggefährten oft austauschbar erschienen, gerade dann, wenn sie seiner Arbeit nicht mehr dienlich genug waren. Auf allen drei Reisen kam es zu ernsthaften Streitigkeiten oder gar zum endgültigen Zerwürfnis – sei es mit Adolf Meyer, Herbert Knothe oder Sigurd Hansen. Gripp erwies sich in dieser Hinsicht als komplexe Forscherpersönlichkeit und bisweilen als herausfordernder Kollege, zumindest gegenüber seinen männlichen Mitstreitern. Mit seiner Kollegin Emmy Todtmann, die er wie kaum eine andere Person fachlich und menschlich zu respektieren schien, arrangierte er sich hingegen problemlos. In einer Zeit, da studierte Frauen noch keine Selbstverständlichkeit in der deutschen Wissenschaftslandschaft waren, ist dies besonders bemerkenswert. Hier ist es gleichfalls bedauerlich, dass die dürftige Quellenlage keine nähere Beschäftigung mit der Rolle Emmy Todtmanns mehr zulässt.

Der Durchbruch als international anerkanntem Wissenschaftler gelang Gripp mit seiner zweiten Expedition. Hier gelang es ihm, die Defizite der ersten Reise auszugleichen. Seine damalige Untersuchung des Green Bay Gletschers hatte nur eine Einzelfalluntersuchung dargestellt. Zwar sollten sich die von ihm entwickelten Hypothesen Nachhinein größtenteils als zutreffend erweisen, doch waren sie ohne Vergleichsgrundlage auch wissenschaftlich angreifbar. So war ihm bereits in seiner Habilitationsschrift vorgeworfen worden, er verallgemeinere zu schnell. Diesem Problem stellte Gripp sich mit seiner zweiten Reise nach Spitzbergen. Mit einer Tour de Force, die ihn und seine Begleiter durch den Großteil der Fjorde und Gletscher West- und Südspitzbergens führte, konnte er umfangreiche Vergleichsdaten sammeln. Sie verliehen seinen Untersuchungen eine größere Validität, was schließlich seinen Forschungsergebnissen wie ihm persönlich die Anerkennung seiner Fachkollegen, auch international, einbrachte.

Gegenüber den unterschiedlichen nationalen Interessen im arktischen Raum erwiesen sich Gripps wissenschaftliche Spezialinteressen zudem als vorteilhaft. Während sich andere geologische Untersuchungen auf Spitzbergen zumeist auf Kohlevorkommen konzentrierten, bei denen es letztlich auch um das Abstecken von Claims und die Kontrolle des Archipels ging, agierte Gripp mit seinen Studien über die Abtaugebiete in dieser Hinsicht außer Konkurrenz. Wirtschaftliche oder politische Interessen erscheinen in Bezug auf seine Unternehmungen gänzlich fernliegend, schließlich hat selbst in Hamburg die „Hamburgische Spitzbergenexpedition" keine breite Rezeption erfahren und ist heute nahezu unbekannt.

Insofern lässt sich Gripp als Exponent jener jüngeren Generation von Arktisforschern verstehen, denen weniger an den großen und national orientierten Entdeckungen lag (die ohnedies zu jener Zeit schon gemacht waren), als vielmehr an der Verwirklichung ihrer eigenen wissenschaftlichen Agenda. Damit sicherte er sich andererseits die Anerkennung und Unterstützung Adolf Hoels, welcher als Triebfeder der norwegischen Polarforschung die territoriale Ausbreitung seines Heimatlandes in die Arktis befeuerte wie kein anderer. Dessen starke Förderung zeigt auf, dass in Karl Gripp und wohl auch in der deutschen Arktisforschung der 1920er Jahre keine Konkurrenz mehr für andere Interessen wie die des Königreichs Norwegen gesehen wurden. Hier hatte sich die geopolitische Lage grundlegend gewandelt. Das Deutsche Reich war von einem Konkurrenten im Wettlauf um arktische Interessenssphären vielmehr zu einem Kooperationspartner in Wirtschaftsfragen geworden, dessen Unterstützung nun vor allem aber im Zusammenhang mit der internationalen Anerkennung der Annexion des Spitzbergen-Archipels durch Norwegen bedeutsam war, die in der Zeit der Gripp'schen Reisen ihre kritische Phase erreichte.

Spätestens mit seiner zweiten Reise wird auch der Zusammenhang zwischen Karl Gripps akademischem Aufstieg und seinem Engagement in der Arktis evident. Der Verweis auf seine dortigen Forschungen, seine Vernetzung mit internationalen Wissenschaftlern wurde nun elementarer Bestandteil seiner Karrierestrategie. Als Kustos am Geologischen Staatsinstitut waren seinem Aufgabenfeld bis dahin enge Grenzen gesetzt gewesen, denn er konnte dort nur erforschen, was andere ihm zur Verfügung stellten. Doch mit dem Sprung in die Hörsäle der Universität, zunächst als Privatdozent, und dem damit verbundenen Prestigegewinn eröffneten sich ihm neue Karriereperspektiven. Auch mit seinen populärwissenschaftlichen Vorträgen konnte er nicht nur ein breites Publikum für sich gewinnen, sondern sich den Ruf eines exzellenten und mitreißenden Referenten erarbeiten. Die Exotik seines arktischen Forschungsfeldes, zumal er es durch seinen überreichen Fundus an Fotografien noch wirkungsvoll zu untermauern vermochte, trug hierzu entscheidend bei.

Während Gripp sich einerseits zwar umfassend mit den abstrakten fachwissenschaftlichen Problemen der Geologie auseinandersetzte, hatte er dennoch erkannt, dass er allein mit „reiner Wissenschaft" der Öffentlichkeit nur wenige Anknüpfungspunkte liefern konnte. Stattdessen bemühte er sich, seine Ausführungen mit dramatisierten Schilderungen zu würzen, wie die überschwänglichen Verweise auf vermeintliche Treibeismassen oder die Schilderungen blutiger Rentierjagden zeigen. So gelang es ihm, sich bereits durch seine Spitzbergen-Reise von 1925 ein Image als erfolgreicher Wissenschaftler und Arktisforscher aufzubauen, ohne Pate für einen kolonialen Revanchismus stehen zu müssen. Das aber wäre in Bezug auf die Historie seines Instituts (Kolonialgeologie) eigentlich naheliegend gewesen. Gripp traf hingegen die im Nachhinein strategisch richtige Entscheidung, sich nicht in dieser Sackgasse zu verrennen und so die entscheidende Weiche für eine Karriere als Hochschullehrer zu stellen.

Mit seiner Spitzbergen-Reise von 1927 setzte er diese Forschungsagenda konsequent fort, was ihm letztlich auch international die Anerkennung seines Fachkollegiums einbrachte. Seine Studien sollten sogar, wie das Beispiel van der Meers zeigt, noch 70 Jahre später Bedeutung für die internationale Geowissenschaft haben.

Dennoch war der entscheidende Schritt für Karl Gripp anfangs ausgeblieben. Die Berufung auf ein eigenes Ordinariat – das wichtigste Ziel der Karrierestrategie Gripps – erfolgte in Hamburg nicht. Dies lag vor allem an der starken Konkurrenzsituation. Den wenigen Ordinarien stand eine Vielzahl qualifizierter Bewerber gegenüber, die sich fast alle mit dem Prekariat einer Privatdozententätigkeit durchbringen mussten. Nicht selten wurde bei den Berufungen dem Alter der Vorzug vor der wissenschaftlichen Exzellenz der Bewerber gegeben.

Während Gripp schon in der Arktis nur unter Entbehrungen hatte forschen können, drohte ihm dies nun auch bei der Auswertung seiner Ergebnisse in der Heimat. Denn für die Fortführung seiner wissenschaftlichen Studien benötigte Gripp eine finanziell gesicherte Anstellung und eine Position, die ihn auf Augenhöhe mit seinen ordinierten Fachkollegen agieren ließ.

Dies war für seine Karriere entscheidend, lag doch der Fokus seines wissenschaftlichen Interesses nicht auf der Arktis selbst, sondern auf den heimatlichen norddeutschen Gefilden. Um deren Entstehungsgeschichte zu verstehen, war Gripp überhaupt erst in die Arktis gereist. Der Schlüssel für seinen wissenschaftlichen Erfolg lag also in der Übertragung seiner Erkenntnisse auf die Verhältnisse des norddeutschen Flachlands während der letzten Eiszeit. Bis an sein Lebensende sollte Gripp in seinen Publikationen Ergebnisse und Aufnahmen seiner drei Reisen in die Arktis verwerten.

Dies gilt in begrenzterem Umfang auch für seine dritte Reise nach Grönland, die ansonsten aus der Reihe fällt. Zu Beginn der 1930er Jahre hatten dänische Institutionen verstärkt Anstrengungen zur Erforschung Grönlands unternommen. Vor allem im Gebiet des für einige Zeit zwischen Dänemark und Norwegen umstrittenen Ostgrönlands. Obschon die Gripp'sche Expedition im Rahmen der ungleich geringer ausfallenden Untersuchung des grönländischen Südwestens gewissermaßen als Lückenbüßer gelten kann, ist die Zusammenarbeit mit einem deutschen Forscher vor dem Hintergrund des strikten dänischen Zugangsregimes bemerkenswert, auch wenn an den Expeditionen nach Ostgrönland ebenfalls deutsche Geologen wie Hans Frebold teilnahmen.[640] Denn Gripp hatte drei Jahre zuvor noch die Unterstützung des dänischen Rivalen Norwegen erfahren, insbesondere in der Person Adolf Hoels, der auch im Streit um Ostgrönland eine tragende Rolle spielte.

---

640 Vgl. THIEDIG, Hans Frebold.

Während es vonseiten seiner dänischen Auftraggeber vordergründig um die Ausbildung bzw. Qualifizierung des eigenen geologischen Nachwuchses ging, für die man eine Fachexpertise benötigte und sich als Hauptzweck der Reise die Grundlagenforschung für eine Ausweitung der heimischen Landwirtschaft auf Grönland annehmen lässt, bleibt Karl Gripps Motivation für diese Expedition letztlich unklar.

Anders als auf Spitzbergen scheint Gripp keine ausdifferenzierte Forschungsagenda gehabt zu haben, sondern plante offenbar kurzfristig, welche Untersuchungsstationen er mit Sigurd Hansen als nächstes anlaufen sollte. Auch haderte er nicht selten mit der Bewertung seiner Ergebnisse, wurde teils schwermütig und sah sich häufiger als sonst mit zwischenmenschlichen Problemen konfrontiert. Insofern erscheint die letzte Arktisreise von 1930 nach Grönland mehr ein Versuch Gripps gewesen zu sein, die Wartezeit für eine Berufung mit einer weiteren prestigeträchtigen Unternehmung zu überbrücken. Bedeutend für die Karriere Gripps sollte allerdings später die Verbindung seiner arktischen Erkenntnisse mit den regionalen Forschungsgegebenheiten seines norddeutschen Untersuchungsgebietes werden.

Insofern erwies sich die Reise am Ende ebenfalls als karrierefördernd, nicht nur aufgrund der geologischen Erkenntnisse. Denn Karl Gripp begann, sein wissenschaftliches Interesse breiter aufzufächern. Neben völkerkundlichen Aspekten interessierte er sich auf Grönland zunehmend auch für archäologische und frühgeschichtliche Zusammenhänge. Insbesondere seine Aufzeichnungen über das Leben der grönländischen Rentierjäger sollten ihm im Rahmen der Ausgrabungen Alfred Rusts und Gustav Schwantes' im damals schleswig-holsteinischen Meiendorf nützlich werden – allerdings erst wesentlich später. Denn obwohl seine letzte Reise mit vier Monaten am längsten dauerte, veröffentlichte Gripp, abgesehen von einigen wenigen Vorträgen und Fotografien, keinerlei Ergebnisse. Wissenschaftlich war die Reise nach Grönland zunächst also kein Erfolg, betonte Gripp doch stets die Bedeutung der Veröffentlichungen als Maß für die Relevanz des Wissenschaftlers.

Die Ursache hierfür findet sich allerdings nicht in etwaigen Unzulänglichkeiten seiner Forschungsergebnisse, sondern vielmehr in den sich anschließenden Ereignissen an der Universität Hamburg. Durch Gripps Bemühen, seine eigene Berufung als Nachfolger Gürichs durchzusetzen, hatte er sich in Konflikt mit dem Geographen Siegfried Passarge gebracht. Dessen konträren Personalvorstellungen hinsichtlich einer Förderung des eigenen Netzwerks waren neben Neid auf den jungen Professor und gekränkter Eitelkeit des älteren Ordinarius die wesentlichen Motive für dessen Eingreifen.

In dieser Auseinandersetzung zeigt sich die erste bedeutende Fehleinschätzung Gripps in Bezug auf seine Karrierestrategie. Sein Ruf als Arktisforscher hatte ihn keineswegs unangreifbar gemacht. Obwohl Gripps wissenschaftliche Leistungen auch bei seinen Gegnern anerkannt waren, überwog im überkommenen hierarchischen System Hochschule der Status Passarges als Ordinarius gegenüber dem nichtbeamteten Professor Gripp. Kaum jemand wagte, für den jungen Hochschullehrer in Opposition zum ordinierten Professor Passarge zu treten.

Auch wenn die Haltung des überzeugten Antisemiten Passarge zum Nationalsozialismus bisweilen umstritten ist, weist dessen Auseinandersetzung mit Gripp zahlreiche Parallelen zu den Ereignissen auf, in denen nationalsozialistisch gesinnte Studenten und Dozenten an der Hamburger Universität (und anderswo) politisch und ideologisch missliebige Dozenten vertrieben. Weil es Passarge gelang, seinen Widersacher in der Hochschule systematisch zu isolieren, hatte der Netzwerk-Stratege Gripp diesmal das Nachsehen. Dennoch benötigte Passarge fast vier Jahre, um Gripps Entlassung zu erreichen. Welchen Vorteil er sich davon versprach, muss zweifelhaft bleiben, immerhin wurde er selbst bereits im darauffolgenden Jahr aus Altersgründen emeritiert. Dies nahm Passarge später im Übrigen zum Anlass, um sich als Opfer der Nationalsozialisten zu stilisieren.[641]

Für Gripp jedenfalls stellte der Streit einen erheblichen Karriereknick dar. Die Nachfolge Gürichs war ihm endgültig unmöglich gemacht worden. Stattdessen wurde mit Roland Brinkmann ein anderer Wissenschaftler als Lehrstuhlinhaber installiert, der obendrein die Konkurrenz Gripps im eigenen Institut fürchtete. Dessen nun hinreichend im Hamburger Hochschulkollegium bekannter Ehrgeiz sorgte trotz seiner wissenschaftlichen Kompetenz dafür, dass Brinkmann sich des Problemfalls Gripp schnell entledigen wollte. Auch war die Atmosphäre innerhalb der gesamten Fakultät vergiftet. So zeigte sich ein Großteil der Dozentenschaft froh, als der peinliche Streit endlich zum Verstummen gebracht werden konnte – und war es auch zu Lasten des ansonsten unbescholtenen Gripps.

Zur Verschleierung kam das Missverständnis einer Entlassung Gripps aus „politischen Gründen" hingegen gerade recht, konnte dieser Mythos doch erklären, warum der als Wissenschaftler auch international angesehene Karl Gripp so plötzlich die Hochschule verlassen sollte. Zudem schützte es vor Nachfragen, denn mit einem politisch vermeintlich unzuverlässigen Element wollte sich im NS-Staat kaum jemand allzu öffentlich befassen.

Seine Bedeutung als Arktisforscher und renommierter Geologe konnte Gripp zwar nicht vor den Nachstellungen und Angriffen Passarges zu schützen,

---

641 Im Ostpreußenblatt vom 15. Februar 1953, dem er ein Interview gab, heißt es über ihn: „die eigenen Ansichten vertrat er mit kompromißloser Schärfe und Offenheit. Es ging mitunter auch nicht ohne Funken ab; die Gemüter haben sich manchmal seinetwegen erhitzt. Als er in seinen Vorlesungen den nationalsozialistischen Rassestandpunkt kritisierte und verwarf, wurde er unter dem Vorwand auf sein Alter überraschend in den Ruhestand versetzt."

zumindest aber seine Entlassung über längere Zeit hinauszuzögern. Erst über das NS-Gesetz zur Wiederherstellung des Berufsbeamtentums gelang es, Gripp letztlich zu entlassen – wenn auch nur aus dem Staatsinstitut. Dabei fand ein Paragraph Anwendung, mit dem üblicherweise auch schwer zu entlassende Personen aus dem Staatsdienst entfernt wurden, z.B. jüdische Frontkämpfer des Ersten Weltkriegs. Dabei fiel allerdings, gemäß dem Wortlaut der Bestimmung, auch Gripps Arbeitsplatz als solcher weg. Persönlich konnte also außer Roland Brinkmann von seiner Entlassung niemand profitieren.

Die Absurdität dieses Vorgehens zeigt sich besonders in dem Mangel an Begründetheit, für die einzig und allein auf ein Mandantenverhältnis von Gripp zu seinem jüdischen Anwalt Max Eichholz, einem DDP-Politiker abgestellt wurde. Dabei finden sich keinerlei Hinweise auf eine politische Verbindung zwischen den beiden. Wahrscheinlicher ist, dass Gripp den Anwalt lediglich auf Empfehlung des damals zuständigen Hochschulsenators Paul de Chapeaurouges engagiert hatte, der ein Parteifreund Eichholz' war. Im NS-Staat reichte dies aber aus, um nicht nur den Anwalt als jüdisch zu verfolgen, sondern auch dessen Mandanten zu diskreditieren. Entgegen den Erwartungen blieb der Vorgang für lange Zeit eine peinliche Angelegenheit für die Universität Hamburg. Der Entlassungsmythos hielt sich trotzdem, auch weil er sich nach dem Kriegsende für Gripps Karriere als nützlich erwies.

Während in Hamburg große Anstrengungen unternommen wurden, um ihn aus dem Dienst der Hochschule zu entfernen, bemühte sich eine Gruppe Kieler Professoren mit ähnlichem Elan, eine Berufung Gripps an die Christiana Albertina zu erreichen. Doch erst mit einem Umweg über die Westküstenforschung gelang es, ihn schließlich ans Ziel zu bringen.

Hierin zeigt sich einmal mehr, in welchem Maße „Wissenschaft und Politik als Ressourcen füreinander"[642] fungierten. Für das schleswig-holsteinische Oberpräsidium unter NS-Gauleiter Hinrich Lohse verfügte der Geologe Karl Gripp über ein fast maßgeschneidertes Profil für die geologische Erforschung der Westküste. Vor allem dessen wissenschaftliche Expertise hinsichtlich der geologischen Verhältnisse Norddeutschlands, deren Zusammenhänge Gripp in der Arktis vergleichend untersucht hatte, waren entscheidend – dass Gripp als vermeintlicher Systemgegner stigmatisiert war, störte dabei wenig, zumal er durch den Mangel an beruflichen Alternativen für ein geringes Gehalt zur Mitarbeit bereit war.

Erstaunlich bleibt, wie leicht Gripp sich in die neuen Strukturen einfügte. War er kurz zuvor noch in Hamburg von einem NSDAP-Mitglied aufgrund willkürlicher NS-Gesetzgebung entlassen worden, so arbeitete er wenig später einer hohen NS-Führungsriege zu. Dass ausgerechnet die SS, vor allem unter tatkräftiger Mitwirkung Alfred Rusts und Herbert Jankuhns, zu einem

---

642 ASH, Wissenschaft und Politik.

wesentlichen Fürsprecher für Gripps Karriere in Kiel wurde, ist eine Ironie für sich. Insofern erklärt sich aber, warum Gripp sich so problemlos in das NS-Forschungssystem einbinden ließ, auch wenn er nach Kriegsende seine Verachtung für das NS-Regime zur Schau stellte.⁶⁴³ Schließlich war er so dem Ordinariat in Kiel ein gutes Stück nähergekommen.

Lediglich das NSDAP-Mitglied Kurt Fiege hatte in Kiel noch bessere Aussichten auf einen Lehrstuhl als Gripp – ausdrücklich aber nicht als Wissenschaftler, sondern als verdientes Parteimitglied. Während Gripp zwar seinen praktischen Nutzen für Gauleiter Lohse und die Kieler Universität als erfahrener Arktisforscher hatte unter Beweis stellen können, musste er als Außenstehender gegenüber dem Netzwerk der NS-Parteimitglieder dennoch zurückstecken. Letztlich sollte sich dies für ihn aber als Glücksfall erweisen, denn mit dem Sieg der Alliierten und der anschließenden britischen Besatzungszeit galt Gripp nun als unbelasteter Wissenschaftler, wenn nicht gar als Regimegegner.

Neben seinem internationalen Ruf und seiner Erfahrung als Arktisforscher konnte er damit seine Opferrolle instrumentalisieren. Vor allem aber seine wissenschaftliche Kompetenz sicherte ihm die Weiterbeschäftigung durch die Briten, für die er kaum anders arbeitete als für die Forschung unter dem Hakenkreuz. So konnte er sich in der unmittelbaren Nachkriegszeit ein neues Unterstützernetzwerk aufbauen, das ihm letztlich zu dem verhalf, was ihm die schleswig-holsteinische NS-Prominenz (noch) nicht verschafft hatte: Ein eigenes Ordinariat.

In der analytischen Endbetrachtung offenbart sich der Fall Karl Gripp als ein weiterer Beleg für die These von sich bedingenden Netzwerken aus Wissenschaft und Politik. Gripp passte sich an die Vorgaben desjenigen an, der ihn förderte. Ob es der einflussreiche Adolf Hoel in Spitzbergen war, die dänische Grönlandverwaltung – die Gripp in späteren Vorträgen im Übrigen stets lobend hervorhob –, NS-Gauleiter Hinrich Lohse, die Kieler Frühhistoriker von der SS-Forschungsgemeinschaft Deutsches Ahnenerbe oder die britische Militärregierung, immer stand Gripp auf der richtigen Seite, wenn es darum ging, seine Karriere erfolgreich voranzutreiben. So blieb der fatale Karriereknick an der Hamburger Universität für Gripp letztendlich nur eine Episode, aus der er zudem Schlüsse für seine Karrierestrategie zog und sich fortan noch besser in bestehende Systeme integrierte.

Was in der Zusammenfassung wie ein opportunistisches Mitläufertum anmutet, fügt sich bei näherer Betrachtung also konsequent in ein Karrieremuster ein, das Gripp seit Beginn seiner akademischen Laufbahn an den Tag legte. So hatte er seinen wissenschaftlichen Untersuchungsvorhaben stets alle anderen Aspekte untergeordnet. Die hierbei geknüpften Netzwerke blieben so

---

643 Vgl. GRIPP, Geologie.

lange bestehen, wie sie ihm nützlich schienen und seinem wissenschaftlichen Ziel zum Erfolg verhelfen konnten. Das zeigt sich nicht nur für den Kieler Kreis um das SS-Ahnenerbe, sondern auch schon für die kleine Gemeinde der Spitzbergenbewohner in den Jahren 1925 und 1927.

In dieser Hinsicht fügt sich Karl Gripp, trotz der Brüche in seiner Biographie in das Bild ein, welches die Wissenschaftsgeschichte bisher vom Typus des immer stärker spezialisierten Wissenschaftlers seit dem beginnenden 20. Jahrhundert herausgearbeitet hat.[644] Statt dem Ideal des Universalgelehrten anzuhängen, wie es wohl noch für Gottsche und Gürich galt, definierte Gripp sich vielmehr durch seine Leistungen als Forschungsreisender und Experte auf seinem spezifischen Fachgebiet. Als ebensolcher wurde er schließlich auch von der Nachwelt wahrgenommen, während gerade in der Nachkriegszeit vor seiner Nähe zu NS-Gauleitung und SS-Ahnenerbe so manches Auge verschlossen blieb. Zwar machte er sich durchweg nicht mit politisch-ideologischen Vorgaben gemein, hinterfragte sie jedoch ebenso wenig.

Die Bedeutung seiner Arktisforschung lässt sich dabei nicht isoliert von Gripps Karriere bestimmen, vielmehr wurde sie zur Grundlage seiner wissenschaftlichen Kompetenz und hob ihn zudem aus dem Pool seiner Konkurrenten heraus – für den gesamten Zeitraum seiner Karriere. Dennoch blieb er stets auf ein entsprechendes Ermöglichungsnetzwerk angewiesen, sein Beitrag zum „Tauschhandel" war neben seiner wissenschaftlichen Kompetenz stets die Unterordnung unter die Vorgaben übergeordneter Interessen seiner Projekt-Partner: Die miteinander konkurrierenden Arktis-Interessen Dänemarks und Norwegens oder die kritiklose Zuarbeit zu NS-Gauleitung, SS-Ahnenerbe oder Britischer Militärregierung – der Wissenschaftler Karl Gripp funktionierte in jedem System. Dabei darf andersherum nicht übersehen werden, dass die Anerkennung der wissenschaftlichen Community allein Gripp nicht zum Ordinariat hätte verhelfen können, ganz besonders nicht im Zuge der Auseinandersetzung mit Siegfried Passarge.

Durch die Hartnäckigkeit und Kompromisslosigkeit, aber auch die Anpassung, die die Verfolgung seiner wissenschaftlichen Erkenntnisziele ermöglichten, wurde Gripp schließlich zu einem wertvollen Teil der

---

644 Dazu etwa BROCKE, Bernhard vom: Die Entstehung der deutschen Forschungsuniversität, ihre Blüte und Krise um 1900, in: Humboldt international. Der Export des deutschen Universitätsmodells im 19. und 20. Jahrhundert (Veröffentlichungen der Gesellschaft für Universitäts- und Wissenschaftsgeschichte, 3), hrsg. von Rainer Christoph SCHWINGES, Basel 2001, S. 367–401, v.a. S. 385; SZÖLLÖSI-JANZE, Margit: Die institutionelle Umgestaltung der Wissenschaftslandschaft im Übergang vom späten Kaiserreich zur Weimarer Republik, in: Wissenschaften und Wissenschaftspolitik. Bestandsaufnahmen zu Formationen, Brüchen und Kontinuitäten im Deutschland des 20. Jahrhunderts, hrsg. von Rüdiger vom BRUCH und Brigitte KADERAS, Stuttgart 2002, S. 60–74.

Forschungsuniversität. Nicht zuletzt wegen seines langen Kampfes um ein Ordinariat konnte er die Früchte seiner Expeditionsreisen in Kiel allerdings nur noch verarbeiten, anstatt von dort aus weitere Reisen zu unternehmen.

Trotz einiger Dramatik nahmen also weder Gripps Leben noch seine Karriere dasselbe Ende wie die seines prominenten Forscherkollegen Robert Falcon Scott. Und obwohl er niemals denselben Bekanntheitsgrad erreichen sollte, bleibt doch sein wissenschaftliches Vermächtnis auch heute noch wesentlicher Bestandteil der geologischen Forschung und ihrer Erkenntnisse. Nach ihnen strebte er Zeit seines Lebens, suchte und fand auf entbehrungsreichen Wegen Antworten und wich niemals den Widrigkeiten, die sich ihm dabei in den Weg stellten. Diese kompromisslose Unterordnung aller übrigen Lebensaspekte unter seinen Forscherdrang lässt ihn sich in die Gemeinschaft bedeutender Wissenschaftler einreihen. Zur pathetisch-tragischen Heldenfigur eignet er sich dennoch nicht, denn anders als Scott ging Gripp nicht an den Widrigkeiten seiner Umwelt zugrunde. Vielmehr sicherte nicht zuletzt das Arrangement mit der nationalsozialistischen Forschungslandschaft bzw. die Anpassung an die jeweils herrschenden politischen Gegebenheiten die erstaunliche Wissenschaftlerkarriere des Professors Dr. Karl Gripp.

6. Abkürzungen

Abb.	Abbildung
AGL	Archiv für Geographie im Leibniz Institut für Länderkunde Leipzig
Aufl.	Auflage
Bd.	Band
Bde.	Bände
ca.	circa
cm	Zentimeter
Dens.	Denselben
Ders.	Derselbe / Derselben
Dies.	Dieselbe / Dieselben
Dr.	Doktor
Ebd.	Ebenda
f.	folgende
geb.	geborene
ggf.	gegebenenfalls
GStA PK	Geheimes Staatsarchiv Preußischer Kulturbesitz Berlin
Hrsg.	Herausgeber
hrsg.	herausgegeben
IZRG	Institut für schleswig-holsteinische Zeit- und Regionalgeschichte
km	Kilometer
LASH	Landesarchiv Schleswig-Holstein
n.b.a.o.	nichtbeamteter außerordentlicher [Professor]
N.F.	Neue Folge
Nr.	Nummer
Prof.	Professor
REM	„Reichserziehungsministerium" (Reichsministerium für Wissenschaft, Erziehung und Volksbildung)
S.	Seite

SH	Schleswig-Holstein
StA HH	Staatsarchiv Hamburg
u.a.	unter anderem / und andere
v.	von
v.a.	vor allem
vgl.	vergleiche
z.B.	zum Beispiel
ZfG	Zeitschrift für Geschichtswissenschaft

7. Quellen- und Literaturverzeichnis

7.1. Quellen

7.1.1. Ungedruckte Quellen

AGL – Archiv für Geographie, Leibnitz-Institut für Länderkunde Leipzig

Kasten 831, Spitzbergen I, Tagebuch Gripp 1925.
Kasten 831, Spitzbergen II, Tagebuch Gripp 1925.
Kasten 831, Spitzbergen III, Tagebuch Gripp 1925.
Kasten 831, Spitzbergen I, Tagebuch Gripp 1927.
Kasten 831, Spitzbergen II, Tagebuch Gripp 1927.
Kasten 831, Spitzbergen III, Tagebuch Gripp 1927.
Kasten 831, Grönland I, Tagebuch Gripp 1930.
Kasten 831, Grönland II, Tagebuch Gripp 1930.
Kasten 831, Grönland III, Tagebuch Gripp 1930.

LASH – Landesarchiv Schleswig-Holstein

LASH, Abt. 47, Nr. 6596, Personalakte Gripp.
LASH, Abt. 47, Nr. 1590, Anträge auf Errichtung neuer Professuren, Wiedebesetzung von Professuren Angelegt März 1936 Abgeschlossen August 1936.
LASH, Abt. 47, Nr. 1592, Anträge auf Errichtung neuer Professuren, Wiederbesetzungvon Professuren, angelegt April 1937.
LASH, Abt. 301, Nr. 7111, Ausschuss Westküste.
LASH, Abt. 301, Nr. 7112, Westküstenforschung Sitzungen und Tagungsberichte.
LASH, Abt. 301, Nr. 7113, Schriftwechsel mit dem Oberpräsidium 1936–1942.
LASH, Abt. 460, Nr. 6183, Entnazifizierungsakte Karl Gripp.
LASH, Abt. 811, Nr. 12107, Akten zum Ende der Laufbahn Gripps an der Kieler Uni.

StA HH – Staatsarchiv Hamburg

StA HH, 135-1 I-IV, Nr. 5053, Presse-Ausschnitte Geologisches Staatsinstitut Hamburg.
StA HH, 221-10, Nr. 145 Bd. 1, Disziplinarkammer Staatsanwaltschaft in Hamburg Professor Dr. Karl Gripp.

StA HH, 221-10, Nr. 146 Bd. 2, Disziplinarkammer Staatsanwaltschaft in Hamburg Professor Dr. Karl Gripp.
StA HH, 361-5, II W h 28/2 Band 1, Notgemeinschaft.
StA HH, 361-5, II Nr. P f 3, Beschwerde Passarge gegen Gripp.
StA HH, 364-5, I Nr. D 110.20.21 Bd. 1.
StA HH, 361-6, Nr. IV 0323, Personalakte Gripp.
StA HH, 361-6, Nr. I 01901, Entlassung Gripp.
StA HH, 361-6, Nr. IV 2197, Habilitation Gripp.
StA HH, 361-6, Nr. IV 2235, PA Meyer.
StA HH, 731-8, Nr. A 757, (Gripp, Prof. Dr.) – Zeitungsausschnitte.

BArch – Bundesarchiv Berlin-Lichterfelde

BArch, R 4901 / 1872, Reichsministerium für Wissenschaft Erziehung und Volksbildung, Berufungen Uni Kiel.
BArch, NS 21 / 31a, „Das Ahnenerbe".

GStA PK – Geheimes Staatsarchiv, Preußischer Kulturbesitz Berlin

GstA PK, VI HA, Nl Solger, F., Nr. 9 Gutachten Solger zu Karl Gripp.

7.1.2. Gedruckte Quellen

ABS, Otto: Untersuchungen über die Ernährung der Bewohner von Barentsburg, Svalbard, Oslo 1929.

BARTELS, Hermann: Morphologie des Ilmenau-Tales und der Lüneburg-Ülzener Eisvorstoß, Diss. Rer. nat., Hamburg 1933.

BINNEY, George: With Seaplane and sledge in the Arctic. Leader Oxford University Arctic Expedition, London 1925.

BOYD, Louise Arner: Zu den Fjorden Ostgrönlands. Mit einem geschichtlichen Überblick zur Erforschung der Fjordregion von John K. Wright. Aus dem Englischen übersetzt von Niels-Arne Münch, herausgegeben und eingeleitet von Cornelia LÜDECKE, Wiesbaden 2016.

DRYGALSKI, Erich von: Verborgene Eiswelten. Erich von Drygalskis Bericht über seine Grönlandexpeditionen 1891, 1892–1893, herausgegeben von Cornelia LÜDECKE, München 2015.

GRIPP, Karl: Über den Gipsberg in Segeberg und die in ihm vorhandene Höhle, in: Jahrbuch der Hamburgischen Wissenschaftlichen Anstalten, Beiheft 6 (1913), S. 35–51.

DERS.: Steigt das Salz zu Lüneburg, Langenfelde und Segeberg episodisch oder kontinuierlich? Hamburg 1920.

Ders.: Die Gebirge um Uesküb, in: Zeitschrift der Gesellschaft für Erdkunde zu Berlin, 8 (1921), 10, S. 266–270.

Ders.: Beiträge zur Geologie von Mazedonien, Hamburg 1922.

Ders.: Über die äußerste Grenze der letzten Vereisung in Nordwest-Deutschland, in: Mitteilungen der Geographischen Gesellschaft in Hamburg, 36 (1924), S. 159–245.

Ders.: Über fossile Abtragungsformen im Diluvium NW-Deutschlands, in: Zentralblatt für Mineralogie, Geologie und Paläontologie (1924), S. 109–114.

Ders.: Beiträge zur Geologie von Spitzbergen, von Dr. Karl Gripp, Hamburg. Mit 7 Tafeln und 13 Figuren im Text, Hamburg 1927.

Ders.: Glaciologische und geologische Ergebnisse der Hamburgischen Spitzbergen-Expedition 1927, von Prof. Dr. Karl Gripp, Hamburg. Mit 31 Tafeln und 39 Figuren im Text. Gedruckt mit Unterstützung der Notgemeinschaft der Deutschen Wissenschaft und der Hochschulbehörde zu Hamburg, in: Abhandlungen aus dem Gebiete der Naturwissenschaften, herausgegeben vom Naturwissenschaftlichen Verein in Hamburg, XXII. Band, 3.-4. Heft, Hamburg 1929, S. 145–250.

Ders.: Süd-Grönland und seine Bewohner. Vortrag gehalten in der Allgemeinen Sitzung der Gesellschaft am 7. März 1931, in: Zeitschrift der Gesellschaft für Erdkunde zu Berlin 9/10 (1931), S. 346–356.

Ders.: Neues über die Entstehung der Höhle im Gipsberg zu Segeberg, in: Die Heimat 41 (1931), 9/10, S. 234–237.

Ders.: Diluvialmorphologische Probleme? In: Zeitschrift der Deutschen Geologischen Gesellschaft 84 (1932), S. 628–635.

Ders.: Diluvialmorphologische Untersuchungen in Südost-Holstein (Vortrag, gehalten am 6. August 1933 auf der Hauptversammlung in Lübeck), in: Zeitschrift der Deutschen Geologischen Gesellschaft 86 (1934), 2, S. 73–82.

Ders.: Grönländische Rentierjäger, in: Offa 6/7 (1941/42), S. 40–51.

Ders.: Neues über den Gipsberg, in: Heimatkundliches Jahrbuch 9 (1963), S. 97–103

Ders.: Erdgeschichte von Schleswig-Holstein, Neumünster 1964.

Ders.: Eisrandstudien. Ausgehend von Sermeq, SW-Grönland (Meddelelser om Grønland, 195, Nr. 8), Kopenhagen 1975.

Harden, Karl-Heinz: Der Möllner und Beelitzer Sander. Ein Beitrag zur Diluvialmorphologie, Diss. Rer. nat., Hamburg 1932.

Knothe, Herbert: Spitzbergen. Eine landeskundliche Studie, in: Ergänzugsheft Nr. 211 zu „Petermanns Mitteilungen" 1931, S. 1–109.

KLUTE, Fritz/KRUEGER, Hans: Die Hessische Grönlandexpedition 1925, in: Petermanns Mitteilungen 72 (1926), S. 105–111.

LINDSAY, Martin: The Epic of Captain Scott, New York 1934.

LORENZEN, Johann: Planung und Forschung im Gebiet der Schleswig-Holsteinischen Westküste, in: Westküste 1 (1938), S. 12–23.

M'CLINTOCK, Francis Leopold: Die Reise der „Fox" im arktischen Eismeer. Juni 1857–September 1859. Ein Bericht von der Expedition zur Aufklärung des Schicksals von Sir John Franklin und seiner Gefährten, Übertragen, bearbeitet und herausgegeben von Stefan Christoph SAAR und Eckhard BERKENBUSCH, Wiesbaden 2010.

MECKING, Ludwig: Blut und Boden. Erdkundliche Bildung im neuen Staat! (Geographischer Anzeiger, 35,1), Gotha 1934.

Mitteilungen aus dem GEOLOGISCHEN STAATSINSTITUT (XV) 1935.

Mitteilungen aus dem GEOLOGISCHEN STAATSINSTITUT (XVI) 1937.

Fünfter Bericht der NOTGEMEINSCHAFT DER DEUTSCHEN WISSENSCHAFT, Berlin 1926.

Sechster Bericht der NOTGEMEINSCHAFT DER DEUTSCHEN WISSENSCHAFT umfassend ihre Tätigkeit vom 1. April 1926 bis zum 31. März 1927, Berlin 1927.

Siebenter Bericht der NOTGEMEINSCHAFT DER DEUTSCHEN WISSENSCHAFT umfassend ihre Tätigkeit vom 1. April 1927 bis zum 31. März 1928, Berlin 1928.

Neunter Bericht der NOTGEMEINSCHAFT DER DEUTSCHEN WISSENSCHAFT (Deutsche Forschungsgemeinschaft) umfassend ihre Tätigkeit vom 1. April 1929 bis zum 31. März 1930, Berlin 1930.

Zehnter Bericht der NOTGEMEINSCHAFT DER DEUTSCHEN WISSENSCHAFT (Deutsche Forschungsgemeinschaft) umfassend ihre Tätigkeit vom 1. April 1930 bis zum 31. März 1931, Berlin 1931.

PASSARGE, Siegfried: Drei Probleme diluvialgeologischer Morphologie, in: Zeitschrift der Deutschen Geologischen Gesellschaft, 83 (1931), S. 408–420.

DERS.: Herrn Gripps Klage gegen mich auf „Unterlassung", Hamburg 1932.

DERS.: Antwort auf Herrn GRIPP's „Diluvialmorphologische Probleme?", in: Zeitschrift der Deutschen Geologischen Gesellschaft, 85 (1934), S. 646–651.

DERS.: Das Geographische Seminar des Kolonial-Instituts und der Hansischen Universität 1908–1935. Erinnerungen und Erfahrungen, in: Mitteilungen der Geographischen Gesellschaft Hamburg 96 (1939), S. 1–104.

DERS.: Aus achtzig Jahren. Eine Selbstbiographie, Bad Pyrmont 1947.

RASK-ØRSTED FONDET: Beretning for 1929–30, Kopenhagen 1931.

RASK-ØRSTED FONDET: Beretning for 1930–31, Kopenhagen 1932.

RITTERBUSCH, Paul: Die Entwicklung der Universität Kiel seit 1933, in: Festschrift zum 275jährigen Bestehen der Christian-Albrechts-Universität Kiel, hrsg. von der WISSENSCHAFTLICHEN AKADEMIE DES NSD-DOZENTENBUNDES DER CHRISTIAN-ALBRECHTS-UNIVERSITÄT KIEL, Leipzig 1940, S. 447–466.

ROUSSEL, Aage: Sandnes and the neighbouring farms (Meddelelser om Grønland, 88/2), Kopenhagen 1936.

SCOTT, Robert Falcon: The journals of Captain R. F. Scott (Scott's last expedition. In two volumes, arranged by Leonard HUXLEY, 1), London 1913.

TAUBE, Hermann: Zur Frage einer sprunghaften „morphologischen Grenze" im nordwestdeutschen Flachland, Diss. Rer. nat., Hamburg 1933.

7.1.3. Zeitungen

Hamburger Anzeiger vom 2. Dezember 1927.

Hamburgischer Correspondent vom 14. September 1927.

Hamburger Fremdenblatt vom 13. September 1927.

Hamburger Nachrichten vom 27. Mai 1927.

Hamburger Nachrichten vom 13. September 1927.

Hamburger Nachrichten vom 31. Oktober 1934.

Ostpreußenblatt vom 15. Februar 1953.

7.2. Literatur

ALBRECHT, Oskar: Beiträge zum militärischen Vermessungs- und Kartenwesen und zur Militärgeographie in Preußen (1803–1921) (Schriftenreihe Geoinformationsdienst der Bundeswehr, 1), Euskirchen 2004.

ALTGELD, Wolfgang: Resignation und Radikalität. Die verlorene Generation des Großen Krieges, in: Internationale Beziehungen im 19. und 20. Jahrhundert. Festschrift für Winfried Baumgart zum 65. Geburtstag, hrsg. von Wolfgang ELZ, Paderborn u.a. 2003, S. 229–250.

ARLOV, Thor Björn: A short history of Svalbard (Norsk Polarinstitutt, Polarhåndbok Nr. 4), Oslo 1989.

ASH, Mitchell G.: Wissenschaft und Politik als Ressourcen für einander, in: Wissenschaften und Wissenschaftspolitik. Bestandsaufnahmen zu Formationen, Brüchen und Kontinuitäten im Deutschland des 20. Jahrhunderts, hrsg. von Rüdiger vom BRUCH und Brigitte KADERAS, Stuttgart 2002, S. 32–51.

DERS.: Wissenschaft(en) und Öffentlichkeit(en) als Ressourcen füreinander. Weiterführende Bemerkungen zur Beziehungsgeschichte, in: Wissenschaft und Öffentlichkeit als Ressourcen füreinander,. Studien zur Wissenschaftsgeschichte im 20. Jahrhundert, hrsg. von Sybilla Nikolow und Arne Schirrmacher, Frankfurt a.M. u.a. 2007, S. 349–365.

Auge, Oliver/Göllnitz, Martin: Die Christian-Albrechts-Universität und ihre Geschichtsschreibung, in: Christiana Albertina 78 (2014), S. 38–58.

Auge, Oliver/Göllnitz, Martin: Kieler Professoren als Erforscher der Welt und als Forscher in der Welt: Ein Einblick in die Expeditionsgeschichte der Christian-Albrechts-Universität, in: Christian-Albrechts-Universität zu Kiel. 350 Jahre Wirken in Stadt, Land und Welt, hrsg. von Oliver Auge, Kiel 2015, S. 949–972.

Barthelmess, Klaus: Bäreninsel 1898 und 1899. Wie Theodor Lerner eine Geheimmission des Deutschen Seefischerei-Vereins zur Schaffung einer deutschen Arktis-Kolonie unwissentlich durchkreuzte, in: Polarforschung 78 (2009), S. 67–71.

Becker, Sabina: „Schiffbrüchige Männer" – verlorene Generation? Zum Verhältnis von Krieg und Geschlecht in der Weimarer Republik, in: Jahrbuch zur Kultur u. Literatur der Weimarer Republik 16 (2014), S. 33–68.

Bödecker, Hans-Erich: Biographie. Annäherung an den gegenwärtigen Forschungs- und Diskussionsstand, in: Biographie schreiben (Göttinger Gespräche zur Geschichtswissenschaft, 18), hrsg. von dems. Göttingen 2003.

Bölter, Manfred/Hempel, Gotthilf/Piepenburg, Dieter: Das Institut für Polarökologie der Christian-Albrechts-Universität und die Polarforschung in Kiel, in: Polarforschung 83 (2013), 1, S. 1–15.

Brahm, Felix: „Meyer-Abich, Adolf", in: Hamburgische Biografie. Personenlexikon, Bd. 3, hrsg. von Franklin Kopitzsch und Dirk Brietzke, Göttingen 2006, S. 254.

Brocke, Bernhard vom: Die Entstehung der deutschen Forschungsuniversität, ihre Blüte und Krise um 1900, in: Humboldt international. Der Export des deutschen Universitätsmodells im 19. und 20. Jahrhundert (Veröffentlichungen der Gesellschaft für Universitäts- und Wissenschaftsgeschichte, 3), hrsg. von Rainer Christoph Schwinges, Basel 2001, S. 367–401.

Bruhn, Karen: Das Kieler Kunsthistorische Institut im Nationalsozialismus. Lehre und Forschung im Kontext der „deutschen Kunst" (Kieler Werkstücke. Reihe A, 47), Frankfurt a.M. 2017.

Buss, Hansjörg: Die Kieler Theologische Fakultät im NS-Staat, in: Wissenschaft an der Grenze. Die Universität Kiel im Nationalsozialismus (Mitteilungen der Gesellschaft für Kieler Stadtgeschichte, 86), hrsg. von Christoph Cornelissen und Carsten Mish, Essen 2009, S. 99–119.

Cookman, Scott: Ice blink. The tragic fate of Sir John Franklin's lost polar expedition, New York u.a. 2000.

CORNELISSEN, Christoph: Zur Wiedereröffnung der Christian-Albrechts-Universität 1945, in: Wissenschaft im Aufbruch. Beiträge zur Wiederbegründung der Kieler Universität nach 1945 (Mitteilungen der Gesellschaft für Kieler Stadtgeschichte, 88), hrsg. von DEMS., Essen 2014, S. 12–31.

DERS. (Hrsg.): Wissenschaft im Aufbruch. Beiträge zur Wiederbegründung der Kieler Universität nach 1945 (Mitteilungen der Gesellschaft für Kieler Stadtgeschichte, 88), Essen 2014.

DANKER, Uwe: Der schleswig-holsteinische NSDAP-Gauleiter Hinrich Lohse. Überlegungen zu seiner Biographie, in: Regionen im Nationalsozialismus (IZRG-Schriftenreihe, 10), hrsg. von Michael RUCK und Karl Heinrich POHL, Bielefeld 2003, S. 91–120.

DERS./SCHWABE, Astrid: Schleswig-Holstein und der Nationalsozialismus (Zeit + Geschichte, 5), Neumünster 2005.

DERS.: Volksgemeinschaft und Lebensraum. Die Neulandhalle als historischer Lernort (Beiträge zur Zeit- und Regionalgeschichte, 3), Neumünster 2014.

DEGE, Wilhelm: Die Westküste Grönlands im Strukturwandel, in: Polarforschung 35 (1965), S. 12–19.

DEHM, Richard: „Gürich, Georg Julius Ernst" in: Neue Deutsche Biographie 7 (1966), S. 281–282.

DRIVENES, Einar-Arne: Adolf Hoel. Polar ideologue and imperialist of the Polar Sea, in: Acta Borealia 11/12 (1994/95), S. 63–72.

DERS.: The Conquerors, in: Into the Ice. The history of Norway and the Polar Regions, hrsg von DEMS. und Harald Dag JØLLE, Oslo 2006, S. 281–315.

EHALT, Hubert Christian: Geschichte von unten. Fragestellungen, Methoden und Projekte einer Geschichte des Alltags (Kulturstudien, 1), Wien u.a. 1984.

EHLERS, Jürgen: Das Geologische Institut der Hamburger Universität in den dreißiger Jahren, in: Hochschulalltag im „Dritten Reich". Die Hamburger Universität 1933–1945. Teil III: Mathematisch-Naturwissenschaftliche Fakultät, Medizinische Fakultät, Ausblick, Anhang, hrsg. von Eckert KRAUSE, Ludwig HUBER und Holger FISCHER (Hamburger Beiträge zur Wissenschaftsgeschichte, 3), Hamburg 1991, S. 1223–1244.

ERDMANN, Karl Dietrich: Wissenschaft im Dritten Reich. Vortrag anlässlich der 300-Jahrfeier der Christian-Albrechts-Universität zu Kiel am 3. Juni 1965 (Veröffentlichungen der Schleswig-Holsteinischen Universitätsgesellschaft zu Kiel, N.F., 45), Kiel 1967.

FETZ, Bernhard: Die vielen Leben der Biographie. Interdisziplinäre Aspekte einer Theorie der Biographie, in: Die Biographie. Zur Grundlegung ihrer Theorie, hrsg. von DEMS., Berlin 2009, S. 3–68.

Fircks, Christoph v.: Gnadenlose Arktis. Alfred Wegener und die Erforschung Grönlands, Schwerin 2012.

Fischer, Holger/ Sandner, Gerhard: Die Geschichte des Geographischen Seminars der Hamburger Universität im „Dritten Reich", in: Hochschulalltag im „Dritten Reich". Die Hamburger Universität 1933–1945. Teil III: Mathematisch-Naturwissenschaftliche Fakultät, Medizinische Fakultät, Ausblick, Anhang, hrsg. von Eckert Krause, Ludwig Huber und Holger Fischer (Hamburger Beiträge zur Wissenschaftsgeschichte, 3), Hamburg 1991, S. 1197–1222.

Flachowsky, Sören: Von der Notgemeinschaft zum Reichsforschungsrat. Wissenschaftspolitik im Kontext von Autarkie, Aufrüstung und Krieg (Studien zur Geschichte der Deutschen Forschungsgemeinschaft, 3), Stuttgart 2008.

Fleischer, Jørgen: A short history of Greenland, Kopenhagen 2003.

Fleming, Fergus: Barrow's Boys. Eine unglaubliche Geschichte von wahrem Heldenmut und bravourösem Scheitern. Aus dem Englischen von Henning Ahrens, Hamburg 2010.

Forster, Ralf: Junkers auf Spitzbergen. Ziel-Verschiebungen von Expeditionsreisen der Zwanziger Jahre, in: Von A(ltenburg) bis Z(eppelin). Deutsche Forschung auf Spitzbergen bis 1914. 100 Jahre Expedition des Herzogs Ernst II. von Sachsen-Altenburg (Schriftenreihe Institut für Geodäsie, Universität der Bundeswehr München, 88), hrsg. von Cornelia Lüdecke und Kurt Brunner, Neubuíberg 2012, S. 109–116.

Gestrich, Andreas: Sozialhistorische Biographieforschung, in: Biographie, sozialgeschichtlich. 7 Beiträge (Kleine Vandenhoeck-Reihe, 1538), hrsg. von dems., Göttingen 1988, S. 5–28.

Göllnitz, Martin: Das ‚Kieler Gelehrtenverzeichnis' in der Praxis. Karrieren von Hochschullehrern im Dritten Reich zwischen Parteizugehörigkeit und Wissenschaft, in: Jahrbuch für Universitätsgeschichte 16 (2013), S. 291–312.

Ders.: Karrieren zwischen Diktatur und Demokratie. Die Berufungspolitik in der Kieler Theologischen Fakultät 1936 bis 1946 (Kieler Werkstücke. Reihe A, 39), Frankfurt a.M. 2014.

Ders.: Forscher, Hochschullehrer, Wissenschaftsorganisatoren. Kieler Professoren zwischen Kaiserreich und Nachkriegszeit, in: Christian-Albrechts-Universität zu Kiel. 350 Jahre Wirken in Stadt, Land und Welt, hrsg. von Oliver Auge, Kiel 2015, S. 498–527.

Ders.: Expeditions- und Forschungsreisen als Karrieresprungbrett? Norddeutsche Wissenschaftler als Teilnehmer der Galathea-, Challenger- und Plankton-Expedition, in: Zeitschrift der Gesellschaft für Schleswig-Holsteinische Geschichte 141 (2016), S. 235–265.

DERS.: Der Student als Führer? Handlungsmöglichkeiten eines jungakademischen Funktionärskorps am Beispiel der Universität Kiel (1927–1945) (Kieler Historische Studien, 44), Ostfildern 2018.

GRIPP, Karl: Geologie und Paläontologie, in: Geschichte der Mathematik, der Naturwissenschaften und der Landwirtschaftswissenschaften (Geschichte der Christian-Albrechts-Universität Kiel 1665–1965, 6), hrsg. von Karl JORDAN, Neumünster 1968, S. 187–200.

GRÜTTNER, Michael: Machtergreifung als Generationskonflikt. Die Krise der Hochschulen und der Aufstieg des Nationalsozialismus, in: Wissenschaften und Wissenschaftspolitik. Bestandsaufnahmen zu Formationen, Brüchen und Kontinuitäten im Deutschland des 20. Jahrhunderts, hrsg. von Rüdiger vom BRUCH und Brigitte KADERAS, Stuttgart 2002, S. 339–353.

DERS.: Biographisches Lexikon zur nationalsozialistischen Wissenschaftspolitik, Heidelberg 2004.

DERS.: Nationalsozialistische Wissenschaftler. Ein Kollektivporträt, in: Gebrochene Wissenschaftskulturen. Universitäten und Politik im 20. Jahrhundert, hrsg. von DEMS. u.a., Göttingen 2010, S. 149–165.

HACHTMANN, Rüdiger: Wissenschaftsgeschichte in der ersten Hälfte des 20. Jahrhunderts, in: Archiv für Sozialgeschichte 48 (2008), S. 539–606.

DERS.: Die Wissenschaftslandschaft zwischen 1930 und 1949. Profilbildung und Ressourcenverschiebung, in: Gebrochene Wissenschaftskulturen. Universität und Politik im 20. Jahrhundert, hrsg. von Michael GRÜTTNER, Göttingen 2010, S. 193–205.

HÄHNER, Olaf: Historische Biographik. Die Entwicklung einer geschichtswissenschaftlichen Darstellungsform von der Antike bis ins 20. Jahrhundert (Europäische Hochschulschriften, 3), Frankfurt a.M. 1999.

HAMMERSTEIN, Notker: Die Deutsche Forschungsgemeinschaft in der Weimarer Republik und im Dritten Reich. Wissenschaftspolitik in Republik und Diktatur 1920–1945, München 1999.

HASSERT, Kurt: Die Polarforschung. Geschichte der Entdeckungsreisen zum Nord- und Südpol, München 1956.

HASSMANN, Henning/JANTZEN, Detlef: „Die deutsche Vorgeschichte – eine nationale Wissenschaft." Das Kieler Museum für vorgeschichtliche Altertümer im Dritten Reich, in: Offa 51 (1994), S. 9–24.

HAUSMANN, Frank-Rutger: „Deutsche Geisteswissenschaft" im Zweiten Weltkrieg. Die „Aktion Ritterbusch" (1940–1945), Dresden 1998.

DERS.: „Auch im Krieg schweigen die Musen nicht". Die Deutschen Wissenschaftlichen Institute im Zweiten Weltkrieg (Veröffentlichungen des Max-Planck-Instituts für Geschichte, 169), Göttingen 2001.

HEIM, Susanne: „Die reine Luft der wissenschaftlichen Forschung". Zum Selbstverständnis der Wissenschaftler der Kaiser-Wilhelm-Gesellschaft, Berlin 2002.

HOCH, Gerhard: Die Zeit der „Persil"-Scheine, in: Demokratische Geschichte 4 (1989), S. 355–371.

HURRELMANN, Klaus: Einführung in die Sozialisationstheorie, 8. Aufl., Weinheim u.a. 2002.

JOHN, Jürgen: Universitäten und Wissenschaftskulturen von der Jahrhundertwende 1900 bis zum Ende der Weimarer Republik 1930/33, in: Gebrochene Wissenschaftskulturen. Universitäten und Politik im 20. Jahrhundert, hrsg. von Michael GRÜTTNER u.a., Göttingen 2010, S. 23–28.

JOSTMANN, Christian: Das Eis und der Tod. Scott, Amundsen und das Drama am Südpol, 2. Aufl., München 2012.

JÜRGENSEN, Kurt: Die Wiedereröffnung der Christian-Albrechts-Universität zu Kiel am 27. November 1945 in der Electroacustic, in: Christiana Albertina 33 N.F. (1991), S. 545–567.

DERS.: Die Christian-Albrechts-Universität nach 1945, in: Aus der Geschichte lernen? Universität und Land vor und nach 1945. Eine Ringvorlesung der Christian-Albrechts-Universität zu Kiel und des Schleswig-Holsteinischen Landtages im Wintersemester 1994/95, hrsg. von der CHRISTIAN-ALBRECHTS-UNIVERSITÄT ZU KIEL, Kiel 1995, S. 183–202.

KAASCH, Joachim/KAASCH, Michael: Hallesche Naturwissenschaftler (Emil Abderhalden und Johannes Weigelt) in der Zeit des Nationalsozialismus. Eine Fallstudie mit Jenaer Beziehungen, in: „Kämpferische Wissenschaft". Studien zur Universität Jena im Nationalsozialismus, hrsg. von Uwe HOSSFELD u.a., Köln u.a. 2003, S. 1027–1064.

KAISER, Tobias: Karl Griewank (1900–1953). Ein deutscher Historiker im „Zeitalter der Extreme", Stuttgart 2007.

KATER, Michael: Das „Ahnenerbe" der SS 1935–1945. Ein Beitrag zur Kulturpolitik des Dritten Reiches (Studien zur Zeitgeschichte, 6), 4. Aufl., München 2006

KLEE, Ernst: Das Personenlexikon zum Dritten Reich. Wer war was vor und nach 1945, 2. Aufl., Frankfurt a.M. 2003.

KLEIN, Christian: Biographik zwischen Theorie und Praxis. Versuch einer Bestandsaufnahme, in: Grundlagen der Biographik. Theorie und Praxis des biographischen Schreibens, hrsg. von DEMS., Stuttgart u.a. 2002, S. 1–22.

DERS: Biographik als kulturelle Universalie, in: Handbuch Biographie. Methoden, Traditionen, Theorien, hrsg. von DEMS., Stuttgart 2009, S. XII–XIII, hier S. XIII.

KLUGE, Friedrich: Deutsche Studentensprache, Straßburg 1895.

KLUYVER, Adwin de: Terug uit de Witte Hel. Hoe poolreiziger Sjef van Dongen een nationale held werd, Amsterdam 2015.

KÖSTER, Rolf/PRANGE, Werner: Professor Dr. Karl Gripp, in: Meyniana 37 (1985), S. 1–6.

DIES.: Karl Gripp. 21. April 1891–26. Februar 1985, in: Christiana Albertina 20 N.F. (1985), S. 375.

KOLB, Eberhard/Schumann, Dirk: Die Weimarer Republik (Oldenbourg Grundriss der Geschichte, 16), 8. Aufl., München 2013.

KOSACK, Hans-Peter: Die Polarforschung. Ein Datenbuch über die Natur-, Kultur-, Wirtschaftsverhältnisse und die Erforschungsgeschichte der Polarregionen (Die Wissenschaft. Sammlung naturwissenschaftlicher und mathematischer Monographien, 128), Braunschweig 1967.

KRAGH, Lisa: Kieler Meeresforschung im Kaiserreich. Die Planktonexpedition von 1889 zwischen Wissenschaft, Wirtschaft, Politik und Öffentlichkeit (Kieler Werkstücke. Reihe A, 48), Frankfurt a.M. 2017.

KRAUSE, Eckart u.a. (Hrsg.): Hochschulalltag im „Dritten Reich". Die Hamburger Universität 1933–1945 (Hamburger Beiträge zur Wissenschaftsgeschichte, 3), 3 Bde., Berlin und Hamburg 1991.

KRAUSE, Reinhard: Zum hundertjährigen Jubiläum der Deutschen Antarktischen Expedition unter der Leitung von Wilhelm Filchner, 1911–1912, in: Polarforschung 81 (2011), 2, S. 103–126.

KVELLO, Viva Mørk: Store Norske Spitsbergen Kulkompani Aktieselskap. Gruveselskapet med rett til å selge øl, vin og brennevin, Longyearbyen 2007.

LÄSSIG, Simone: Die historische Biographie auf neuen Wegen? In: Geschichte in Wissenschaft und Unterricht 60 (2009), 10, S. 540–553.

LOHFF, Brigitte: Die Medizinische Fakultät der CAU im Nationalsozialismus, in: Wissenschaft an der Grenze. Die Universität Kiel im Nationalsozialismus (Mitteilungen der Gesellschaft für Kieler Stadtgeschichte, 86), hrsg. von Christoph CORNELISSEN und Carsten MISH, Essen 2009, S. 119–135.

LORENZ, Ina: Die Juden in Hamburg zur Zeit der Weimarer Republik. Eine Dokumentation, Teil 2 (Hamburger Beiträge zur Geschichte der deutschen Juden, 13), Hamburg 1987.

LÜDECKE, Cornelia: Die deutsche Polarforschung seit der Jahrhundertwende und der Einfluss Erich von Drygalskis (Berichte zur Polarforschung, 158), Bremerhaven 1995.

DIES.: Zum 100. Geburtstag von Max Grotewahl (1894–1958), Gründer des Archivs für Polarforschung, in: Polarforschung 65 (1997), S. 93–105.

DIES./Brunner, Kurt (Hrsg.): Von A(ltenburg) bis Z(eppelin). Deutsche Forschung auf Spitzbergen bis 1914. 100 Jahre Expedition des Herzogs Ernst

II. von Sachsen-Altenburg (Schriftenreihe Institut für Geodäsie, Universität der Bundeswehr München, 88), Neubíberg 2012.

Dies.: Deutsche in der Antarktis. Expeditionen und Forschungen vom Kaiserreich bis heute, Berlin 2015.

Marsch, Ulrich: Notgemeinschaft der Deutschen Wissenschaft. Gründung und frühe Geschichte 1920–1925 (Münchner Studien zur neueren und neuesten Geschichte, 10), Frankfurt a.M. u.a. 1994.

Meyer-Pritzl, Rudolf: Die Kieler Rechts- und Staatswissenschaften. Eine „Stoßtruppfakultät", in: Wissenschaft an der Grenze. Die Universität Kiel im Nationalsozialismus (Mitteilungen der Gesellschaft für Kieler Stadtgeschichte, 86), hrsg. von Christoph Cornelissen und Carsten Mish: Essen 2009, S. 151–175.

Michel, Boris: Antisemitismus, Großstadtfeindlichkeit und reaktionäre Kapitalismuskritik in der deutschsprachigen Geographie vor 1945, in: Geographica Helvetica 69 (2014), 3, S. 193–202.

Mish, Carsten: Otto Scheel (1876–1954). Eine biographische Studie zu Lutherforschung, Landeshistoriographie und deutsch-dänischen Beziehungen (Arbeiten zur kirchlichen Zeitgeschichte, 61), Göttingen u.a. 2015.

Mucke, Dieter/Baldauf, Sebastian/Knolle, Friedhart: Die Entstehung der Kalkberghöhle, in: Die Segeberger Höhle – eine Welt im Verborgenen. Entstehung, Tierwelt, Schutz, hrsg. von Anne Ipsen und Dieter Mucke, Bad Segeberg 2011.

Murphy, David T.: German Exploration of the Polar World. A History, 1870–1940, Lincoln/Nebraska 2002.

Nicolaysen, Rainer: „Frei soll die Lehre sein und frei das Lernen". Zur Geschichte der Universität Hamburg, Hamburg 2008.

Ders.: Das „Ja" eines späteren Sozialdemokraten. Über Heinrich Landahl (1895–1971) und seine Zustimmung zum „Ermächtigungsgesetz" am 23. März 1933, in: Zeitschrift des Vereins für Hamburgische Geschichte 98 (2012), S. 151–192.

Nielsen, Niels: Sigurd Hansen 4. september 1900–19. oktober 1973, in: Geografisk Tidsskrift 74 (1975), S. 3.

Nikolow, Sybilla/Schirrmacher, Arne: Das Verhältnis von Wissenschaft und Öffentlichkeit als Beziehungsgeschichte. Historiographische und systematische Perspektiven, in: Wissenschaft und Öffentlichkeit als Ressourcen füreinander. Studien zur Wissenschaftsgeschichte im 20. Jahrhundert, hrsg. von dens., Frankfurt am Main u.a. 2007, S. 11–36.

Norsk Polarinstitutt (Hrsg.): The Place Names of Svalbard, Tromsø 2003.

Paletschek, Sylvia: Was heißt „Weltgeltung deutscher Wissenschaft?" Modernisierungsleistungen und -defizite der Universitäten im Kaiserreich, in: Gebrochene Wissenschaftskulturen. Universitäten und Politik im 20. Jahrhundert, hrsg. von Michael GRÜTTNER u.a., Göttingen 2010, S. 29–54.

DIES.: Stand und Perspektiven der neueren Universitätsgeschichte, in: Zeitschrift für Geschichte der Wissenschaften, Technik und Medizin 19 (2011), 2, S. 169–189.

PASDA, Clemens: Karibujäger in Grönland. Die Ergebnisse der archäologischen Untersuchungen von 2005–2009 im hinteren Nuuk-Fjord, Rahden/Westf. 2011.

PETERSEN, Marcus: Forschung Westküste. Zum Tode von Johann M. Lorenzen, in: Nordfriesland 25 (1973), S. 8–14.

PETERSEN, Hans-Christian: „Ostforscher"-Biographien. Ein Workshop der Abteilung für Osteuropäische Geschichte der Universität Kiel und der Deutschen Forschungsgemeinschaft in Malente, 13.-15. Juli 2001, in: ZfG 49 (2001), S. 827–830.

PIOTROWSKI, Swantje: Sozialgeschichte der Kieler Professorenschaft 1665–1815. Gelehrtenbiographien im Spannungsfeld zwischen wissenschaftlicher Qualifikation und sozialen Verflechtungen (Kieler Schriften zur Regionalgeschichte, 2), Kiel und Hamburg 2018.

PHILLIPS, David (Hrsg.): German Universities after surrender. British Occupation, Oxford 1983.

PIEPER, Christine (Hrsg.): Vom Nutzen der Wissenschaft. Beiträge zu einer prekären Beziehung (Wissenschaft, Politik und Gesellschaft, 6), Stuttgart 2010.

PRAHL, Hans-Werner (Hrsg.): Uni-Formierung des Geistes. Universität Kiel im Nationalsozialismus, 2 Bde., Kiel 1995.

PRANGE, Werner: Professor Gripp zum 90. Geburtstag, in: Die Heimat 88 (1981),4/5, S. 109–112.

DERS.: Gripp, Karl Christian Johannes, in: Biographisches Lexikon für Schleswig-Holstein und Lübeck, hrsg. im Auftrag der GESELLSCHAFT FÜR SCHLESWIG-HOLSTEINISCHE GESCHICHTE UND DES VEREINS FÜR LÜBECKISCHE GESCHICHTE UND ALTERTUMSKUNDE, Bd. 9, Neumünster 1991, S. 134–137.

PRZIGODA, Stefan: Bergbau auf der Bäreninsel? Deutsche Rohstoffinteressen und die Erkundung Svalbards (1871–1914), in: Von A(ltenburg) bis Z(eppelin). Deutsche Forschung auf Spitzbergen bis 1914. 100 Jahre Expedition des Herzogs Ernst II. von Sachsen-Altenburg (Schriftenreihe Institut für Geodäsie, Universität der Bundeswehr München, 88), hrsg. von Cornelia LÜDECKE und Kurt BRUNNER, Neubíberg 2012, S. 77–91.

PYTA, Wolfram: Geschichtswissenschaft, in: Handbuch Biographie. Methoden, Traditionen, Theorien, hrsg. von Christian KLEIN, Stuttgart 2009, S. 331–338.

RATSCHKO, Karl-Werner: Kieler Hochschulmediziner in der Zeit des Nationalsozialismus. Die Medizinische Fakultät der CAU im „Dritten Reich", Essen 2014.

RAUH-KÜHNE, Cornelia: Das Individuum und seine Geschichte. Konjunkturen der Biographik, in: Neueste Zeit, hrsg. von Andreas WIRSCHING, München 2006, S. 215–232.

REITZENSTEIN, Julien: Himmlers Forscher. Wehrwissenschaft und Medizinverbrechen im „Ahnenerbe" der SS, Paderborn 2014.

REULECKE, Jürgen: Generationalität in der West-/Ostforschung im „Dritten Reich". Ein Interpretationsversuch, in: Wissenschaften und Wissenschaftspolitik. Bestandsaufnahmen zu Formationen, Brüchen und Kontinuitäten im Deutschland des 20. Jahrhunderts (Wissenschaft, Politik und Gesellschaft, 1), hrsg. von Rüdiger vom BRUCH und Brigitte KADERAS, Stuttgart 2002, S. 354–360.

RENNEBERG, Monika: Zur Mathematisch-Naturwissenschaftlichen Fakultät der Hamburger Universität im „Dritten Reich", in: Hochschulalltag im „Dritten Reich". Die Hamburger Universität 1933–1945. Teil III: Mathematisch-Naturwissenschaftliche Fakultät, Medizinische Fakultät, Ausblick, Anhang, hrsg. von Eckert KRAUSE, Ludwig HUBER und Holger FISCHER, Hamburg 1991 (Hamburger Beiträge zur Wissenschaftsgeschichte, 3), S. 1051–1074.

RUNGE, Anita: Wissenschaftliche Biographik, in: Handbuch Biographie. Methoden, Traditionen, Theorien, hrsg. von Christian KLEIN, Stuttgart 2009, S. 113–121.

RUPPENTHAL, Jens: Das Hamburgische Kolonialinstitut und die Kolonialwissenschaften, in: Kein Platz an der Sonne. Erinnerungsorte der deutschen Kolonialgeschichte, hrsg. von Jürgen ZIMMERER, Frankfurt a.M. u.a. 2013, S. 257–269.

SAALFELD, Horst: Mineralogie und Petrographie, in: Universität Hamburg 1919–1969, hrsg. von der UNIVERSITÄT HAMBURG, Hamburg 1969, S. 279–280.

SALEWSKI, Michael: Die Gleichschaltung der Christian-Albrechts-Universität im April 1933. Öffentlicher Vortrag im Auditorium Maximum der Universität Kiel am 26. April 1983 anläßlich des 50. Jahrestages der „Machtergreifung" und ihrer Folgen, Kiel 1983.

SCHILLINGS, Pascal: Der letzte weiße Flecken. Europäische Antarktisreisen um 1900, Göttingen 2016.

SCHEUER, Helmut: Biographie. Überlegungen zu einer Gattungsbescheibung, in: Vom Anderen und vom Selbst. Beiträge zu Fragen der Biographie und Autobiographie, hrsg. von Reinhold GRIMM und Jost HERMAND, Königstein/Ts. 1982, S. 9–29.

SCHIRRMACHER, Arne: Communicating Science. National Approaches in Twentieth-Century Europe, in: Science in Context 26 (2013), 3, S. 393–404.

SCHMIDT-BÖCKING, Horst/REICH, Karin: Otto Stern. Physiker, Querdenker, Nobelpreisträger, Frankfurt a.M. 2011.

SCHNEEWIND, Klaus: Sozialisation in der Familie, in: Handbuch Sozialisationsforschung, hrsg. von Klaus HURRELMANN, Matthias GRUNDMANN und Sabine WALPER, 7. Aufl., Weinheim 2008, S. 256–273.

SCHOPKA-BRASCH, Lilja: Emmy Mercedes Todtmann und ihre Forschungsreisen nach Island, in: Island. Zeitschrift der Deutsch-Isländischen Gesellschaft e.V. Köln und der Gesellschaft der Freunde Islands e.V. Hamburg, 21 (2015), S. 24–35.

SCHWARZ, Angela: Der Schlüssel zur modernen Welt. Wissenschaftspopularisierung in Großbritannien und Deutschland im Übergang zur Moderne (ca. 1870–1914) (Vierteljahresschrift für Sozial- und Wirtschaftsgeschichte Beihefte, 153), Stuttgart 1999.

SCHWEIGER, Hannes: Biographiewürdigkeit, in: Handbuch Biographie. Methoden, Traditionen, Theorien, hrsg. von Christian KLEIN, Stuttgart 2009, S. 32–36.

SEIBOLD, Eugen: Karl Gripp zur Vollendung des 70. Lebensjahres, in: Meyniana 11 (1961), S. 90–91.

SEIFERT, Gerhart: Die Entstehung der Landschaftsformen Ostholsteins und der Lübecker Mulde, in: Führer zu vor- und frühgeschichtlichen Denkmälern 10 (1972), S. 8–14.

SØRENSEN, Axel Kjær: Denmark-Greenland in the twentieth Century (Meddelelser om Grønland, Man & Society, 34), Kopenhagen 2006.

STÄBLEIN, Gerhard: Historische Aspekte der deutschen geowissenschaftlichen Polarforschung, in: Polarforschung 51 (1981), S. 219–225.

STUBBE DA LUZ, Helmut: Chapeaurouge, Paul de, in: Hamburgische Biografie. Personenlexikon, Band 5, hrsg. von Franklin KOPITZSCH und Dirk BRIETZKE, Göttingen 2010, S. 80–82.

DERS.: Landahl, Heinrich, in: Hamburgische Biografie. Personenlexikon, Bd. 5, hrsg. von Franklin KOPITZSCH und Dirk BRIETZKE, Göttingen 2010, S. 224–226.

SZÖLLÖSI-JANZE, Margit: Der Wissenschaftler als Experte. Kooperationsverhältnisse von Staat, Militär, Wirtschaft und Wissenschaft 1914–1933, in: Geschichte der Kaiser-Wilhelm-Gesellschaft im Nationalsozialismus. Bestandsaufnahme und Perspektiven der Forschung, Bd. 1, hrsg. von Doris KAUFMANN, Göttingen 2000, S. 47–64.

DIES.: Lebens-Geschichte – Wissenschafts-Geschichte. Vom Nutzen der Biographie für Geschichtswissenschaft und Wissenschaftsgeschichte, in: Berichte zur Wissenschaftsgeschichte 23 (2000), 1, S. 17–35.

DIES.: Die institutionelle Umgestaltung der Wissenschaftslandschaft im Übergang vom späten Kaiserreich zur Weimarer Republik, in: Wissenschaften und Wissenschaftspolitik. Bestandsaufnahmen zu Formationen, Brüchen und Kontinuitäten im Deutschland des 20. Jahrhunderts, hrsg. von Rüdiger vom BRUCH und Brigitte KADERAS, Stuttgart 2002, S. 60–74.

DIES.: Politisierung der Wissenschaften – Verwissenschaftlichung von Politik. Wissenschaftliche Politikberatung zwischen Kaiserreich und Nationalsozialismus, in: Experten und Politik. Wissenschaftliche Politikberatung in geschichtlicher Perspektive, hrsg von Stefan FISCH und Wilfried RUDLOFF, Berlin 2004, S. 79–100.

THIEDIG, Friedhelm: Das Tagebuch des deutschen Polarforschers Hans Frebold (1899–1983) auf der „Godthaab" während der Dänischen Ostgrönland-Expedition 1931, in: Polarforschung 73 (2005), S. 15–27.

TIEDEMANN, Karl-Heinz: 55 Jahre Deutsches Archiv für Polarforschung, 50 Jahre Zeitschrift Polarforschung, in: Polarforschung 51 (1981), 2, S. 251–253.

TORGE, Wolfgang: Geschichte der Geodäsie in Deutschland, 2. Aufl., Berlin 2009.

UHLIG, Ralph: Vertriebene Wissenschaftler der Christian-Albrechts-Universität zu Kiel (CAU) nach 1933. Zur Geschichte der CAU im Nationalsozialismus. Eine Dokumentation, Frankfurt a.M. 1991.

VAN DER MEER, Jaap J. M.: Spitsbergen Push Moraines (Developements in Quarternary Science, 4), London u.a. 2004.

VÖLKEL, Hans: Mineralogen und Geologen in Breslau. Geschichte der Geowissenschaften an der Universität Breslau von 1811 bis 1945, Haltern 2002.

VOGEL, Barbara: Anpassung und Widerstand. Das Verhältnis Hamburger Hochschullehrer zum Staat 1919 bis 1945, in: Hochschulalltag im „Dritten Reich". Die Hamburger Universität 1933–1945. Teil I: Einleitung. Allgemeine Aspekte, hrsg. von Eckert KRAUSE, Ludwig HUBER und Holger FISCHER (Hamburger Beiträge zur Wissenschaftsgeschichte, 3), Hamburg 1991, S. 3–84.

WAGNER, Patrick: Forschungsförderung auf der Basis eines nationalistischen Konsenses. Die Deutsche Forschungsgemeinschaft am Ende der Weimarer Republik und im Nationalsozialismus, in: Gebrochene

Wissenschaftskulturen. Universität und Politik im 20. Jahrhundert, hrsg. von Michael GRÜTTNER, Göttingen 2010, S. 183–192.

WEINKE, Wilfried: Die Verfolgung jüdischer Rechtsanwälte Hamburgs am Beispiel von Dr. Max Eichholz und Herbert Michaelis, in: Kein abgeschlossenes Kapitel. Hamburg im „Dritten Reich" (Schriften der Hamburger Stiftung des 20. Jahrhunderts), hrsg. von Angelika EBBINGHAUS, Hamburg 1997, S. 248–265.

WIESING, Urban (Hrsg.): Die Universität Tübingen im Nationalsozialismus (Contubernium, 73), Stuttgart 2010.

WILLIG, Dirk: Entwicklung der Wehrgeologie. Aufgabenspektrum und Beispiele I, von den Anfängen bis 1918 (Amt für Wehrgeophysik Fachliche Mitteilungen, 225), Traben-Trarbach 1999.

WINKELBAUER, Thomas: Plutarch, Sueton und die Folgen. Konturen und Konjunkturen der historischen Biographie, in: Vom Lebenslauf zur Biographie. Geschichte, Quellen und Probleme der historischen Biographik und Autobiographik; Referate der Tagung „Vom Lebenslauf zur Biographie" am 26. Oktober 1997 in Horn (Schriftenreihe des Waldviertler Heimatbundes, 40), hrsg. von DEMS., Horn 2000, S. 9–46.

7.3. Internetressourcen

http://www.dfg.de/formulare/10_20/10_20_de.pdf (zuletzt abgerufen am 04.05.2019).

http://www.environmentandsociety.org/exhibitions/wegener-diaries/overview (zuletzt abgerufen am 25.082019).

http://www.gelehrtenverzeichnis.de (zuletzt abgerufen am 30.03.2019).

https://www.hpk.uni-hamburg.de/ (zuletzt abgerufen am 28.08.2019).

8. Abbildungsverzeichnis

Abb. 1	Karl Gripp	Schleswig-Holsteinische Landesbibliothek
Abb. 2	Karte Spitzbergen 1925	Knut-Hinrik Kollex (mit QGIS auf Basis von OpenStreetMap)
Abb. 3	Emmy Todtmann	AGL
Abb. 4	Karte Spitzbergen 1927, Route Oiland	Knut-Hinrik Kollex (mit QGIS auf Basis von OpenStreetMap)
Abb. 5	„Hamburg II" in Spitzbergen	AGL
Abb. 6	Messung mit Theodolit	AGL
Abb. 7	Karte Westgrönland 1930	Knut-Hinrik Kollex (mit QGIS auf Basis von OpenStreetMap)
Abb. 8	Motorboot mit Grönländern	AGL
Abb. 9	Grönländische Helfer mit S. Hansen	AGL
Abb. 10	Grönländische Rentierjäger	AGL

KIELER WERKSTÜCKE

Reihe A: **Beiträge zur schleswig-holsteinischen und skandinavischen Geschichte**
Hrsg. von Oliver Auge

Band 1 Kai Fuhrmann: Die Auseinandersetzung zwischen königlicher und gottorfischer Linie in den Herzogtümern Schleswig und Holstein in der zweiten Hälfte des 17. Jahrhunderts. 1990.

Band 2 Ralph Uhlig (Hrsg.): Vertriebene Wissenschaftler der Christian-Albrechts-Universität zu Kiel (CAU) nach 1933. Zur Geschichte der CAU im Nationalsozialismus. Eine Dokumentation, bearbeitet von Uta Cornelia Schmatzler und Matthias Wieben. 1991.

Band 3 Carsten Obst: Der demokratische Neubeginn in Neumünster 1947 bis 1950 anhand der Arbeit und Entwicklung des Neumünsteraner Rates. 1992.

Band 4 Thomas Hill: Könige, Fürsten und Klöster. Studien zu den dänischen Klostergründungen des 12. Jahrhunderts. 1992.

Band 5 Rüdiger Wurr / Udo Gerigk / Uwe Törper / Alfred Sielken: Türkische Kolonie im Wandel. Ausländersozialarbeit und Ausländerpädagogik in Schleswig-Holstein (Bandhrsg.: Kai Fuhrmann und Ralph Uhlig). 1992.

Band 6 Torsten Mußdorf: Die Verdrängung jüdischen Lebens in Bad Segeberg im Zuge der Gleichschaltung 1933-1939 (Bandhrsg.: Kai Fuhrmann und Ralph Uhlig).1992.

Band 7 Thorsten Afflerbach: Der berufliche Alltag eines spätmittelalterlichen Hansekaufmanns. Betrachtungen zur Abwicklung von Handelsgeschäften. 1993.

Band 8 Ralph Uhlig: *Confidential Reports* des Britischen Verbindungsstabes zum Zonenbeirat der britischen Besatzungszone in Hamburg (1946-1948). Demokratisierung aus britischer Sicht. 1993.

Band 9 Broder Schwensen: Der Schleswig-Holsteiner-Bund 1919-1933. Ein Beitrag zur Geschichte der nationalpolitischen Verbände im deutsch-dänischen Grenzland. 1993.

Band 10 Matthias Wieben: Studenten der Christian-Albrechts-Universität im Dritten Reich. Zum Verhaltensmuster der Studenten in den ersten Herrschaftsjahren des Nationalsozialismus. 1994.

Band 11 Volker Henn / Arnved Nedkvitne (Hrsg.): Norwegen und die Hanse. Wirtschaftliche und kulturelle Aspekte im europäischen Vergleich. 1994.

Band 12 Jürgen Hartwig Ibs: Die Pest in Schleswig-Holstein von 1350 bis 1547/48. Eine sozialgeschichtliche Studie über eine wiederkehrende Katastrophe. 1994.

Band 13 Martin Höffken: Die "Kieler Erklärung" vom 26. September 1949 und die "Bonn-Kopenhagener Erklärungen" vom 29. März 1955 im Spiegel deutscher und dänischer Zeitungen. Regierungserklärungen zur rechtlichen Stellung der dänischen Minderheit in Schleswig- Holstein in der öffentlichen Diskussion. 1994.

Band 14 Erich Hoffmann / Frank Lubowitz (Hrsg.): Die Stadt im westlichen Ostseeraum. Vorträge zur Stadtgründung und Stadterweiterung im Hohen Mittelalter. Teil 1 und 2. 1995.

Band 15 Claus Ove Struck: Die Politik der Landesregierung Friedrich Wilhelm Lübke in Schleswig-Holstein (1951-1954). 1997.

Band 16 Hannes Harding: Displaced Persons (DPs) in Schleswig-Holstein 1945-1953. 1997.

Band 17 Olav Vollstedt: Maschinen für das Land. Agrartechnik und produzierendes Gewerbe Schleswig-Holsteins im Umbruch (um 1800-1867). 1997.

Band 18 Jörg Philipp Lengeler: Das Ringen um die Ruhe des Nordens. Großbritanniens Nordeuropa-Politik und Dänemark zu Beginn des 18. Jahrhunderts. 1998.

Band 19 Thomas Riis (Hrsg.): Tisch und Bett. Die Hochzeit im Ostseeraum seit dem 13. Jahrhundert. 1998.

Band 20 Alf R. Bjercke: Norwegische Kätnersöhne als königliche Dragoner. Eine Abhandlung über den Dragonerdienst in Norwegen und die Grenzwache in Schleswig-Holstein 1758-1762. 1999.

Band 21 Niels Bracke: Die Regierung Waldemars IV. Eine Untersuchung zum Wandel von Herrschaftsstrukturen im spätmittelalterlichen Dänemark. 1999.

Band 22 Lutz Sellmer: Albrecht VII. von Mecklenburg und die Grafenfehde (1534-1536). 1999.

Band 23 Ernst-Erich Marhencke: Hans Reimer Claussen (1804-1894). Kämpfer für Freiheit und Recht in zwei Welten. Ein Beitrag zu Herkunft und Wirken der "Achtundvierziger". 1999.

Band 24 Hans-Otto Gaethke: Herzog Heinrich der Löwe und die Slawen nordöstlich der unteren Elbe. 1999.

Band 25 Henning Unverhau: Gesang, Feste und Politik. Deutsche Liedertafeln, Sängerfeste, Volksfeste und Festmähler und ihre Bedeutung für das Entstehen eines nationalen und politischen Bewußtseins in Schleswig-Holstein 1840-1848. 2000.

Band 26 Joseph Ben Brith: Die Odyssee der Henrique-Familie (Bandhrsg.: Björn Marnau und Ralph Uhlig). 2001.

Band 27 Karl-Otto Hagelstein: Die Erbansprüche auf die Herzogtümer Schleswig und Holstein 1863/64. 2003.

Band 28 Annegret Wittram: Fragmenta. Felix Jacoby und Kiel. Ein Beitrag zur Geschichte der Kieler Christian-Albrechts-Universität. 2004.

Band 29 Sönke Loebert: Die dänische Vergangenheit Schleswigs und Holsteins in preußischen Geschichtsbüchern. 2008.

Band 30 Hans Gerhard Risch: Der holsteinische Adel im Hochmittelalter. Eine quantitative Untersuchung. 2010.

Band 31 Silke Hinz: Hochzeit in Kiel. Wandel im Hochzeitsgeschehen von 1965 bis 2005. 2011.

Band 32 Sönke Loebert / Okko Meiburg / Thomas Riis: Die Entstehung der Verfassungen der dänischen Monarchie (1848-1849). 2012.

Band 33 Franziska Nehring: Graf Gerhard der Mutige von Oldenburg und Delmenhorst (1430-1500). 2012.

Band 34 Simon Huemer: Studienstiftungen an der Christian-Albrechts-Universität zu Kiel. Private Bildungsförderung zwischen Stiftungsnorm und Stiftungswirklichkeit. 2013.

Band 35 Marina Loer: Die Reformen von Windesheim und Bursfelde im Norden. Einflüsse und Auswirkungen auf die Klöster in Holstein und den Hansestädten Lübeck und Hamburg. 2013.

Band 36 Alexander Otto-Morris: Rebellion in the Province: The Landvolkbewegung and the Rise of National Socialism in Schleswig-Holstein. 2013.

Band 37 Oliver Auge (Hrsg.): Hansegeschichte als Regionalgeschichte. Beiträge einer internationalen und interdisziplinären Winterschule in Greifswald vom 20. bis 24. Februar 2012. 2014.

Band 38 Julian Freche: Die Eingemeindungen in die Stadt Kiel (1869-1970). Gründe, Probleme und Kontroversen. 2014.

Band 39 Martin Göllnitz: Karrieren zwischen Diktatur und Demokratie. Die Berufungspolitik in der Kieler Theologischen Fakultät 1936 bis 1946. 2014.

Band 40 Jelena Steigerwald: Denkmalschutz im Grenzgebiet. Eine Analyse der Wissensproduktion und der Praktiken des Denkmalschutzes in der deutsch-dänischen Grenzregion im 19. Jahrhundert. 2015.

Band 41 Caroline Elisabeth Weber: Der Wiener Frieden von 1864. Wahrnehmungen durch die Zeitgenossen in den Herzogtümern Schleswig und Holstein bis 1871. 2015.

Band 42 Oliver Auge (Hrsg.): Vergessenes Burgenland Schleswig-Holstein. Die Burgenlandschaft zwischen Elbe und Königsau im Hoch- und Spätmittelalter. Beiträge einer interdisziplinären Tagung in Kiel vom 20. bis 22. September 2013. 2015.

Band 43 Frederieke Maria Schnack: Die Heiratspolitik der Welfen von 1235 bis zum Ausgang des Mittelalters. 2016.

Band 44 Oliver Auge / Norbert Fischer (Hrsg.): Nutzung gestaltet Raum. Regionalhistorische Perspektiven zwischen Stormarn und Dänemark. 2017.

Band 45 Gwendolyn Peters: Kriminalität und Strafrecht in Kiel im ausgehenden Mittelalter. Das Varbuch als Quelle zur Rechts- und Sozialgeschichte. 2017.

Band 46 Jens Boye Volquartz: Friesische Händler und der frühmittelalterliche Handel am Oberrhein. 2017.

Band 47 Karen Bruhn: Das Kieler Kunsthistorische Institut im Nationalsozialismus. Lehre und Forschung im Kontext der „deutschen Kunst". 2017.

Band 48 Lisa Kragh: Kieler Meeresforschung im Kaiserreich. Die Planktonexpedition von 1889 zwischen Wissenschaft, Wirtschaft, Politik und Öffentlichkeit. 2017.

Band 49 Oliver Auge / Martin Göllnitz (Hrsg.): Mit Forscherdrang und Abenteuerlust. Expeditionen und Forschungsreisen Kieler Wissenschaftlerinnen und Wissenschaftler. 2017.

Band 50 Martin Schürrer: Die Schauenburger in Nordelbien. Die Entwicklung gräflicher Handlungsspielräume im 12. Jahrhundert. 2017.

Band 51 Klaus Kuhl: Die revolutionären Ereignisse in Kiel aus Sicht eines Ingenieurs der Germaniawerft. Das Tagebuch Nikolaus Andersens, verfasst in den Jahren 1917–1919 Edition und Textanalyse. 2018.

Band 52 Stefan Magnussen / Daniel Kossack (eds.): Castles as European Phenomena. Towards an international approach to medieval castles in Europe. Contributions to an international and interdisciplinary workshop in Kiel, February 2016. 2018.

Band 53 Oliver Auge / Jens Boye Volquartz (Hrsg.): Der Limes Saxoniae. Fiktion oder Realität? 2019.

Band 54 Oliver Auge / Jan Habermann / Frederieke Maria Schnack (Hrsg.): Der letzte Welfe im Norden. Herzog Abrecht I. ‚der Lange' von Braunschweig (1236-1279): Ein ‚großer' Fürst und seine Handlungsspielräume im spätmittelalterlichen Europa. 2019.

Band 55 Jann-Thorge Thöming: Bahnhofsmission Büchen. Ein Spalt im Eisernen Vorhang. 2020.

Band 56 Knut-Hinrik Kollex: Karriere und Karriereknick. Der Arktisforscher Karl Gripp (1891-1985) zwischen Weimar, Weltkrieg und Wiederaufbau. 2020.

Band 57 Oliver Auge / Caroline Elisabeth Weber (Hrsg.): Pflichthochzeit mit Pickelhaube. Die Inkorporation Schleswig-Holsteins in Preußen 1866/67. 2020.

Band 58 Auge, Oliver / Magnussen, Stefan (Hrsg.): Schwabstedt und die Bischöfe von Schleswig (1268 bis 1705). Beiträge zur Geschichte der bischöflichen Burg und Residenz an der Treene. 2020.

Reihe B: Beiträge zur nordischen und baltischen Geschichte
Hrsg. von Hain Rebas

Band 1 Rainer Plappert: Zwischen Zwangsclearing und Entschädigung. Die politischen Beziehungen zwischen der Bundesrepublik Deutschland und Schweden im Schatten der Kriegsfolgefragen 1949-1956. 1996.

Band 2 Volker Seresse: Des Königs "arme weit abgelegenne Vntterthanen". Oesel unter dänischer Herrschaft 1559/84-1613. 1996.

Band 3 Ingrid Bohn: Zwischen Anpassung und Verweigerung. Die deutsche St. Gertruds Gemeinde in Stockholm zur Zeit des Nationalsozialismus. 1997.

Band 4 Saskia Pagell: Souveränität oder Integration? Die Europapolitik Dänemarks und Norwegens von 1945 bis 1995. 2000.

Band 5 Ulrike Hanssen-Decker: Von Madrid nach Göteborg. Schweden und der EU-Beitritt Estlands, Lettlands und Litauens, 1995-2001. 2008.

Reihe C: Beiträge zur europäischen Geschichte des frühen und hohen Mittelalters
Hrsg. von Andreas Bihrer

Band 1 Martin Rheinheimer: Das Kreuzfahrerfürstentum Galiläa. 1990.

Band 2 Oliver Berggötz: Der Bericht des Marsilio Zorzi. Codex Querini-Stampalia IV 3 (1064). 1990.

Band 3 Thomas Eck: Die Kreuzfahrerbistümer Beirut und Sidon im 12. und 13. Jahrhundert auf prosopographischer Grundlage. 2000.

Band 4 Andreas Bihrer: Visio monachi de Eynsham. Die Vision des Mönchs von Eynsham. Die kartäusische Redaktion des Spätmittelalters (Fassung E). Einleitung und Edition. 2019.

Reihe D: Beiträge zur europäischen Geschichte des späten Mittelalters
Hrsg. von Werner Paravicini

Band 1 Holger Kruse, Werner Paravicini, Andreas Ranft (Hrsg.): Ritterorden und Adelsgesellschaften im spätmittelalterlichen Deutschland. Ein systematisches Verzeichnis. 1991.

Band 2 Werner Paravicini (Hrsg.): Hansekaufleute in Brügge. Teil 1: Die Brügger Steuerlisten 1360-1390, hrsg. von Klaus Krüger. 1992.

Band 3 Les Chevaliers de l'Ordre de la Toison d'or au XVe siècle. Notices bio-bibliographiques publiées sous la direction de Raphaël de Smedt. 1994. 2. Auflage 2000.

Band 4 Werner Paravicini (Hrsg.): Der Briefwechsel Karls des Kühnen (1433-1477). Inventar. Redigiert von Sonja Dünnebeil und Holger Kruse. Bearbeitet von Susanne Baus u.a. Teil 1 und 2. 1995.

Band 5 Werner Paravicini (Hrsg.): Europäische Reiseberichte des späten Mittelalters. Eine analytische Bibliographie. Teil 1: Deutsche Reiseberichte, bearb. von Christian Halm. 1994. 2., durchgesehene und um einen Nachtrag ergänzte Auflage 2001.

Band 6 Rainer Demski: Adel und Lübeck. Studien zum Verhältnis zwischen adliger und bürgerlicher Kultur im 13. und 14. Jahrhundert. 1996.

Band 7 Anne Chevalier-de Gottal: Les Fêtes et les Arts à la Cour de Brabant à l'aube du XVe siècle. 1996.

Band 8 Stephan Selzer: Artushöfe im Ostseeraum. Ritterlich-höfische Kultur in den Städten des Preußenlandes im 14. und 15. Jahrhundert. 1996.

Band	9	Werner Paravicini (Hrsg.): Hansekaufleute in Brügge. Teil 2. Georg Asmussen: Die Lübecker Flandernfahrer in der zweiten Hälfte des 14. Jahrhunderts (1358-1408). 1999.
Band	10	Jean Marie Maillefer: Chevaliers et princes allemands en Suède et en Finlande à l'époque des Folkungar (1250-1363). Le premier établissement d'une noblesse allemande sur la rive septentrionale de la Baltique. 1999.
Band	11	Werner Paravicini, Horst Wernicke (Hrsg.): Hansekaufleute in Brügge. Teil 3. Prosopographischer Katalog zu den Brügger Steuerlisten 1360-1390. Bearbeitet von Ingo Dierck, Sonja Dünnebeil und Renée Rößner. 1999.
Band	12	Werner Paravicini (Hrsg.): Europäische Reiseberichte des späten Mittelalters. Eine analytische Bibliographie. Teil 2: Französische Reiseberichte, bearbeitet von Jörg Wettlaufer in Zusammenarbeit mit Jacques Paviot. 1999.
Band	13	Nils Jörn, Werner Paravicini, Horst Wernicke (Hrsg.): Hansekaufleute in Brügge. Teil 4. Beiträge der Internationalen Tagung in Brügge April 1996. 2000.
Band	14	Werner Paravicini (Hrsg.): Europäische Reiseberichte des späten Mittelalters. Eine analytische Bibliographie. Teil 3. Niederländische Reiseberichte. Nach Vorarbeiten von Detlev Kraack bearbeitet von Jan Hirschbiegel. 2000.
Band	15	Werner Paravicini (Hrsg.): Hansekaufleute in Brügge. Teil 5. Renée Rößner: Hansische Memoria in Flandern. Alltagsleben und Totengedenken der Osterlinge in Brügge und Antwerpen (13. bis 16. Jahrhundert). 2001.
Band	16	Werner Paravicini (Hrsg.): Hansekaufleute in Brügge. Teil 6. Anke Greve: Hansische Kaufleute, Hosteliers und Herbergen im Brügge des 14. und 15. Jahrhunderts. 2011.
Band	17	Sonja Dünnebeil (Hrsg.): Die Protokollbücher des Ordens vom Goldenen Vlies. Teil 4: Der Übergang an das Haus Habsburg (1477 bis 1480). Vorwort von Werner Paravicini. 2016.
Band	18	Valérie Bessey / Jean-Marie Cauchies / Werner Paravicini (éds.) Les ordonnances de l'hôtel des ducs de Bourgogne. Volume 3: Marie de Bourgogne, Maximilien d'Autriche et Philippe le Beau 1477-1506. 2018.
Band	19	Valérie Bessey / Sonja Dünnebeil / Werner Paravicini (Hrsg.) Die Hofordnungen der Herzöge von Burgund. Band 2: Die Hofordnungen Herzog Karls des Kühnen 1467–1477. 2020.

Reihe E: Beiträge zur Sozial- und Wirtschaftsgeschichte
Hrsg. von Gerhard Fouquet

Band	1	Thomas Hill / Dietrich W. Poeck (Hrsg.): Gemeinschaft und Geschichtsbilder im Hanseraum. 2000.
Band	2	Gabriel Zeilinger: Die Uracher Hochzeit 1474. Form und Funktion eines höfischen Festes im 15. Jahrhundert. 2002.
Band	3	Sascha Taetz: Richtung Mitternacht. Wahrnehmung und Darstellung Skandinaviens in Reiseberichten städtischer Bürger des 16. und 17. Jahrhunderts. 2004.
Band	4	Harm von Seggern / Gerhard Fouquet / Hans-Jörg Gilomen (Hrsg.): Städtische Finanzwirtschaft am Übergang vom Mittelalter zur Frühen Neuzeit. 2007.
Band	5	Gerhard Fouquet (Hrsg.): Die Reise eines niederadeligen Anonymus ins Heilige Land im Jahre 1494. 2007.
Band	6	Sven Rabeler: Das Familienbuch Michels von Ehenheim (um 1462/63-1518). Ein niederadliges Selbstzeugnis des späten Mittelalters. Edition, Kommentar, Untersuchung. 2007.
Band	7	Gerhard Fouquet / Gabriel Zeilinger (Hrsg.): Die Urbanisierung Europas von der Antike bis in die Moderne. 2009.

Band	8	Dietrich W. Poeck: Die Herren der Hanse. Delegierte und Netzwerke. 2010.
Band	9	Carsten Stühring: Der Seuche begegnen. Deutung und Bewältigung von Rinderseuchen im Kurfürstentum Bayern des 18. Jahrhunderts. 2011.
Band	10	Sina Westphal: Die Korrespondenz zwischen Kurfürst Friedrich dem Weisen von Sachsen und der Reichsstadt Nürnberg. Analyse und Edition. 2011.
Band	11	Ulf Dirlmeier: Menschen und Städte. Ausgewählte Aufsätze. Herausgegeben von Rainer S. Elkar, Gerhard Fouquet und Bernd Fuhrmann. 2012.
Band	12	Anja Voßhall: Stadtbürgerliche Verwandtschaft und kirchliche Macht. Karrieren und Netzwerke Lübecker Domherren zwischen 1400 und 1530. 2016.
Band	13	Ulrike Förster: Selbstverständnis im Spannungsfeld zwischen Diesseits und Jenseits. Die Lübecker Ratsherrenwitwen Telse Yborg (gest. vor 1442), Wobbeke Dartzow (gest. 1441/42) und Mette Bonhorst (gest. 1445/46). 2017.
Band	14	Maria Seier: Ehre auf Reisen. Die Hansetage an der Wende zum 16. Jahrhundert als Schauplatz für Rang und Ansehen der Hanse(städte). 2017.
Band	15	Gerhard Fouquet / Marie Jäcker / Denise Schlichting (Hrsg.): Kindheiten und Jugend in Deutschland (1250-1700). Ein Quellenlesebuch. Mit einem Beitrag von Lorena Rüffer. 2018.

Reihe F: Beiträge zur osteuropäischen Geschichte

Hrsg. von Ludwig Steindorff und Martina Thomsen

Band	1	Peter Nitsche (Hrsg.), unter Mitarbeit von Ekkehard Klug: Preußen in der Provinz. Beiträge zum 1. deutsch-polnischen Historikerkolloquium im Rahmen des Kooperationsvertrages zwischen der Adam-Mickiewicz-Universität Poznań und der Christian-Albrechts-Universität zu Kiel. 1991.
Band	2	Rudolf Jaworski (Hrsg.): Nationale und internationale Aspekte der polnischen Verfassung vom 3. Mai 1791. Beiträge zum 3. deutsch-polnischen Historikerkolloquium im Rahmen des Kooperationsvertrages zwischen der Adam-Mickiewicz-Universität Poznań und der Christian-Albrechts-Universität zu Kiel, unter Mitarbeit von Eckhard Hübner. 1993.
Band	3	Peter Nitsche (Hrsg.): Die Nachfolgestaaten der Sowjetunion. Beiträge zur Geschichte, Wirtschaft und Politik. Herausgegeben unter Mitarbeit von Jan Kusber. 1994.
Band	4	Stephan Conermann / Jan Kusber (Hrsg.): Die Mongolen in Asien und Europa. 1997.
Band	5	Randolf Oberschmidt: Rußland und die schleswig-holsteinische Frage 1839-1853. 1997.
Band	6	Rudolf Jaworski / Jan Kusber / Ludwig Steindorff (Hrsg.): Gedächtnisorte in Osteuropa. Vergangenheiten auf dem Prüfstand. 2003.
Band	7	Ulrich Kaiser: Realpolitik oder antibolschewistischer Kreuzzug? Zum Zusammenhang von Rußlandbild und Rußlandpolitik der deutschen Zentrumspartei 1917-1933. 2005.
Band	8	Annelore Engel-Braunschmidt / Eckhard Hübner (Hrsg.): Jüdische Welten in Osteuropa. 2005.
Band	9	Martin Aust / Ludwig Steindorff (Hrsg.): Russland 1905. Perspektiven auf die erste Russische Revolution. 2007.
Band	10	Sven Freitag: Ortsumbenennungen im sowjetischen Russland. Mit einem Schwerpunkt auf dem Kaliningrader Gebiet. 2014.

Reihe G: Beiträge zur Frühen Neuzeit

Hrsg. von Olaf Mörke

Band	1	Rolf Schulte: Hexenmeister. Die Verfolgung von Männern im Rahmen der Hexenverfolgung von 1530-1730 im Alten Reich. 2000. 2., ergänzte Auflage 2001.
Band	2	Jan Klußmann: Lebenswelten und Identitäten adliger Gutsuntertanen. Das Beispiel des östlichen Schleswig-Holsteins im 18. Jahrhundert. 2002.
Band	3	Daniel Höffker / Gabriel Zeilinger (Hrsg.): Fremde Herrscher. Elitentransfer und politische Integration im Ostseeraum (15.-18. Jahrhundert). 2006.
Band	4	Volker Seresse (Hrsg.): Schlüsselbegriffe der politischen Kommunikation in Mitteleuropa während der frühen Neuzeit. 2009.
Band	5	Björn Aewerdieck: Register zu den Wunderzeichenbüchern Job Fincels. 2010.
Band	6	Tatjana Niemsch: Reval im 16. Jahrhundert. Erfahrungsräumliche Deutungsmuster städtischer Konflikte. 2013.
Band	7	Martin Pabst: Die Typologisierbarkeit von Städtereformation und die Stadt Riga als Beispiel. 2015.

Reihe H: Beiträge zur Neueren und Neuesten Geschichte

Hrsg. von Christoph Cornelißen

Band	1	Lena Cordes: Regionalgeschichte im Zeichen politischen Wandels. Die Gesellschaft für Schleswig-Holsteinische Geschichte zwischen 1918 und 1945. 2011.
Band	2	Birte Meinschien: Michael Freund. Wissenschaft und Politik (1945-1965). 2012.
Band	3	Stefan Bichow: Die Universität Kiel in den 1960er Jahren. Ordnungen einer akademischen Institution in der Krise. 2013.

www.peterlang.com

www.ingramcontent.com/pod-product-compliance
Ingram Content Group UK Ltd.
Pitfield, Milton Keynes, MK11 3LW, UK
UKHW040948220426
5322IPUK00028B/62